Geistmann · Die Segelflugzeuge in Deutschland

Das umfassende Typenbuch
der 180 zugelassenen Flugzeugmuster
aus 14 Herstellungsländern

Dietmar Geistmann

Die Segelflugzeuge in Deutschland

Motorbuch Verlag Stuttgart

Einband und Schutzumschlag: Siegfried Horn unter Verwendung dreier Dias des Autors

Bildquellen:
Peter Selinger (17); Roland Pöhlmann (7); Hanna Hübner-Kunath (3); Udo Hans Wolter (3); Hellmut Penner (3); Hans Kiepker (1); Archiv Karl Vey (1); Wolfgang Lossen (1); Eugen Aeberli (1); Heiko Schneider (1); Martin Deskau (1); Helmut Laurson (1); Franz Thorbecke (1); Hans Märki (1); Adolf Wilsch (1); Rupert Leser (1); Hans Zacher (1); Rolf Dörpinghaus (1); Wilhelm Boll (1); Rolf Schöllkopf (1).
Alle anderen Aufnahmen sind Werkfotos, Aufnahmen der Flugzeughersteller oder -besitzer sowie Aufnahmen des Verfassers.

ISBN 3-87943-618-5

1. Auflage 1979
Copyright © by Motorbuch Verlag, Postfach 1370, 7000 Stuttgart 1
Eine Abteilung des Buch- und Verlagshauses Paul Pietsch GmbH & Co. KG.
Sämtliche Rechte der Verbreitung – in jeglicher Form und Technik – sind vorbehalten.
Satz und Druck: studiodruck, 7440 NT-Raidwangen
Bindung: Verlagsbuchbinderei F. W. Held, 7407 Rottenburg
Printed in Germany

Inhalt

Vorwort	8
AV-36	10
B-4 (Pilatus B-4 PC-11)	13
B-12 (Akaflieg Berlin)	16
Blanik L-13	18
Calif A-21	21
Condor-IV	24
Cumulus Cu-II F, Cu-III F	26
Akaflieg Darmstadt (D-34 bis D-39)	28
Delphin	33
Glaser-Dirks (DG-100, DG-100 G, DG-200)	35
Diamant-HBV, Diamant 16,5, Diamant-18	38
Doppelraab	41
Elfe S 4	44
ES-49	46
FK-3, Greif I+II	48
Akaflieg Stuttgart (fs-24 bis fs-31)	53
FVA-20	59
Geier-I, Geier-II, Geier-II B	60
Glasflügel	62
Gö-3 Minimoa	77
Goevier III (Gö-4)	79
Grob Flugzeugbau	81
Grunau-Baby II bis Grunau-Baby V	88
Hi-25 Kria	92
HKS-Familie (HKS-1 und HKS-3)	94
IS-29 D	98
Kranich II + Kranich III	100
L-10 Libelle	104
LCF-2	106
Alfred Vogt (Lo-100 bis Lo-170)	108
Lom-57 Libelle	113
Rolladen-Schneider (LS-1 bis LS-4)	115
Ly-542 k Stösser	122
Mistral	124
Milomei M 1	127
Akaflieg München (Mü-13 D bis Mü-27)	129
Olympia-Meise	136
Phoebus A bis C	138
PIK-16 Vasama, PIK-20 D	141
Akaflieg Braunschweig (SB-5 bis SB-11)	144
Scheibe-Flugzeugbau (Mü-13 E bis SF-34)	153
Schempp-Hirth	170
Schleicher: Kaiser/Waibel	181
Schulgleiter SG-38	208
Sie-3	210
Slingsby T-59 D	212

Sp-1 V1	214	VJ-23	231
Spalinger S-18 III	215	Weihe-50	233
Start + Flug: Salto, Hippie, Globetrotter	217	Zlin 25/4	236
Segelflugzeuge aus Polen (SZD-9 bis SZD-48)	222	Anschriften	238
ULF-1	229	Literaturhinweise	239

*Meiner Frau Karin
und der kleinen Tochter Silke
gewidmet.*

Vorwort

Mit der vorliegenden Arbeit ist zum ersten Mal der Versuch unternommen worden, eine umfassende und vollständige Zusammenstellung aller in Deutschland zugelassenen Segelflugzeuge in ein Typenbuch aufzunehmen. Dem Verfasser war dabei von vorn herein bewußt, um welch aufwendiges Unterfangen es sich dabei handeln würde. Immerhin gibt es in Deutschland neben den gängigen Flugzeugtypen, die man auf fast jedem Segelfluggelände antrifft, eine ganze Anzahl von seltenen Mustern, die nur in einem Prototyp oder in wenigen Einzelstücken existieren. So waren es zum Schluß etwa 180 verschiedene Segelflugzeuge in einzelnen Baureihen, die aus 14 Herstellungsländern stammen. Unbedeutende Bauvarianten und sogenannte Änderungen am Stück sind dabei nicht berücksichtigt worden.

Einige Schwierigkeiten bereitete es bereits, an die entsprechenden Unterlagen des Luftfahrt-Bundesamtes heranzukommen. Bei der Korrespondenz mit den Eigentümern stellte sich zudem heraus, daß die Daten oft unzutreffend waren, weil Flugzeuge den Besitzer gewechselt hatten, ohne daß das Verzeichnis geändert wurde. Andere Segelflugzeuge wurden noch geführt, obwohl sie manchmal jahrelang nicht mehr geflogen wurden oder mittlerweile gar in einem Museum gelandet waren. Das Inhaltsverzeichnis berücksichtigt den Stand von Anfang 1978. Es sind bis auf wenige Ausnahmen nur jene Segelflugzeugmuster aufgeführt, die zu diesem Zeitpunkt noch zugelassen waren. Die Angaben für insgesamt hergestellte und in Deutschland zugelassene Flugzeuge beziehen sich ebenfalls auf den Stand von Anfang 1978. Die Daten der einzelnen Flugzeuge wurden nach einem einheitlichen Schema angegeben. Dabei wurde gleich bei der Angabe der Musterbezeichnung versucht, die teilweise recht unterschiedlichen Schreibweisen, die sowohl von den Konstrukteuren und Herstellern als auch in amtlichen Veröffentlichungen und in der Literatur verwendet werden, nach dem hauptsächlich gebräuchlichen Muster aufzuführen. Im Inhaltsverzeichnis sind die einzelnen Flugzeugmuster alphabetisch geordnet mit Ausnahme der sechs deutschen Herstellerfirmen Glasflügel, Grob, Scheibe, Schempp-Hirth, Schleicher und Start + Flug, wo die Segelflugzeuge teilweise auch von den Firmen selbst in chronologischer Reihenfolge bezeichnet sind. Auch die Angabe des Konstrukteurs war manchmal nicht einfach, weil in einigen Fällen die Herstellerfirma gesamthaft für den Entwurf zeichnet, oder auch der grundlegende Entwurf und die Detailkonstruktion von verschiedenen Personen oder von einem Team erledigt wurde. Bei der Angabe des Herstellers wurde in den meisten Fällen auf Amateurbauten oder Lizenzfertigungen hingewiesen. Die Anschriften der Hersteller sind in einem Anhang am Schluß der Arbeit aufgeführt. Auf die wichtigsten Entwurfsgrößen und die Bezeichnung der Tragflügelprofile wird im Rahmen dieser Arbeit nicht näher eingegangen. Hier kann auf eine frühere Veröffentlichung »Die Entwicklung der Kunststoff-Segelflugzeuge« hingewiesen werden. Bei der Angabe der Bauweise gilt selbstverständlich der dominierende Werkstoff, nachdem die drei wichtigsten Materialien (Holz, Metall, Kunststoff) wohl in fast allen Segelflugzeugen zumindest teilweise Verwendung finden. Sofern bei der Flächenbelastung mehrere Werte angegeben sind, ermitteln sich diese auch bei den Doppelsitzern aus einer Mindestzuladung von 90 kp sowie dem Maximalen Fluggewicht. Die Angaben der Flugleistungen sind mit Vorbehalt zu betrachten. Werksangaben sind in Prospekten wohl immer etwas zu optimistisch, wogegen Flugleistungsmessungen der Idaflieg/DFVLR als objektiv und recht verläßlich gelten können.

Das Interesse und die Mitarbeit an dieser Arbeit war im ganzen sehr erfreulich. Gerade die Akafliegs und auch die industriellen Hersteller stellten viele Unterlagen zur Verfügung, wobei besonders für manche Firmen diese Erhebungen zum Anlaß wurden, das eigene Archiv einer kritischen Durchsicht zu unterziehen. Tatsächlich waren die Anfänge der Nachkriegsentwicklung vor mehr als 25 Jahren auch den Konstrukteuren und Herstellern fast nicht mehr geläufig. Schwierig waren gelegentlich die Nachforschungen über Einzelstücke, die sich in Privatbesitz befanden. Segelflieger halten sich in vielen Fällen lieber auf dem Flugplatz oder in der Werkstatt auf, als sich mit irgendwelchen Schreibarbeiten zu beschäftigen. Hier half dann nur noch der direkte Draht zu Fliegerkameraden in ganz Deutschland, die von Fall zu Fall Hilfestellung gaben oder selbst die erbetenen Daten zusammentrugen. Von besonderem Reiz waren die persönlichen Kontakte, die sich auf vielen Reisen und Besuchen ergaben. Die unmittelbare Begegnung mit Konstrukteuren und Herstellern, aber auch mit den Produktionsstätten, den Fluggeländen und nicht zuletzt den Flugzeugen selbst war eine wichtige Voraussetzung für den angestrebten größeren Zusammenhang, unter welchem die Vielzahl der Einzeleindrücke und Entwicklungsrichtungen einzuordnen waren.

Der Umfang der Korrespondenz sowie die große Zahl der eben erwähnten Kontakte macht es unmöglich, den schuldigen Dank für die gewährte Unterstützung allen Beteiligten unmittelbar auszusprechen. So muß dies leider unpersönlich und pauschal geschehen, dafür aber nicht weniger herzlich. In vielen Fällen ist es dagegen möglich, die oft geäußerte Bitte nach einer »Verewigung« des gut erhaltenen Oldtimers oder des liebevoll gepflegten Einzelstückes zu erfüllen.

Das vorliegende Typenbuch ist zu einem wesentlichen Teil eine reine Fleißarbeit, die in einem Sammeln und Ordnen einer Vielzahl von Daten und Fakten besteht. Fehler haben sich dabei sicher nicht vermeiden lassen. Für Korrekturen und Hinweise ist der Verfasser sehr dankbar.

Klippeneck, im Juli 1978
Dietmar Geistmann

AV-36

Die AV-36 ist der in Deutschland bekannteste Sproß einer kompletten Nurflügelfamilie, die von Charles Fauvel aus Cannes/Frankreich stammt. Eine vielfältige Entwicklungsreihe von ein- und doppelsitzigen Nurflügeln, teilweise auch Motorseglern, geht von Fauvel aus. Dabei führt zahlenmäßig die AV-36, von der in verschiedenen Ländern mehr als 100 Exemplare hergestellt wurden. Das Musterflugzeug in Deutschland wurde 1953 gebaut und führte seinen Erstflug im Jahre 1954 durch. Ab 1955 lief die Serienfertigung in einem kleinen Betrieb, den Hermann Frebel (seit 1944 bei Wolf Hirth beschäftigt) in Nabern/Teck gegründet hat. Hier wurden 39 Bausätze, bestehend aus Flügelnasen, Hilfs- und Ruderholmen, Endrippen, Beschlägen und Steuerungsteilen fertiggestellt. Neun Flugzeuge davon wurden flugfertig in Nabern gebaut. So setzt die AV-36 (AV ist die französische Abkürzung für Nurflügel) die Tradition der erfolgreichen Vorkriegsnurflügel der Gebrüder Horten fort, an denen sich nach der Wiederzulassung des Segelfluges in Deutschland mit Nachbauversuchen (Horten XV) wenigstens zwei Fliegergruppen die Zähne ausbissen.

Die AV-36 ist ein freitragender Schulterdecker in Holzbauweise mit zwei Seitenleitwerken und Störklappen auf der Flügelunterseite. Das rechteckige Flügelmittelstück hat eine Flügeltiefe von 1,60 Meter und ist voll mit Sperrholz beplankt. Der Flügel hat keine Pfeilung, so daß ein Profil mit sogenanntem S-Schlag verwendet werden mußte. Die Endleiste des Profils mit ziemlich gerader Unterseite ist im Mittelstück mehr als 10 cm nach oben gezogen. Die Profildicke beträgt 17,5 %. Die Außenflügel haben eine V-Form von fast drei Grad, während das Mittelstück gerade ist. Ein interessantes Detail stellen auch die verschiedenen Hauben dar. Die ursprüngliche, sehr schmale »Selbstbauhaube« zeigte keine Probleme. Bei einer neueren Vollsichthaube aus Plexiglas treten durch Verwirbelungen Flattererscheinungen im Höhenruder auf, die durch einen Glättungsring hinter der Haube gemildert wurden. Für Flugzeugschlepp und Windenstarts hat die AV-36 Seitenwandkupplungen am nur 2,50 langen Rumpf.

Das relativ große Höhensteuer reicht von einem Seitenleitwerk zum anderen und hat eine Flettnertrimmung. Fliegerisch ist die AV-36 eigentlich ohne große Probleme, wie alle Halter einheitlich versichern. Bei manchen Vereinen wurden sogar generell die Silber-C-Bedingungen auf der AV-36 erflogen. Lediglich bei der Landung muß sehr schön abgefangen werden, damit sich der Nurflügel mit geringster Fahrt (etwa 50 km/h) hinsetzt. Sonst neigt die AV-36 zum Springen, und mit der ursprünglichen Version sind einige Überschläge fabriziert worden. Deshalb wurde auch auf die durchgehende, gefederte Kufe verzichtet und ein Bugrad in die Rumpfspitze eingebaut. Gerne wird das Flugzeug auch im Kunstflug eingesetzt, wobei besonders der Looping mit dem kleinen Radius recht eindrucksvoll ist. Außergewöhnlich ist auch die Lösung des Hängerproblems. Wegen des einteiligen Tragflügels wird die AV-36 in Spannweitenrichtung waagrecht auf dem Hänger verladen. Wenn dann die

Eine AV-36 mit einem Glättungsring hinter der Haube.

Auf dieser Aufnahme der AV-36 ist gut die hochgezogene Profilhinterkante zu sehen.

Rumpfspitze abgenommen wird und die Seitenruder umgeklappt werden, beträgt die größte Breite nur noch 2,38 Meter.

In Deutschland fliegen vier verschiedene Baureihen der AV-36. Die Originalversion aus Frankreich hat eine Spannweite von 12,02 Meter. Nach der Anpassung an die deutschen Bauvorschriften wurde das Flugzeug AV-36 C genannt. Die AV-36 CR ist die Version mit dem Bugrad. Die Ausführung AV-36 C 1 unterscheidet sich von den anderen Baureihen hauptsächlich durch eine Vergrößerung der Spannweite von 11,95 Meter auf 12,75 Meter. Zugelassen sind derzeit etwa 14 Exemplare aller Baureihen. Im Jahre 1958 entstand auch ein Motorsegler mit Druckschraube unter der Bezeichnung AV-36 CM.

Muster:	AV-36 C
Konstrukteur:	Charles Fauvel, Frankreich
Hersteller:	Frebel/Nabern + Amateurbau
Erstflug in Deutschland:	1954
Hergestellt in Deutschland:	39
Zugelassen in Deutschland:	etwa 14 (alle Baureihen zusammen)
Anzahl der Sitze:	1
Spannweite:	11,95 m
Flügelfläche:	14,23 m^2
Streckung:	10,04
Flügelprofil:	Fauvel F 2 (17,5 % dick)
Größte Länge:	3,20 m (Rumpfspitze bis Leitwerk)
Leitwerk:	zwei Seitenleitwerke und ein Höhenruder mit Flettnertrimmung
Bauweise:	Holz
Rüstgewicht:	126 kp
Maximales Fluggewicht:	225 kp
Flächenbelastung:	15,81 kp/m^2
Geringstes Sinken:	0,88 m/s bei 75 km/h
Bestes Gleiten:	24 bei 83 km/h

B-4 (Pilatus B-4 PC-11)

Aus verschiedenen Gründen konnte sich, im Gegensatz zu den USA und einigen Ostblockländern, in Deutschland die Metallbauweise bei der Herstellung von Segelflugzeugen nicht durchsetzen. Entscheidend dürfte dabei gewesen sein, daß ein Selbstbau oder auch nur Überholungsarbeiten in den Vereinswerkstätten nur in Ausnahmefällen möglich sind. In den letzten Jahren kam als weiteres Argument dann noch hinzu, daß sich im Metallflugzeugbau nicht die gleiche Oberflächenqualität wie in der Kunststoffbauweise erzielen läßt. Dabei sind gerade auch in Deutschland mit der aus der Greif-Linie abstammenden FK-3 und der von dem Konstruktionsteam Ingo Herbst, Manfred Küppers und Rudolf Reinke entwickelten Basten B-4 interessante Impulse ausgegangen.

Die Firma Rheintalwerke G. Basten in St. Goar hatte im Jahre 1960 unter der Leitung von Otto Funk mit der Entwicklung des Greif-II begonnen, von dem zwei Exemplare gebaut wurden. Eine Serienfertigung scheiterte aber an einem Rechtsstreit zwischen Heinkel und Basten. Später wurde die Idee eines Metall-Segelflugzeuges wieder aufgegriffen und es entstand dann die B-4. Bei Basten wurden zwei Prototypen gebaut, die sich nur gering unterschieden. Die Flugzeuge hatten die Kennzeichen D-7201 (Werk-Nr. 4001) mit Erstflug am 7. November 1966 auf dem Militärflugplatz in Niedermendig und D-7215 (Werk-Nr. 4002), die zum ersten Mal am 23. August 1968 auf der Dahlemer Binz flog. Die V1 hatte ursprünglich ein Pendel-T-Leitwerk, das aber im Rahmen der Flugerprobung in ein gedämpftes Leitwerk geändert wurde. Ferner ist auch das Rumpfvorderteil der V1 etwas runder gehalten. Beide Prototypen waren mit einem festen Rad ausgerüstet. Auch bei der späteren Serie bei Pilatus im schön gelegenen Stans unweit des Vierwaldstätter Sees in der Schweiz wurden die Flugzeuge wahlweise mit festem Rad oder Einziehfahrwerk ausgeliefert. Bei der V2 wurde dann auch noch etwas das Seitenruder vergrößert. Die B-4 ist in konventioneller Metallbauweise gefertigt, d. h. der Rumpf besteht aus Halbschalen, die wie beim Blanik an einer kleinen überstehenden Kante vernietet sind.

Muster:	B-4 (B = Basten)
Konstrukteur:	Herbst, Küppers, Reinke
Hersteller:	Rheintalwerke Basten, St. Goar
Erstflug:	1966
Hergestellt in Deutschland:	2
Zugelassen in Deutschland:	2 (D-7201 + D-7215)
Anzahl der Sitze:	1
Spannweite:	15,00 m (Standard-Klasse)
Flügelfläche:	14,04 m^2
Streckung:	16,03
Flügelprofil:	NACA 643-618
Rumpflänge:	6,57 m
Leitwerk:	gedämpftes T-Leitwerk
Bauweise:	Metall
Rüstgewicht:	240 kp
Maximales Fluggewicht:	350 kp
Flächenbelastung:	23,5 kp/m^2 bis 24,9 kp/m^2

Flugleistungen (Herstellerangaben)

Geringstes Sinken:	0,65 m/s bei 65 km/h
Bestes Gleiten:	34 bei 90 km/h

Der Prototyp V1 der in Deutschland gebauten B-4.

Das Schwesterflugzeug V2 hatte auch noch ein festes Rad

Der Flügel hat den Holm in 40 Prozent der Tiefe. Die Blechtafeln der Beplankung reichen von der Endleiste über die ganze Flügeloberseite bis zum Hauptholm auf der Flügelunterseite, so daß Stöße quer zur Strömungsrichtung auf der Oberseite vermieden werden konnten. Der Flügel hat eine charakteristische Rechteck-Trapez-Form, wobei die Randbogen an der Flügelspitze durch einfache Abschlußrippen aus Kunststoff ersetzt wurden, die gleichzeitig etwas heruntergezogen sind, um nach der Landung ein Verkratzen der Beplankung zu vermeiden. Die Flügelfläche ist mit 14,04 m² mehr als reichlich (kaum weniger als bei der Ka 8), was gleichzeitig eine niedrige Flächenbelastung und gute Steigflugeigenschaften bringt, auf der anderen Seite aber natürlich Einbußen im Schnellflug bedeutet.

Aus wirtschaftlichen Gründen konnte eine Serie nicht bei Basten in Deutschland gebaut werden. Dagegen waren bei den Pilatus Flugzeugwerken in der Schweiz (Pilatus-Porter) Kapazitäten frei geworden, und so nahm diese erfahrene Flugzeugfirma die Produktion auf. Der Entwurf wurde noch einmal leicht überarbeitet. Die Pilatus B-4 bekam ein Spornrad, und die sehr großen und wirksamen Schempp-Hirth-Klappen gehen nur noch auf der Flügeloberseite. Das erste Flugzeug aus der Schweiz flog im Jahre 1973, und mit kleinen Stückzahlen läuft die Serie heute noch weiter. Von den über 300 Serienflugzeugen fliegen allein etwa knapp 100 in der Schweiz und etwa 35 in Deutschland, während die B-4 in viele Länder exportiert wurde. Pilatus erweiterte auch die Kunstflugzulassung, so daß jetzt auch gerissene Figuren erlaubt sind. In der Tat fliegt die B-4 auch im Kunstflug mit großem Erfolg, hat Vorteile im Rückenflug, während der Turn eher schwierig zu fliegen ist.

Muster:	Pilatus B-4 PC-11
Konstrukteur:	Herbst, Küppers, Reinke
Hersteller:	Pilatus Flugzeugwerke CH-6370 Stans
Serienbau:	1973 bis heute
Hergestellt insgesamt:	über 300
Zugelassen in Deutschland:	etwa 35
Anzahl der Sitze:	1
Technische Daten:	wie bei der Basten B-4

Im Jahre 1976 wurden beim Idafliegtreffen in Aalen-Elchingen mit den Serienflugzeugen HB-1101 und PH-448 Flugleistungsmessungen durchgeführt, deren Ergebnisse deutlich unter den Herstellerangaben liegen:

Geringstes Sinken:	0,71 m/s bei 74 km/h
Bestes Gleiten:	31 bei 85 km/h

Eine in der Schweiz gebaute Pilatus B-4 mit Einziehfahrwerk

B-12 (Akaflieg Berlin)

Nach einer längeren schöpferischen Pause konnte sich die Akaflieg Berlin im Jahre 1977 mit dem Kunststoff-Doppelsitzer B-12 wieder in die Reihe der erfolgreichen Konstruktionen der Akademischen Fliegergruppen in Deutschland einordnen. Bedingt durch die besondere Lage von Berlin ist dies besonders beachtlich. Einmal ist da der zeitraubende Weg von mehr als 300 Kilometern zum Fluggelände bei Hannover, und zum anderen wurde gar einmal der Bau der B-12 im März 1973 auf Grund alliierter Vorbehaltsrechte kurzzeitig untersagt. Zudem ist die Akaflieg Berlin mit etwa 25 Aktiven eine der kleineren Akademischen Fliegergruppen.

Die Entwurfsarbeiten und der eigentliche Bau der B-12 zogen sich über viele Jahre hin. Mehrmals wurden die Entwurfsgrößen und die Bauweise geändert. Der Doppelsitzer sollte ursprünglich eine Spannweite von 22 m bekommen, doch entschied man sich Ende 1973 für den Flügel des Janus von Schempp-Hirth mit der Spannweite von 18,20 m. Das Janusprofil FX 67-K-170 bzw. FX 67-K-150 war ursprünglich auch für den großen Tragflügel vorgesehen. Auch für den Rumpf war zuerst eine Stahlrohrfachwerk-Konstruktion entworfen worden, die aber zugunsten einer tragenden GFK-Schale geändert wurde. Auch das bei Doppelsitzern leidige Problem des Fahrwerkes konnte mit Hilfe einer langen GFK-Schwinge gelöst werden, was auch platz- und gewichtsmäßig sehr günstig ist. Dieses Fahrwerk wird mit Hilfe eines Scheibenwischermotors elektrisch aus- und eingefahren. Das Leitwerk ist als Kreuzleitwerk ausgebildet. Das Höhenleitwerk ist gedämpft. Das Seitenleitwerk hat das Profil FX 71-L-150/30 mit einer Höhe von 1,79 m. Für das Höhenleitwerk wurde das sehr dünne Profil NACA 64 009 verwendet, so daß dieses als Rohacell-Vollsandwich mit KFK-Holmen gebaut wurde.

Den Erstflug führte Jürgen Thorbeck am 27. 7. 1977 in Ehlershausen durch.

Muster:	B-12
Kennzeichen:	D-7612
Hersteller:	Akaflieg Berlin
Zugelassen in Deutschland:	1
Anzahl der Sitze:	2
Spannweite:	18,20 m (Flügel des Janus)
Flügelfläche:	16,58 m^2
Streckung:	19,97
Flügelprofil:	FX 67-K-170 innen, FX 67-K-150 außen
Rumpflänge:	8,70 m
Leitwerk:	gedämpftes Kreuzleitwerk
Bauweise:	GFK
Rüstgewicht:	446 kp
Max. Fluggewicht:	620 kp
Flächenbelastung:	32,3 kp/m^2 bis 37,4 kp/m^2
Geringstes Sinken:	0,60 m/s bei 78 km/h
Bestes Gleiten:	42,1 bei 105 km/h

Der Berliner Doppelsitzer B-12 hat einen Janus-Flügel

Blanik L-13

Der tschechische Doppelsitzer in Metallbauweise ist neben der Pilatus B-4 der auffälligste Vertreter der Aluminiumvögel auf den Segelfluggeländen in Deutschland. Im Gegensatz zu den USA, wo die Metallbauweise speziell durch die Schweizer-Flugzeuge dominierend ist, konnten hierzulande die Leichtmetallflugzeuge nie gegen die Holz- und nun die GFK-Flugzeuge ankommen. Immerhin sind in der Bundesrepublik ca. 90 Blanik seit 1962 zugelassen worden, und besonders durch seine Verbreitung im Ostblock ist der seit 1959 nahezu unverändert gebaute Blanik mit einer Stückzahl von etwa 2000 eines der meistgebauten Flugzeuge der Segelfluggeschichte.

Der »Blechnik«, wie er gelegentlich auf den Fluggeländen genannt wird, ist wohl überall auf der Welt vertreten. In Deutschland sind derzeit 75 Blanik, in den USA ca. 40 Exemplare, und in der Schweiz und Österreich jeweils knapp über 20 Stück zugelassen. Der Trapezflügel mit einer negativen Pfeilung von 5 Grad hat charakteristische Flügelendkeulen. Auffallend sind die vom Rumpf bis zu den Querrudern reichenden Fowlerklappen, die aber meist nur für die Landung voll ausgefahren werden. Die V-Form des Tragflügels beträgt 3 Grad. Um dem tief angesetzten Höhenleitwerk mehr Bodenfreiheit zu geben, hat auch dieses eine V-Form von 5 Grad. Die Höhenruder haben auf beiden Seiten eine Flettner-Trimmung. Seitenruder, Höhenruder, Querruder und die Fowlerklappen sind stoffbespannt. Der in Schalenbauweise hergestellte Rumpf hat ein gefedertes, halb einziehbares Fahrwerk. Die einteilige, aber nicht aus einem Stück geblasene Haube öffnet nach der Seite. Das Rumpfheck hat einen gefederten Schleifsporn. Zum Bodentransport kann in die aus zwei Schalenhälften zusammengenietete Rumpfröhre ein Aluminiumrohr gesteckt werden. Als Landehilfe dienen DFS-Bremsklappen. Früher hatte der Blanik für den Windenstart

Muster:	Blanik L-13
Hersteller:	LET in Kunovice/CSSR
Erstflug:	1958
Serienbau:	ab 1959 bis heute
Hergestellt insgesamt:	etwa 2000
Zugelassen in Deutschland:	75
Anzahl der Sitze:	2
Spannweite:	16,20 m
Flügelfläche:	19,15 m^2
Streckung:	13,70
Flügelprofil:	NACA 632 A-615 innen NACA 632 A-612 außen
Rumpflänge:	8,40 m
Leitwerk:	gedämpftes Kreuzleitwerk
Bauweise:	Metall
Rüstgewicht:	292 kp
Maximales Fluggewicht:	500 kp
Flächenbelastung:	19,9 kp/m^2 bis 26,1 kp/m^2
Geringstes Sinken:	0,85 m/s bei 68 km/h
Bestes Gleiten:	28 bei 86 km/h

Rechte Seite:

Oben: Der Blanik ist einer der meistgebauten Doppelsitzer
Unten: Bei abgelegtem Flügel hat das Höhenleitwerk des Blanik recht wenig Bodenfreiheit

D-8999

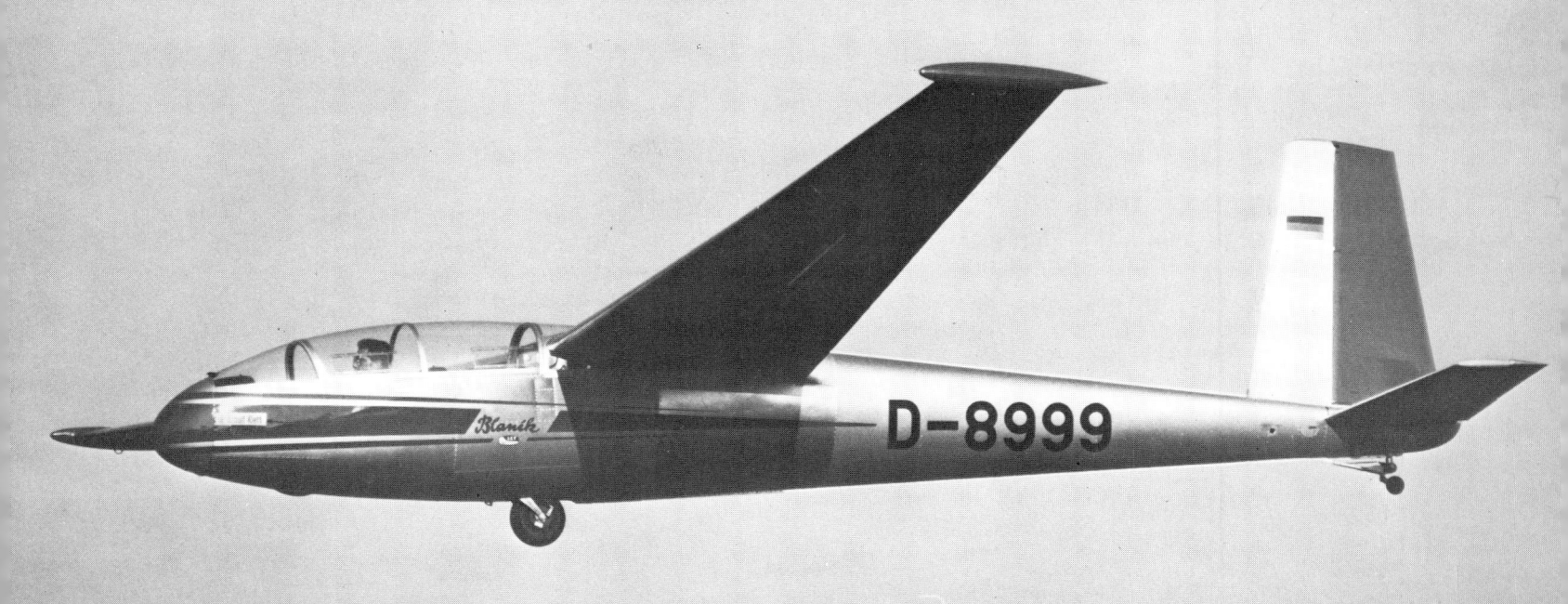

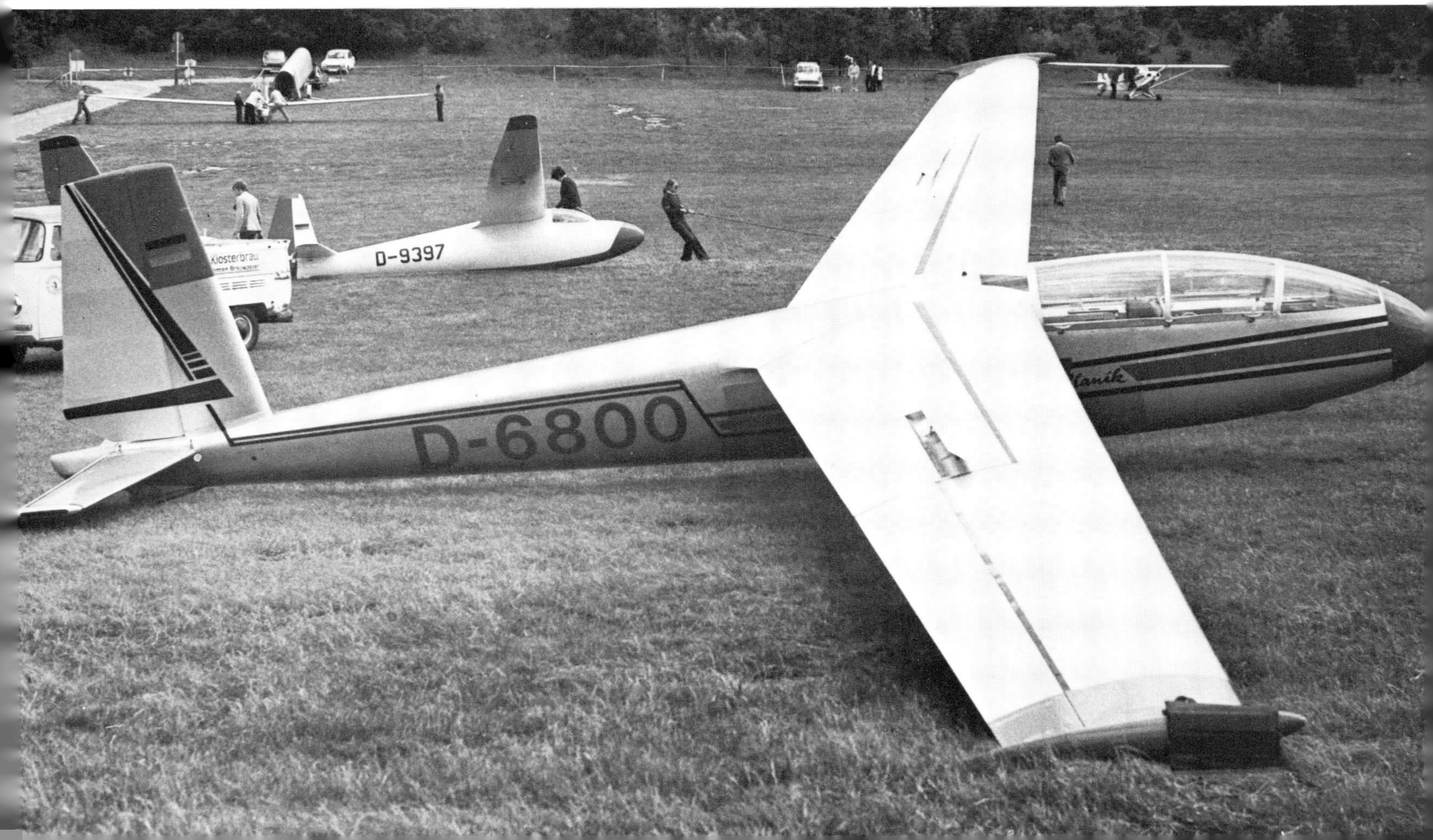
D-6800
D-9397
Klosterbräu

Seitenwandkupplungen, die das übliche Gabelseil erforderlich machten wie z. B. bei der Weihe, dem Doppelraab und dem Kranich-III. Neuerdings wird das Flugzeug mit Tost-Flugzeugschlepp- und Schwerpunktkupplungen geliefert.

Die Flächenbelastung des Blanik ist relativ niedrig, so daß sich das Flugzeug in Hangwind und Thermik gut bewährt. Gerne wird der Blanik auch für die Kunstflugschulung eingesetzt. Bei ruhigem Wetter ist der Doppelsitzer bis 250 km/h zugelassen; bei ausgefahrenen Fowlerklappen ist die Geschwindigkeit allerdings auf 110 km/h begrenzt.

Mit dem Blanik sind einige Rekorde erflogen worden. Aufsehen erregte auch die Überquerung der Anden mit dem Blanik durch einen chilenischen Segelflieger im Jahre 1969.

In Deutschland wird der Blanik von der IFL – Industrie Flugdienst GmbH in München-Riem – vertreten.

Calif A-21

Der Calif A-21, der von der 1910 gegründeten ältesten italienischen Flugzeugbaufirma Caproni gebaut wird, ist einer der interessantesten Doppelsitzer der Segelfluggeschichte. Dabei besticht einmal sein etwas exotisches Aussehen, dann die Metallbauweise unter Verwendung von Kunststoffen und nicht zuletzt die außergewöhnliche Leistungsfähigkeit. Der Prototyp flog zum ersten Mal am 23. 11. 1970, und mit den noch nicht einmal 50 Flugzeugen, die in den ersten sieben Jahren hergestellt worden sind, ist der Calif auch ein etwas exklusiver Vogel. Der dreiteilige Flügel hat eine Spannweite von über 20 Metern. Er hat eine Rechtecktrapezform mit einer Flügeltiefe von 0,90 m im Mittelstück, wo auch das Wortmann-Profil FX 67-K-170 verwendet wird. Der Rechteckteil des Tragflügels reicht über fast zwei Drittel der Spannweite, während das Mittelstück nur eine Länge von 5,70 m hat. Bei den jeweils drei Meter langen Außenflügeln fängt auch erst die V-Form des Tragflügels an, wogegen der Rechteckteil ganz waagerecht ist. Durch das Herunterstraken auf das Querruderprofil FX 60-126 entsteht auch ein etwas unschöner Knick in der Flügelform. Die Wölbklappen gehen von plus 8 Grad bis minus 8 Grad, mit einer Landestellung von 90 Grad. Nach dem Mittelstück ist im Tragflügel auch ein Bremsklappensystem angeordnet, das als Vorläufer des Bremsklappensystems bei der Mosquito und beim Mini-Nimbus anzusehen ist. Der Nachteil des Calif-Systems liegt darin, daß beim Ausfahren der Bremsklappen auf der Flügeloberseite die eigentliche Wölbklappe kurz auf negativ gefahren werden muß, da nur ein einziger Bedienungshebel zur Verfügung steht. Die Sitze liegen beim Calif nebeneinander. Das Einziehfahrwerk besteht aus zwei nebeneinander angeordneten, gefederten 5-Zoll-Rädern. Die Haube ist zweiteilig, und der hintere Teil wird rückwärts auf den Rumpf geschoben. Das Rumpfvorderteil, die Querruder und die Randbogen bestehen aus GFK. Am Rumpfende ist ein Spornrad eingebaut. Bei den ersten Flugzeugen bestand das Höhenleitwerk aus einem trapezförmigen Pendelruder. Beim A-21 S wird ein gedämpftes Höhenleitwerk in Rechteckform

Muster:	Calif A-21 S
Konstrukteur:	Carlo Ferrarin/Livio Sonzio
Hersteller:	Caproni Vizzola/Italien
Erstflug:	1970
Serienbau:	1970 bis heute
Hergestellt insgesamt:	49
Zugelassen in Deutschland:	8
Spannweite:	20,38 m
Flügelfläche:	16,19 m²
Streckung:	25,65
Flügelprofil:	FX 67-K-170 im Rechteckbereich FX 60-126 im Querruderbereich
Rumpflänge:	7,84 m
Leitwerk:	gedämpftes T-Leitwerk
Bauweise:	Metall mit Kunststoffüberzug, teilweise GFK
Rüstgewicht:	436 kp
Maximales Fluggewicht:	644 kp
Flächenbelastung:	32,5 kp/m² bis 39,8 kp/m²

Flugleistungen (DFVLR-Messung 1976):

Geringstes Sinken:	0,69 m/s bei 80 km/h
Bestes Gleiten:	38 bei 115 km/h

verwendet. Der Calif wird in Deutschland von der Firma Midas Aviation in Bonn-Bad Godesberg vertreten. Hier wurde auch die Zulassung für Windenstart durchgeführt. Für die Leistungsfähigkeit des Calif spricht die Tatsache, daß der Pole Edvard Makula im August 1972 in einer Woche vier Weltrekorde in den USA aufstellte. In Deutschland wurde vom Rhein-Flugzeugbau ein Calif mit Mantelschraube zum Motorsegler Sirius-2 umgebaut, während es in Italien selbst eine Version A-21 SJ mit einem Strahltriebwerk gibt, die eine Gipfelhöhe von 13 000 Metern erreicht.

Nebeneinanderliegende Sitze und Doppelfahrwerk sind charakteristische Merkmale des Calif

Die Wölb-Brems-Klappe des Calif gilt als Vorläufer für das Klappensystem von Mosquito und Mini-Nimbus

Condor-IV

Der Condor-IV ist ein großer Doppelsitzer mit 18 Metern Spannweite

Der Doppelsitzer Condor-IV ist eine Nachkriegskonstruktion von Heini Dittmar und ist aus dem Einsitzer Condor-III abgeleitet. Die Spannweite wurde von 17,25 m auf 18,00 m vergrößert und der Rumpf durch Einfügen des zweiten Sitzes unmittelbar unter dem Tragflügel verlängert. Sehr charakteristisch ist der freitragende Knickflügel, der hoch am Rumpf angesetzt ist. Der Rumpf selbst mit einer schlanken Rumpfröhre ist eine Sperrholzschalenkonstruktion mit einer festen Kufe und einem Abwurffahrwerk. Die lange Haube besteht aus einem Stück und ist abnehmbar. Als Landehilfe dienen Schempp-Hirth-Bremsklappen. Für den Windenstart sind Seitenwandkupplungen (Gabelseil) eingebaut, für den F-Schlepp gibt es eine Tost-Kupplung in der Rumpfspitze. Das Höhenleitwerk ist als Pendelruder ausgelegt. Das Rüstgewicht mit über 360 kp ist für die Entstehungszeit nach 1950 sehr beachtlich und unterscheidet sich kaum von den neuen Leistungsdoppelsitzern in Kunststoff-Bauweise.

Die beste Gleitzahl von etwa 30 ist ebenfalls beachtlich, und Ernst-Günter Haase erzielte im August 1952 auf dem Klippeneck den ersten Nachkriegsweltrekord Deutschlands über ein 100-km-Dreieck. Bei Schmetz in Herzogenrath sind 5 Flugzeuge (Baureihe 2) gebaut worden, während bei Schleicher in den Jahren 1953 bis 1955 sieben Condor-IV der Baureihe 3 hergestellt wurden. Heute sind noch etwa fünf Flugzeuge zugelassen.

Muster:	Condor-IV
Konstrukteur:	Heini Dittmar
Hersteller:	Dittmar, Schmetz, Schleicher
Erstflug:	1952
Serienbau:	1952 bis 1955
Hergestellt insgesamt:	etwa 15
Zugelassen in Deutschland:	etwa 5
Anzahl der Sitze:	2
Spannweite:	18,00 m
Flügelfläche:	21,20 m²
Streckung:	15,28
Flügelprofil:	Gö 532 innen, NACA 0012 außen
Rumpflänge:	8,44 m
Leitwerk:	Pendel-Höhenleitwerk
Bauweise:	Holz
Rüstgewicht:	365 kp
Maximales Fluggewicht:	520 kp
Flächenbelastung:	24,53 kp/m²
Geringstes Sinken:	0,70 m/s bei 65 km/h
Bestes Gleiten:	31 bei 80 km/h

Cumulus Cu-II F, Cu-III F

Der Cumulus von Gerhard Reinhard aus Peine ist ein einfaches Übungssegelflugzeug, welches auch gleich mit der Wiederzulassung des Segelfluges in Deutschland entstanden ist. Dabei werden die Tragflügel und die Leitwerke des Grunau-Baby II bzw. III verwendet. Neu an dem Flugzeug ist ein Stahlrohrrumpf mit einem sehr schlanken hoch angesetzten Leitwerksträger. Recht ausladende Formen hat das Seitenruder. Der Rumpf hat eine Kufe und ein festes Rad hinter dem Schwerpunkt. Wie beim Grunau-Baby sind der Tragflügel und das Höhenleitwerk abgestrebt. Allerdings hat hier der Flügel eine V-Form von 1,5 Grad. Heute läßt sich kaum mehr feststellen, wieviel Flugzeuge wohl hauptsächlich als Amateurbauten hergestellt worden sind. Zugelassen sind noch ein Cumulus-II (D-4638) und zwei Cumulus-III (D-0324 + D-6059). Von letzteren beiden Flugzeugen liegen genauere Angaben vor. Die D-0324 entstand in den Jahren 1954 bis 1957 von der damaligen Flugsportgruppe Burghausen und führte den Erstflug am 14. 7. 57 in Pfarrkirchen in Niederbayern durch. Bis August 1976, wo das Flugzeug wegen mangelndem Interesse der Mitglieder in Burghausen vorläufig stillgelegt wurde, absolvierte der Cumulus 1432 Starts mit 231 Flugstunden mit einem längsten Flug von über vier Stunden. Der Cumulus D-6059 wurde 1952/53 vom Luftsportverein Holzminden gebaut und flog hauptsächlich auf dem Ith. 1956 landete er nach einem Gewitterflug bei Pesekendorf in der DDR, wurde aber sofort wieder freigegeben. Heute gehört dieser Cumulus der Eigentümergemeinschaft Gerhard Nieveler/Christian Kroll in Geilenkirchen, die mit dem Flugzeug gelegentlich an Oldtimertreffen teilnehmen.

Der Prototyp mit dem Kennzeichen D-6000 wurde bereits beim ersten Rhöntreffen des Jahres 1951 eingeflogen. Dieses Flugzeug hatte keine Bremsklappen im Tragflügel, sondern zweiteilige Rumpfbremsklappen an der Hinterkante des vorderen Rumpfteiles, deren Wirkung allerdings ungenügend war. Zum Cumulus-Rumpf gab es noch einen freitragenden Tragflügel von 13,80 m Spannweite, wobei dieses Flugzeug dann die Bezeichnung Cirrus hatte. Auch ein Motorsegler dieser Baby-Cumulus-Familie mit der Bezeichnung Nimbus (20-PS-Motor und Umlaufluftschraube) war geplant.

Muster:	Cumulus Cu-III F
Konstrukteur:	Gerhard Reinhard
Hersteller:	Amateurbau
Erstflug:	1951
Hergestellt insgesamt:	nicht bekannt
Zugelassen in Deutschland:	3
Anzahl der Sitze:	1
Spannweite:	13,57 m (Flügel des Grunau-Baby III)
Flügelfläche:	14,20 m^2
Streckung:	12,97
Flügelprofil:	Gö 535, außen symmetrisch
Rumpflänge:	6,30 m
Leitwerk:	normales Kreuzleitwerk
Bauweise:	Holz, Rumpf aus Stahlrohr
Rüstgewicht:	151 kp
Maximales Fluggewicht:	250 kp
Flächenbelastung:	17,6 kp/m^2

Flugleistungen (Herstellerangaben):

Geringstes Sinken:	0,80 m/s bei 52 km/h
Bestes Gleiten:	19,5 bei 63 km/h

Linke Seite:

Oben: Der Stahlrohrrumpf des Cumulus im Rohbau
Unten: Die Tragflügel des Cumulus stammen vom Grunau-Baby

Akaflieg Darmstadt (D-34 bis D-39)

Die Akademische Fliegergruppe Darmstadt hat mit einigen erfolgreichen Konstruktionen die Entwicklung der Leistungssegelflugzeuge nach dem Krieg entscheidend beeinflußt. Insbesondere von der D-36 gingen auch für die spätere Serienfertigung von GFK-Flugzeugen starke Impulse aus (Lemke, Waibel, Holighaus). Zehn Jahre später ist dann die aus der D-38 abgeleitete DG-100 ein erfolgreiches Serienflugzeug der Standard-Klasse.

D-34

Die D-34, die in vier verschiedenen Versionen erprobt wurde, ist die erste Nachkriegskonstruktion der Akaflieg Darmstadt. Gebaut wurde aber in der Darmstädter Werkstatt schon vorher, nämlich eine Mü-13 E und eine heute noch fliegende Ka-1. Alle vier D-34 haben eine Spannweite von 12,65 Metern, jedoch wurden verschiedene Profile, Bauweisen, Streckun-

Luftaufnahme der D-34c

gen und auch verschiedene Rümpfe gewählt. Die D-34 a fliegt bereits im Juli 1955 und hat einen mit Schaumstoff gestützten einteiligen Sperrholzflügel ohne Wölb- oder Bremsklappen. Dafür hat der Rumpf seitlich ausfahrende Luftbremsen, deren Wirkung allerdings ungenügend ist. Die D-34 b hat praktisch denselben Flügel, aber mit Wölbklappen. Die D-34 c hat dann wieder den Flügel der D-34 a, ist aber zum ersten Mal mit Schempp-Hirth-Bremsklappen ausgerüstet. Neu ist auch der Stahlrohrrumpf mit festem Rad und Kufe sowie einer GFK-Verkleidung. Der Erstflug findet im Frühjahr 1958 statt. Die Konstruktion stammt hauptsächlich von Martin Rade. Die D-34 d ist dann das erste eigentliche Kunststoff-Segelflugzeug der Akaflieg Darmstadt. Als diese D-34 d im Jahre 1966 in Samedan zerstört wird, holt man die D-34 c wieder aus der Versenkung hervor. Das Flugzeug wird dann bei der Akaflieg noch einige Jahre eingesetzt und hat heute einen Besitzer in Geilenkirchen.

Muster:	D-34 c
Kennzeichen:	D-4644
Konstruktion:	Martin Rade
Hersteller:	Akaflieg Darmstadt
Erstflug:	Frühjahr 1958
Hergestellt insgesamt:	1
Zugelassen in Deutschland:	1
Anzahl der Sitze:	1
Spannweite:	12,65 m
Flügelfläche:	8,00 m²
Streckung:	20,00
Flügelprofil:	NACA 644-621 durchgehend
Leitwerk:	gedämpftes T-Leitwerk
Bauweise:	Rumpf: Stahlrohr Flügel: Sperrholz auf Schaumstoffkern
Rüstgewicht:	145 kp
Maximales Fluggewicht:	250 kp
Flächenbelastung:	31,25 kp/m²
Geringstes Sinken:	0,85 m/s bei 75 km/h
Bestes Gleiten:	28 bei 80 km/h

D-36

Die D-36 mit einem zweiteiligen Wölbklappenflügel in Doppeltrapezform mit einer Spannweite von 17,80 m ist eine der unmittelbaren Vorfahren der heutigen Leistungssegelflugzeuge aus Kunststoff. Prof. Wortmann entwickelte speziell für die D-36 ein neues Wölbklappenprofil, das FX 62-K-131, das später in leicht veränderter Form bei der ASW-12 bzw. der ASW-17 wieder verwendet wird. Zwei Exemplare sind parallel gebaut worden. Die D-36 V1 mit dem Kennzeichen D-4685 von der Akaflieg Darmstadt selbst und die V2 mit dem Kennzeichen D-4686 von Walter Schneider, der später zusammen mit Wolf Lemke die LS-Flugzeuge (LS = Lemke/Schneider) herausbringt. Während die V1 vierteilige Schempp-Hirth-Bremsklappen hatte, ist die D-36 V2 ursprünglich nur mit einem Bremsschirm als Landehilfe ausgerüstet. Die V1 flog im März 1964 zum ersten Mal und ging nur drei Jahre später nach einem Fallschirmabsprung des Piloten verloren. Die V2 fliegt dagegen heute noch. Sie hatte gleich am Anfang einmal einen Unfall durch ein nicht angeschlossenes Höhenruder, war dann später in Saarbrücken, wo sie noch einmal einen Unfall im Windenstart hatte, und fliegt heute bei der Akaflieg in Köln. Die beiden D-36 überzeugten von Anfang an durch hervorragende Leistungen. Gerhard Waibel gewann mit der V1 die Deutschen Meisterschaften 1964 und wurde 1966 Dritter der Offenen Klasse. Rolf Spänig, der mit der D-36 das erste Fünfhunderterdreieck in Deutschland flog, errang den 2. Platz bei der Weltmeisterschaft 1965 in England.

Muster:	D-36
Konstrukteur:	Lemke, Waibel, Frieß, Holighaus
Hersteller:	Akaflieg Darmstadt + Schneider
Erstflug:	1964 (V1 + V2)
Hergestellt insgesamt:	2 (D-4685 + D-4686)
Zugelassen in Deutschland:	1 (D-4686)
Anzahl der Sitze:	1
Spannweite:	17,80 m
Flügelfläche:	12,80 m²
Streckung:	24,75
Flügelprofil:	FX 62-K-131 innen FX 60-126 außen
Rumpflänge:	7,35 m
Leitwerk:	gedämpftes T-Leitwerk
Bauweise:	GFK
Rüstgewicht:	285 kp
Maximales Fluggewicht:	401 kp
Flächenbelastung:	31,33 kp/m²

Flugleistungen (DFVLR-Messung 1966):

Geringstes Sinken:	0,53 m/s bei 82 km/h
Bestes Gleiten:	44 bei 87 km/h

Die D-36 V1 bei der Weltmeisterschaft 1965 in England

Die von Walter Schneider gebaute D-36 V2 fliegt heute noch

An der D-37 wurden kurzzeitig Winglets erprobt

Die D-38 ist der Vorläufer des Serienflugzeuges DG-100

D-37

Während die D-35 ursprünglich ein Doppelsitzer in GFK mit einer Spannweite von 19 Metern werden sollte, wobei dieses Projekt aber nach einigen Schwierigkeiten aufgegeben wurde, wurde die D-37 ursprünglich als Motorsegler mit Klapptriebwerk ausgelegt. Die Spannweite beträgt 18 Meter bei einem zweiteiligen Flügel ohne Wölbklappen. Wegen des Motors mußte der Rumpfquerschnitt gegenüber der D-36 etwas größer gewählt werden. Die Rumpfröhre konnte dagegen bleiben, und auch die Leitwerke wurden von der D-36 übernommen. Triebwerk war ein Wankelmotor mit 18 PS bei 5500 Umdrehungen. Der Erstflug im Flugzeugschlepp fand am 5. August 1969 statt. Obwohl der Motorsegler ursprünglich nicht für Eigenstartfähigkeit ausgelegt war, gelangen im April 1970 auch Starts aus eigener Kraft mit dem relativ schwachen Triebwerk auf der Betonbahn in Worms. Der Motorsegler trug das Kennzeichen D-KEDD. Später wurde dann aber wegen Schwierigkeiten mit dem Motor dieser ausgebaut. Seither wird das Flugzeug als Segelflugzeug eingesetzt (D-2278).

Muster:	D-37
Kennzeichen:	D-2278
Konstrukteur:	Sator/Dirks
Hersteller:	Akaflieg Darmstadt
Erstflug:	1969
Hergestellt insgesamt:	1
Zugelassen in Deutschland:	1
Anzahl der Sitze:	1
Spannweite:	18,00 m
Flügelfläche:	13,00 m^2
Streckung:	24,92
Flügelprofil:	FX 66-S-196 innen
	FX 66-S-160 außen
Rumpflänge:	7,40 m
Leitwerk:	gedämpftes T-Leitwerk
Bauweise:	GFK
Rüstgewicht:	307 kp
Maximales Fluggewicht:	460 kp
Flächenbelastung:	30,54 kp/m^2 bis 35,38 kp/m^2
Geringstes Sinken:	0,60 m/s bei 78 km/h
Bestes Gleiten:	38 bei 85 km/h

D-38

Die D-38 entstand mit der Zielsetzung einer Optimierung der Flugleistungen und Flugeigenschaften der Standard-Klasse. Aufgrund eines angenommenen Modells der Aufwindcharakteristik in Mitteleuropa wurden verschiedene Profile und Flügelflächen mit den modernen Methoden der Datenverarbeitung verglichen. Zum Schluß wurde das relativ alte Profil FX 61-184 und eine Streckung von 20,5 ausgewählt. Besonderer Wert wurde auf gute Flugeigenschaften gelegt. Die langen Leitwerkshebelarme in Verbindung mit dem gut trimmbaren Höhenleitwerk ergeben eine recht stabile Fluglage auch in unruhiger Luft. Die D-38 wurde von 1970 bis 1972 gebaut. Wilhelm Dirks, der auch für die Konstruktion verantwortlich zeichnet, führte den Erstflug einige Tage vor Weihnachten 1972 in Worms durch.

Bei Glaser-Dirks entstand ab 1974 eine Serienversion der D-38 mit der Bezeichnung DG-100, von der bisher mehr als 100 Stück gebaut wurden.

Muster:	D-38
Kennzeichen:	D-0938
Konstrukteur:	Wilhelm Dirks
Hersteller:	Akaflieg Darmstadt
Erstflug:	1972
Hergestellt insgesamt:	1
Zugelassen in Deutschland:	1
Anzahl der Sitze:	1
Spannweite:	15,00 m
Flügelfläche:	11,00 m^2
Streckung:	20,45
Flügelprofil:	FX 61-184 innen
	FX 60-126 außen
Rumpflänge:	7,00 m
Leitwerk:	Pendel-T-Leitwerk mit handkrafterhöhendem Flettnerruder
Bauweise:	GFK
Rüstgewicht:	210 kp
Maximales Fluggewicht:	360 kp
Flächenbelastung:	26 kp/m^2 bis 33 kp/m^2
Geringstes Sinken:	0,66 m/s bei 83 km/h
Bestes Gleiten:	36,5 bei 96 km/h

Der Vollständigkeit halber sei erwähnt, daß die derzeitige Konstruktion der Akaflieg Darmstadt ein Motorsegler mit der Bezeichnung D-39 ist, dessen Erstflug für das Jahr 1978 erwartet wird. Die Flügel und Leitwerke stammen von der D-38. Nach Schwierigkeiten mit den ursprünglich vorgesehenen Wankelmotoren wird in die Rumpfspitze nun ein Limbach-Motor mit 68 PS eingebaut. Dabei sitzt der Pilot über dem Flügel ziemlich genau im Schwerpunkt.

Delphin

Der um 1960 entstandene Delphin von Atze Ahrens aus Krefeld hat nichts zu tun mit dem gleichnamigen Flugzeug von Fritz Mahrer aus Basel, der ein Fowler-Klappen-Flugzeug aus der Elfe entwickelt hat. Der nur in zwei Exemplaren gebaute Ahrens-Delphin hat eine Spannweite von 13 Metern und eine ganz beachtliche Flügelfläche von 16,90 Quadratmetern. Das Flugzeug hat eine spezielle Auslegung auf Kunstflug, können doch mit dem Delphin alle üblichen Kunstflugfiguren einschließlich des Loopings nach vorne geflogen werden. Konstruiert und gebaut wurde der Delphin von Atze Ahrens (Jahrgang 1908), der in Krefeld einen Luftfahrttechnischen Betrieb unterhielt, den er im Jahre 1973 altershalber aufgab. Ahrens baute in Lizenz von Scheibe den Spatz und den Bergfalken und stellte bis 1955 auch schon die beiden Lüty-Flugzeuge Ly-532 und Ly-542 her, die mit dem Delphin das Profil und die Grenzschichtabsaugung im Bereich des Querruders gemeinsam haben. Der Delphin hat einen einfachen Trapezflügel mit DFS-Bremsklappen aus Metall. Der recht lange Rumpf ist in Holz-Schalen-Bauweise hergestellt. Er hat eine geblasene Haube und ein festes Rad mit einer Kufe. Die Leitwerke sind konventionell aufgebaut. Die ebenfalls aus Metall hergestellten Querruder sind relativ lang und haben nur eine Tiefe von 10 Zentimetern. Dennoch ergibt sich eine Rollgeschwindigkeit von 30 Grad pro Sekunde dank der aerodynamischen Besonderheiten mit der zur Flügelspitze hin gerichteten Absaugung durch Einströmschlitze an der Verbindungskante Flügel/Querruder. Die beiden Exemplare des Delphin tragen die Kennzeichen D-5600 und D-5150. Sie führten ihre Erstflüge am 3. 10. 1959 bzw. 22. 11. 1961 durch. Die V-1 ist bis heute noch in Grevenbroich beheimatet, während die V-2 zuerst in Köln und dann in Kleve flog und seit 1973 in England zu Hause ist.

Muster:	Delphin
Konstrukteur + Hersteller:	Atze Ahrens, Krefeld
Erstflug:	1959 bzw. 1961
Hergestellt insgesamt:	2
Zugelassen in Deutschland:	1
Anzahl der Sitze:	1
Spannweite:	13,00 m
Flügelfläche:	16,90 m^2
Streckung:	10,00
Flügelprofile:	Gö 549 geändert
Rumpflänge:	7,70 m
Leitwerk:	normales Kreuzleitwerk
Bauweise:	Holz
Rüstgewicht:	265 kp
Maximales Fluggewicht:	400 kp
Flächenbelastung:	21,0 kp/m^2 bis 23,7 kp/m^2

Flugleistungen (Herstellerangaben):

Geringstes Sinken:	0,70 m/s bei 60 km/h
Bestes Gleiten:	28 bei 75 km/h

Die Bilder der folgenden Seite zeigen:

Oben: Die sehr schmalen Querruder des Delphin
Unten: Vollsichthaube des Delphin V2

Butzmann

Glaser-Dirks (DG-100, DG-100 G, DG-200)

Die Firma Glaser-Dirks GmbH entstand im Jahre 1973 in Untergrombach bei Bruchsal. Wilhelm Dirks war als Mitglied der Akaflieg Darmstadt maßgeblich an der Entwicklung der D-37 und D-38 beteiligt. Wilhelm Glaser, selbst langjähriger Leistungssegelflieger und Inhaber einer Tiefbaufirma, schuf den ersten Kontakt zur Begründung eines neuen Flugzeugwerkes anläßlich einer gemeinsamen Außenlandung mit Wilhelm Dirks. Erstes Flugzeug war dann die DG-100, die man als Serienversion der Darmstädter D-38 bezeichnen kann. Der Prototyp der DG-100 entstand noch in einer Garage der Tiefbaufirma Glaser, während dann die Serienfertigung in einer neuen Fabrikationshalle ab dem Jahr 1974 begann.

DG-100

Von vielen Segelfliegern wird die DG-100 als eines der schönsten Segelflugzeuge der Standard-Klasse bezeichnet. Der relativ lange Rumpf mit seiner besonders eleganten Form ist auch mit den langen Leitwerkshebelarmen und der Leitwerksauslegung für die außergewöhnliche Flugstabilität verantwortlich. Auch die Eigenschaften im Kurvenflug finden allgemein Anerkennung. Richtig ausgetrimmt erfordert die DG-100 kaum Korrekturen während des Kreisens. Die verwendeten Flügelprofile FX 61-184 und FX 60-126 bieten ein Optimum an Flugleistungen bei guten Flugeigenschaften. Die zweiteilige Haube reicht seitlich und nach vorn weit herunter. Der hintere Teil ist nach oben klappbar. Die Instrumente sind in einem Pilz untergebracht, der nach Lösen von zwei Schnellverschlüssen herausgenommen werden kann. Als Einziehfahrwerk dient ein großes 5-Zoll-Rad. Die normale DG-100 hat ein Pendel-Höhenleitwerk mit einem durchgehenden Flettner-Trimmruder. Als DG-100 G kann man aber auch das Flugzeug mit einem

Muster:	DG-100
Konstrukteur:	Wilhelm Dirks
Hersteller:	Glaser-Dirks, Bruchsal
Erstflug:	10. Mai 1974
Serienbau:	von 1974 bis heute
Hergestellt insgesamt:	103 (davon 15 DG-100 G)
Zugelassen in Deutschland:	52 (davon 6 DG-100 G)
Anzahl der Sitze:	1
Spannweite:	15,00 m (Standard-Klasse)
Flügelfläche:	11,00 m^2
Streckung:	20,45
Flügelprofil:	FX 61-184 Wurzel bis Querruder FX 61-126 Außenflügel
Rumpflänge:	7,00 m
Leitwerk:	T-Leitwerk als Pendelruder oder gedämpftes Ruder (DG-100 G)
Bauweise:	GFK
Rüstgewicht:	235 kp
Maximales Fluggewicht:	418 kp
Flächenbelastung:	28,2 kp/m^2 bis 38,0 kp/m^2

Flugleistungen (Angaben Glaser-Dirks):

Geringstes Sinken:	0,59 m/s bei 74 km/h
Bestes Gleiten:	39,2 bei 105 km/h

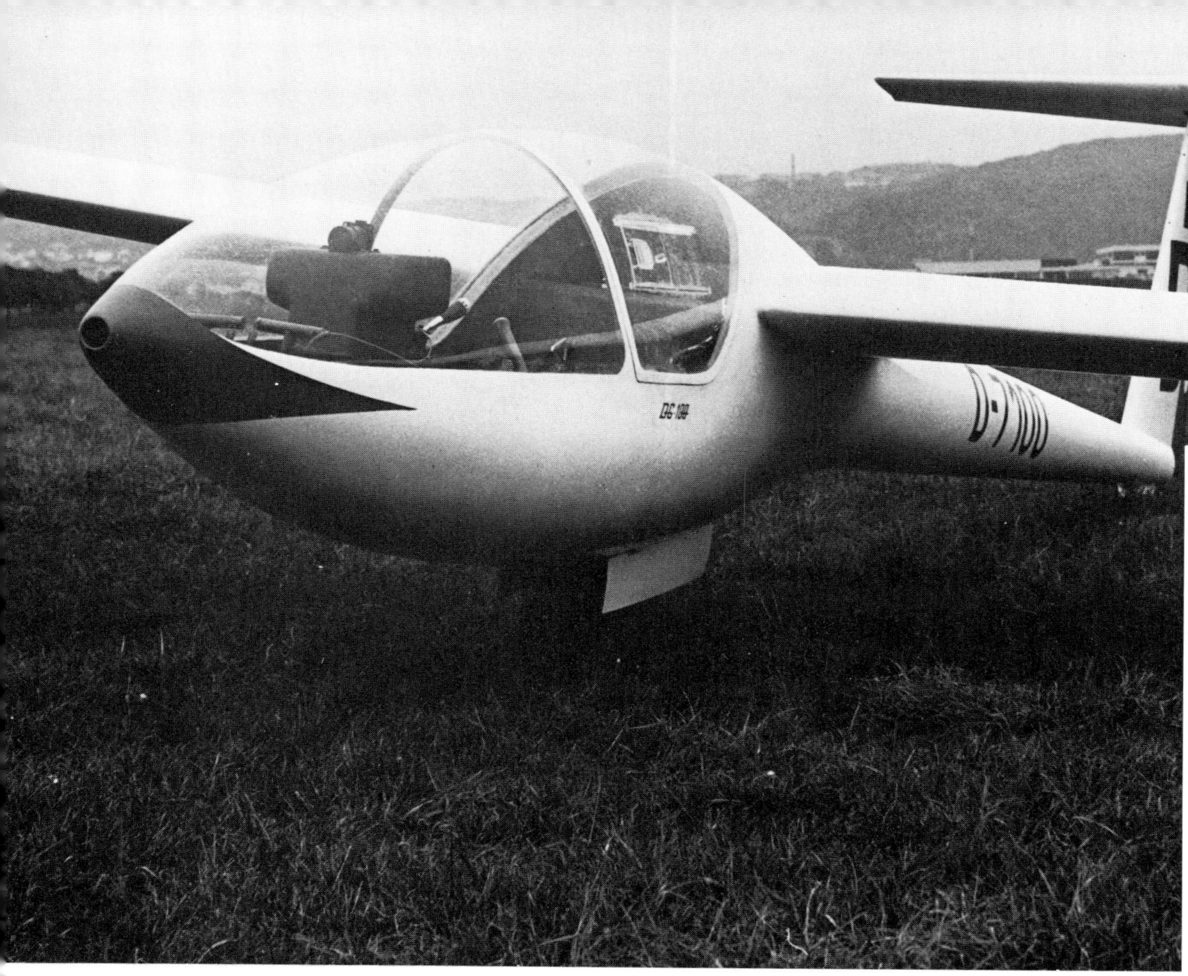
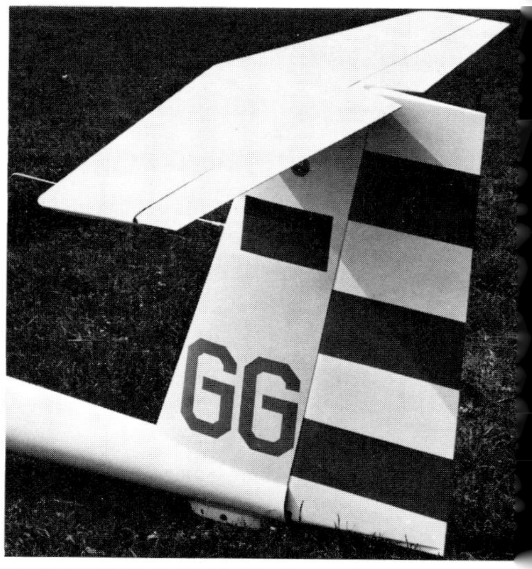
GG
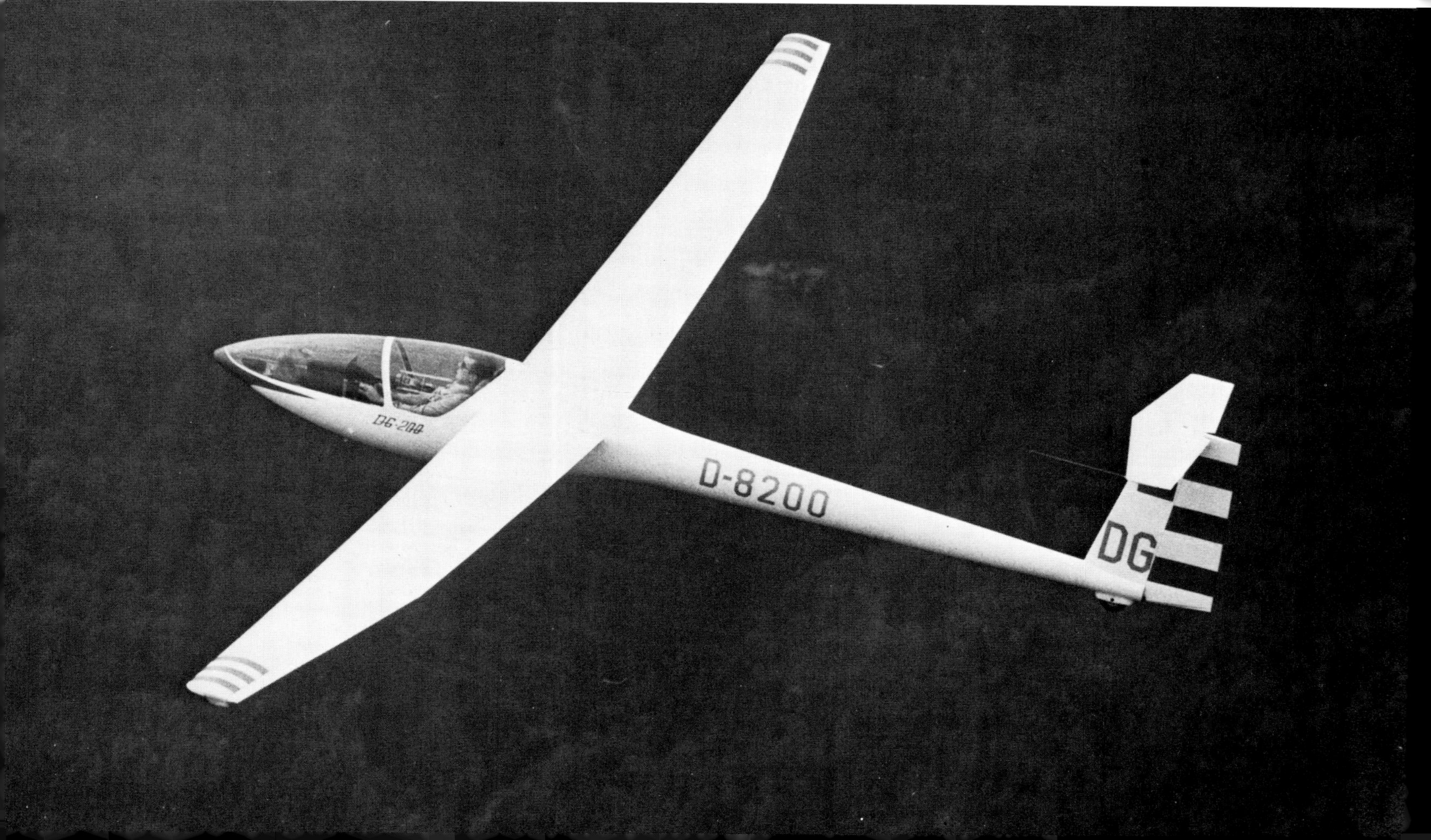
DG-200
D-8200
DG

gedämpften Höhenleitwerk haben, wie es dann auch in der DG-200 verwendet wird. Der Knüppel ist mit böenfreier Parallelogrammsteuerung ausgeführt. Das maximale Fluggewicht liegt bei 418 kp, so daß eine Variation der Flächenbelastung im weiten Bereich von 28,2 kp/m^2 bis 38,0 kp/m^2 möglich ist.

Die DG-100 belegte gleich von Anfang an gute Plätze auf Wettbewerben, insbesondere auf den Meisterschaften in der Schweiz und in Österreich. Seit Mitte 1978 wird die DG-100 in Lizenz in Jugoslawien hergestellt.

DG-200

Nach LS-3, Mosquito, Mini-Nimbus, PIK-20 D und ASW-20 ist die DG-200 das sechste Flugzeug der neuen FAI-15-m-Klasse, auch Renn-Klasse genannt. Obwohl die Konzeption schon lange festlag, hat man sich bei Glaser-Dirks mit Detaillösungen und Vorbereitungen für die Fertigung recht lange Zeit gelassen. Dafür ist dann aber auch ein »fertiges« Flugzeug entstanden, das sowohl fertigungstechnisch als auch auslegungs- und leistungsmäßig ein gelungener Wurf ist. Ein gewichtiges Argument findet besondere Beachtung: Das Rüstgewicht der DG-200 liegt bei 245 kp, so daß sie nach der PIK-20 D (allerdings mit einem Karbonfaserholm) das leichteste Flugzeug der Rennklasse ist.

Rumpf und Seitenleitwerk wurden weitgehend von der DG-100 übernommen; das Cockpit wurde gar noch um einige Zentimeter länger. Das Höhenleitwerk stammt von der DG-100 G. Der Wölbklappenflügel hat Doppeltrapezform und liegt mit 10,0 m^2 Fläche bei einem Mittelwert der Rennklasse. Die Überlagerung von Querruder und Wölbklappe ist eine der Optimierungsaufgaben dieser Flugzeuge. Bei der DG-200 fällt besonders die gute Wirksamkeit der Querruder auch bei Landestellung der Wölbklappen und bei langsamen Geschwindigkeiten auf. Eine Besonderheit des Flügels ist ferner, daß das Wortmannprofil FX 67-K-170 durchgehend die selbe prozentuale Dicke hat. Die Variationsmöglichkeit der Flächenbelastung reicht von 31 kp/m^2 bis 45 kp/m^2.

Muster:	DG-200
Konstrukteur:	Wilhelm Dirks
Hersteller:	Glaser-Dirks, Bruchsal
Erstflug:	22. April 1977
Serienbau:	ab 1977
Hergestellt insgesamt:	20 (im Jahre 1977)
Zugelassen in Deutschland:	6
Anzahl der Sitze:	1
Spannweite:	15,00 m (FAI-15-m-Klasse)
Flügelfläche:	10,00 m^2
Streckung:	22,50
Flügelprofil:	FX 67-K-170
Rumpflänge:	7,00 m
Leitwerk:	gedämpftes T-Leitwerk
Bauweise:	GFK
Rüstgewicht:	245 kp
Maximales Fluggewicht:	450 kp
Flächenbelastung:	31 kp/m^2 bis 45 kp/m^2
Geringstes Sinken:	0,56 m/s bei 72 km/h
Bestes Gleiten:	42,5 bei 110 km/h (Werksangaben)

Insbesondere wegen der guten Rollwendigkeit der DG-200 lag es nahe, eine spezielle Version des Flugzeuges für den Kunstflug zu entwickeln. Wegen der geforderten Figuren war es notwendig, die Spannweite auf 13,10 Meter zu verringern. Das DG-200 Acroracer genannte Flugzeug hat den Originalflügel außen gekürzt, so daß mit aufsteckbaren Flügelenden jederzeit mit der 15-Meter-Version der Rennklasse geflogen werden kann. Die Kunstflugversion hat eine Flügelfläche von 9,25 m^2 mit einer Streckung von 18,55. Das Rüstgewicht beträgt etwa 240 kp und das Maximale Fluggewicht liegt bei 360 kp. Die Höchstgeschwindigkeit konnte auf 290 km/h gesteigert werden. Auch eine 17-m-Version steht auf dem Programm.

Im Sommer 1978 wurde auch eine Club-Klasse-Version der DG-100 angekündigt. Die DG-100 Club hat ein festes Fahrwerk und kann mit gedämpftem Höhenleitwerk oder Pendelruder geliefert werden. Es ist ohne weiteres möglich, das Flugzeug zu einem späteren Zeitpunkt mit einem Einziehfahrwerk und Wasserballastanlage umzurüsten.

Linke Seite:

Oben: Interessante Perspektive der DG-100
Oben rechts: Die DG-100 G hat ein gedämpftes Höhenleitwerk
Unten: Der Prototyp der DG-200

Diamant-HBV, Diamant-16,5, Diamant-18

Der Diamant-HBV hat den Wölbklappenflügel der H-301 Libelle

Diamant-HBV

Der Diamant-HBV geht zurück auf die Ka-Bi-Vo, welche in den Jahren 1961 und 1962 am Institut für Flugzeugstatik und Leichtbau an der Eidgenössischen Technischen Hochschule in Zürich gebaut wurde. Diese Ka-Bi-Vo ist ein Holz-GFK-Gemischt-Flugzeug, denn der Flügel stammt von einer normalen Serien-Ka-6, während Rumpf und Leitwerke aus GFK gebaut sind. Der Name des Flugzeuges leitet sich ab aus dem Ka für Rudolf Kaiser und den Anfangsbuchstaben der beiden Schweizer Projektleiter Bircher und van Voornfeld.

Als dann im März 1964 zum ersten Mal die Hütter-301 Libelle von Glasflügel flog, erhielt die Ka-Bi-Vo zu ihrem Kunststoffrumpf den Libelle-Flügel und wurde dann Hü-Bi-Vo und später Diamant-HBV genannt. Thomas Bircher führte den Erstflug am 5. 9. 1964 in Altenrhein am Schweizer Ufer des Bodensees durch. In den Jahren 1966/67 wurden dann von Glasflügel 13 Libelle-Flügelpaare in die Schweiz geliefert, wo bei der Firma FFA (Flug- und Fahrzeugwerke Altenrhein) der Diamant-HBV gebaut wurde. Der Rumpf ist mit 7,56 m recht lang und sehr flach und eng. Aus diesem Grund ist auch der Knüppel nicht in der Rumpfmitte, sondern an der rechten Bordwand angeordnet, was wohl schon einige Umstellung erfordern dürfte. In Deutschland sind noch zwei Diamant-HBV zugelassen (D-0843 + D-5889). Das abgebildete Flugzeug machte seinen Erstflug am 24. 2. 67 in Altenrhein und war bis 1972 in Castrop-Rauxel. Später war es in Neuwied und in Trier. Seit Januar 1975 gehört es zwei Brüdern aus Sulzbach bei Saarbrücken. Der Diamant-HBV, D-5889 hat die Werk-Nr. 008 und hat heute ein Rüstgewicht von 212 kp und damit nur noch eine Zuladung von 88 kp.

Diamant-18

Bereits während der Fertigung des Diamant-HBV wurde an einer Weiterentwicklung gearbeitet, die auf eine Verbesserung der Flugleistungen durch Vergrößerung der Spannweite hinauslief. Dabei wurde aber ein vollkommen neuer Flügel konstruiert, der mit der Libelle nichts mehr gemeinsam hat. Der Rumpf und die Leitwerke wurden teilweise unverändert übernommen. Dabei gab es zwei Versionen mit 16,50 m und 18,00 m Spannweite, die den Flugzeugen auch den Namen gaben. Vom Diamant-16,5, der seinen Erstflug am 13. 5. 1967 durchführte, wurden bis 1969 insgesamt 41 Exemplare gebaut. Die 18-m-Version (Erstflug 3. 2. 1968) entstand bis 1971 in 21 Exemplaren.

Der Wölbklappen-Flügel von FFA für den Diamant hat

Muster:	Diamant-HBV
Konstrukteur:	Hütter-Bircher-Voornfeld
Hersteller:	Glasflügel-FFA
Erstflug:	1964
Serienbau:	1966 bis 1967
Hergestellt insgesamt:	13
Zugelassen in Deutschland:	2
Anzahl der Sitze:	1
Spannweite:	15,00 m
Flügelfläche:	9,72 m²
Streckung:	23,15
Flügelprofil:	Hütter
Rumpflänge:	7,56 m
Leitwerk:	Pendel-T-Leitwerk
Bauweise:	GFK
Rüstgewicht:	200 kp
Maximales Fluggewicht:	300 kp
Flächenbelastung:	30,86 kp/m²
Geringstes Sinken:	0,60 m/s bei 72 km/h
Bestes Gleiten:	39 bei 100 km/h

Muster:	Diamant-18
Konstrukteur:	Bircher/Voornfeld/FFA
Hersteller:	Flug- und Fahrzeugwerke Altenrhein/Schweiz
Serienbau:	1968 bis 1971
Hergestellt insgesamt:	29
Zugelassen in Deutschland:	3
Anzahl der Sitze:	1
Spannweite:	18,00 m
Flügelfläche:	14,28 m²
Streckung:	22,69
Flügelprofil:	FX 62-K-153 modifiziert
Rumpflänge:	7,72 m
Leitwerk:	Pendel-T-Leitwerk
Bauweise:	GFK
Rüstgewicht:	300 kp
Maximales Fluggewicht:	440 kp
Flächenbelastung:	30,81 kp/m²
Geringstes Sinken:	0,52 m/s bei 70 km/h
Bestes Gleiten:	44 bei 100 km/h

Rechteck-Trapezform mit leicht nach vorne gepfeilter Flügelnase. Das Wortmannprofil FX 62-K-153 ist ähnlich bereits bei der D-36 und später bei der ASW-12 bzw. ASW-17 verwendet worden. Beim Diamant-18 ist das Seitenruder noch etwas vergrößert, so daß sich auch eine größere Rumpflänge ergibt. Bei diesen beiden größeren Versionen ist dann auch der Steuerknüppel wieder normal in der Rumpfmitte eingebaut. Alle drei Baureihen haben beidseitig wirkende Schempp-Hirth-Bremsklappen und ein Einziehfahrwerk.

Alle Baureihen des Diamant erhielten recht bald die amerikanische Musterzulassung, und die Mehrzahl aller Flugzeuge wurde nach den USA exportiert. Heute sind noch 36 Diamant in Amerika zugelassen, etwa 10 in der Schweiz und 4 in Österreich. In Deutschland gibt es nur noch einen Diamant-16,5 (D-0574) und wohl drei Diamant-18 (D-0731, D-4415, D-6903). Zu erwähnen ist noch, daß es anfangs mit dem Diamant-16,5 und dem Diamant-18 Flatterprobleme gegeben hat, und bei der Erprobung im Hochgeschwindigkeitsbereich seinerzeit ein Diamant über dem Bodensee in der Luft zerstört wurde. Mit dem Diamant wurden in vielen Ländern nationale Rekorde geflogen und bei den Segelflugweltmeisterschaften 1958 in Polen belegten der Schweizer Rudolf Seiler und der Österreicher Dr. Alf Schubert den 3. und 4. Platz in der Offenen Klasse.

Rumpfvorderteil eines Diamant-18

Doppelraab

Die zweisitzigen Schul- und Übungsflugzeuge Doppelraab, die insgesamt in etwa 360 Exemplaren hergestellt wurden, sind die erfolgreichsten Konstruktionen des seit 1950 in Unterföhring bei München lebenden Gewerbeschullehrers Fritz Raab. Das Gesamtschaffen dieses wahrhaften Amateurflugzeugbauers reicht über diese Segelflugzeuge hinaus bis zu einem bereits 1954 entstandenen Motorsegler mit der Bezeichnung »Motorraab«, aus dem dann in den Jahren 1955/56 das zweisitzige Motorflugzeug Elster mit einem 150-PS-Motor weiterentwickelt wurde. 1957 entstand dann mit der Dohle ein weiterer Motorsegler, dem sich 1960 die Krähe anschloß, die ebenfalls eine Druckschraube hatte und in größerer Stückzahl gebaut wurde. Raabs Konstruktionsideen wurden weitergeführt in den österreichischen Motorseglern HB-3 und HB-21 (Brditschka), wobei letztere der erste Erprobungsträger für ein Elektrotriebwerk war.

Fritz Raab wurde am 25. Januar 1909 in Riedering bei Rosenheim (Oberbayern) geboren. Nach Volksschule und Lehre beschäftigt er sich seit 1926 mit dem Flugmodellbau, womit er sich auch heute wieder intensiv befaßt, und seit dem Jahre 1931 mit dem Segelflugzeugbau. 1936 entsteht bereits sein erstes eigenes Segelflugzeug, der Übungseinsitzer R-2 »Kapitän Hoch« mit einer Spannweite von 10,80 Metern. In den letzten Kriegsjahren war Raab Technischer Leiter der Segelflugerprobungsstelle Trebbin. Nach der Wiederzulassung des Segelfluges lebte dann die Diskussion über die grundsätzliche Methodik der Segelflugschulung wieder auf. Heute kaum mehr vorstellbar, fanden sich noch zahlreiche Anhänger der Einsitzerschulung. Auch wirtschaftliche Gründe waren dafür maßgebend. Die Doppelsitzer kosteten eben viel mehr Geld als die billigen Schulgleiter. Unter diesen Aspekten muß man den Kompromiß des Schulungsdoppelsitzers Doppelraab sehen. Ein Doppelsitzer mit den Kosten und Abmessungen eines Einsitzers, mit nur einem Steuerknüppel, den auch der Lehrer vom hinteren hochgesetzten Sitz aus erreichte, und nur einem Instrumentenbrett. Ferner sollte, zu jener Zeit wohl erheblich überbewertet, der Schüler immer sehen, wann sein Fluglehrer zumin-

Fritz Raab, der Konstrukteur der Doppelraab-Baureihe

dest am Steuerknüppel eingriff, denn auf dem hinteren Sitz waren immerhin von oben zu tretende Seitenruderpedale. Dann war der Doppelraab vor allen Dingen auch ein Flugzeug für den Selbstbau, bewußt so ausgelegt von dem Praktiker Fritz Raab. Überlegungen dazu waren einfaches Material und wenig Materialsorten, anschauliche Zeichnungen und geringe Abmessungen auch für die Werkstatt. Da der Rumpf in zwei Bauabschnitten hergestellt wurde (Rumpfvorderteil als Stahlrohrkonstruktion und Leitwerksträger als dreieckige Holzröhre), war das längste Teil eine Tragflügelhälfte mit 6,10 m. Wie beim Grunau-Baby war die Flügeltiefe über einen größeren Bereich konstant, so daß fast die Hälfte aller Flügelrippen den gleichen Umriß hatten. Auf der Flügeloberseite befinden sich Störklappen, an der Endleiste der Wurzelrippe praktische Handgriffe zum Montieren. Flügel und Höhenleitwerk sind jeweils mit Stahlrohren abgestrebt. Die Höhenleitwerkshälften können zum Transport hochgeklappt werden. Die große einteilige Haube mit guter Sicht auch vom hinteren Sitz ist zum Abnehmen. Der Doppelraab hat außergewöhnlich harmlose Flugeigenschaften mit sehr geringen Normalfluggeschwindigkeiten, was natürlich auch Nachteile bei stärkerem Wind hat, wo man kaum mehr vorwärts kommt. Zu erwähnen ist auch noch die gewaltige Bodenfreiheit der Tragflügelenden.

Der allererste Doppelraab (V-0) wurde vom Aero-Club Dachau gebaut und führte seinen Erstflug am 5.

Muster:	Doppelraab IV
Konstrukteur:	Fritz Raab
Hersteller:	Amateurbau
Erstflug:	1952
Hergestellt insgesamt:	etwa 220
Zugelassen in Deutschland:	etwa 12
Anzahl der Sitze:	2
Spannweite:	12,76 m
Flügelfläche:	18,00 m²
Streckung:	9,05
Flügelprofil:	Gö 550 + Gö 629 modifiziert
Rumpflänge:	6,90 m
Leitwerk:	normales Kreuzleitwerk abgestrebt
Bauweise:	Holz, Rumpfvorderteil Stahlrohr
Rüstgewicht:	185 kp
Maximales Fluggewicht:	350 kp
Flächenbelastung:	15,3 kp/m² bis 19,4 kp/m²

Flugleistungen (Angaben gerechnet):

Geringstes Sinken:	0,85 m/s bei 50 km/h
Bestes Gleiten:	20 bei 55 km/h

Der Doppelraab mit dem höher gelegten hinteren Führersitz

August 1951 durch. Weitere Prototypen waren die V-1, V-1a und die V-2, wobei die V-1 an der Rumpfunterseite zwei Räder hintereinander hatte. Die V-2 wurde wie der Doppelraab III und Doppelraab V mit zusammen etwa 75 Exemplaren bei Wolf Hirth in Nabern gebaut. Die meisten Exemplare erreichte die zum Nachbau zugelassene Baureihe Doppelraab IV mit einer Stückzahl von mehr als 200.

Doppelraab 6 + Doppelraab 7

Im Jahre 1954 flog der erste Doppelraab der Baureihe 6, die sich im Tragflügel von den vorhergehenden Mustern etwas unterschied. Die maximale Flügeltiefe wurde von 1,54 m auf 1,47 m verringert. Obwohl gleichzeitig die Spannweite auf 13,40 m vergrößert wurde, sank die Flügelfläche von 18,00 m² auf 17,20 m². Dieser Doppelraab 6 kam bereits in die auslaufende Doppelraab-Welle, so daß nur noch etwa 40 Flugzeuge gebaut wurden. Entscheidend war aber auch, daß wegen der höheren Gewichte im Vereinsbau die Zuladung vergrößert wurde, die jetzt 420 kp betrug. Vom Doppelraab 7 wurden dann nur noch etwa 20 Stück gebaut. Flügel und Leitwerke wurden vom Doppelraab 6 übernommen, während der Rumpf jetzt vollständig aus Stahlrohr konstruiert war. Wie bei allen anderen Mustern betrug auch hier die V-Form des Tragflügels an der Oberkante null Grad.

Muster:	Doppelraab 7
Konstrukteur:	Fritz Raab
Hersteller:	Amateurbau
Erstflug:	1957
Hergestellt insgesamt:	etwa 20
Zugelassen in Deutschland:	etwa 5
Anzahl der Sitze:	2
Spannweite:	13,40 m
Flügelfläche:	17,20 m²
Streckung:	10,44
Flügelprofil:	Gö 550 + Gö 629 modifiziert
Rumpflänge:	6,87 m
Leitwerk:	normales Kreuzleitwerk abgestrebt
Bauweise:	Holz, Rumpf Stahlrohr
Rüstgewicht:	210 kp
Maximales Fluggewicht:	420 kp
Flächenbelastung:	17,4 kp/m² bis 24,4 kp/m²

Flugleistungen (Angaben gerechnet):

Geringstes Sinken:	0,85 m/s bei 50 km/h
Bestes Gleiten:	20 bei 55 km/h

Meistgebaute Baureihe war der Doppelraab IV

Elfe S 4

Der gelernte Architekt Albert Neukom aus Schaffhausen in der Schweiz befaßt sich schon seit mehr als 20 Jahren mit dem Bau von Segelflugzeugen. In den ersten Jahren war dies eine Freizeitbeschäftigung, die dann wie bei vielen anderen Segelfliegern zum Beruf wurde. In unmittelbarer Nähe des Fluggeländes Schmerlat der Segelfluggruppe Schaffhausen errichtete Albert Neukom im Jahre 1972 eine Fabrikationshalle. Viele interessante Segelflugzeuge gingen von Neukom aus, so eine ganze Anzahl Elfen verschiedener Baureihen (Elfe M, MN, MNR, Elfe S 2 und S 3). Bekannte Segelflugzeuge sind auch die AN 66, die AN 66 C mit 23-Meter-Flügel und Fowler-Klappen sowie der Doppelsitzer AN-66 D.

Von der Stückzahl her erfolgreichstes Segelflugzeug ist die Elfe S 4, die hauptsächlich in der 15-Meter-Version der Standard-Klasse gebaut wurde. Hier muß man zwischen der Elfe S 4 und der Elfe S 4 A unterscheiden, wobei die A einen geänderten Rumpf mit einem etwas gepfeilten Seitenleitwerk hat. Von der Elfe S 4 sind von Neukom ausgehend etwa 40 Flugzeuge gebaut worden, die hauptsächlich als Baukasten geliefert wurden und auch von Fliegergruppen in Deutschland vorwiegend mit Schweizer Kennzeichen fertiggestellt worden sind. Gerade in Deutschland nun war das Interesse an einem im Amateurbau herzustellenden Leistungssegelflugzeug der Standardklasse recht groß. Es ist das Verdienst der Jugendausbildungsstätte für Luftfahrt und Technik des DAeC-Landesverbandes Nordrhein-Westfalen in Oerlinghausen, die Musterzulassung für Deutschland vorbereitet zu haben, die im März 1978 kurz vor dem Abschluß stand. Im Laufe der Bearbeitung zeigten sich dabei aus Fertigungsgründen sowie aus Forderungen des Luftfahrt-Bundesamtes eine Reihe von erheblichen Veränderungen gegenüber dem Grundmuster, so daß sich die Musterbezeichnung Elfe S 4 D (D für Deutschland) ergab. Entsprechend dem Charakter der Jugendbildungsstätte werden nun keine kompletten Flugzeuge hergestellt, sondern es werden in verschiedenem Lieferumfang Bausätze ange-

Muster:	Elfe S 4 D
Konstrukteur:	Albert Neukom
Hersteller:	Jubi Oerlinghausen (Bausätze)
Erstflug:	1972 (Elfe S 4 in der Schweiz)
Hergestellt insgesamt:	16 (in Deutschland)
Zugelassen in Deutschland:	16
Anzahl der Sitze:	1
Spannweite:	15,00 m (Standard-Klasse)
Flügelfläche:	11,80 m^2
Streckung:	19,07
Flügelprofil:	FX 61-163 innen
	FX 60-126 außen
Rumpflänge:	7,30 m
Leitwerk:	Pendelruder etwas hochgesetzt
Bauweise:	GFK, Holz, Metall
Rüstgewicht:	255 kp
Maximales Fluggewicht:	350 kp
Flächenbelastung:	27,1 kp/m^2 bis 29,7 kp/m^2

Flugleistungen (Herstellerangaben):

Geringstes Sinken:	0,59 m/s bei 79 km/h
Bestes Gleiten:	37 bei 90 km/h

Der Pilot dieser Elfe S 4 D hat das Fahrwerk vergessen

boten, von denen bereits 21 Stück ausgeliefert wurden. Dabei fliegen nun bereits vorwiegend im norddeutschen Raum 16 Exemplare der Elfe S 4 D mit deutschen Kennzeichen aufgrund einer vorläufigen Verkehrszulassung.

Von der Bauweise her weicht die Elfe S 4 von herkömmlichen Segelflugzeugen ab, es handelt sich gewissermaßen um eine Verquickung von Holz- und Kunststoffbauweise unter Verwendung eines Holmes aus Leichtmetall. Das Rumpfvorderteil bis zum Hauptspant ist in üblicher GFK-Sandwichbauweise ausgeführt, während die Rumpfröhre eine konventionelle Sperrholzkonstruktion allerdings mit GFK-Beschichtung ist. Die Ober- und Unterschalen des Tragflügels werden in einer Negativform hergestellt und bestehen an der Flügelwurzel aus einem Sandwich von 1 mm Sperrholz, 5 mm Tubuswaben und wieder 1 mm Sperrholz, das mit Harz verleimt ist. Die Holme sind aus Aluprofilen genietet und wiegen allein 50 kp. Der Hauptbeschlag ist ebenfalls aus Leichtmetall. Auch die Leitwerke werden im Negativ formverklebt. Die Höhenruderhälften werden nach Art der Ka 6 E mit einem Rohr verbunden. Als Landehilfe dienen Schempp-Hirth-Bremsen auf der Flügeloberseite.

Der Rechtecktrapezflügel der Elfe hat mit 11,80 m² eine große Flügelfläche, so daß bei einem Rüstgewicht von etwa 255 kp die Flächenbelastung recht niedrig ist. Gerade im langsamen Bereich ist somit die Elfe den neueren Kunststoff-Segelflugzeugen der Standard-Klasse mindestens ebenbürtig.

ES-49

Nur in wenigen Exemplaren wurde der Doppelsitzer ES-49 gebaut

Die ES-49 ist ein abgestrebter Doppelsitzer von Edmund Schneider, der vor dem Krieg in Grunau tätig war und nach dem Krieg auch das Grunau-Baby III konstruierte. Beide Flugzeuge wurden nach der Wiederzulassung des Segelfluges bei Alexander Schleicher in Poppenhausen gebaut, von der ES-49 allerdings nur etwa 8 Exemplare. Edmund Schneider wanderte später nach Australien aus, war nach 1960 wieder für einige Jahre bei Wolf Hirth in Nabern beschäftigt, wo er den Motorsegler ES-61 konstruierte, ging dann wieder endgültig nach Australien, wo seine Söhne heute noch im Segelflugzeugbau tätig sind. Die ES-49 stammt, wie die Bezeichnung vermuten läßt, vom Entwurf her aus dem Jahre 1949. Der Erstflug fand im Jahre 1952 statt. Von der Bauweise wie auch vom Aussehen her hat die ES-49 einige Ähnlichkeit mit dem Baby. Der Rumpf ist eine Holzkonstruktion mit geraden Seitenwänden, der Flügel ist allerdings etwas eckiger als beim Baby. Auf Aufnahmen existieren verschiedene Cockpits, teilweise in halboffener Anordnung, teilweise auch voll verglast. Der Rumpf hat ein festes Rad mit einer Kufe. Der Flügel hat keine V-Form und als Landehilfe Schempp-Hirth-Bremsklappen. Heute sind in Deutschland noch ein oder zwei Exemplare zugelassen (D-5069 + D-1286).

Muster:	ES-49
Konstrukteur:	Edmund Schneider
Hersteller:	Alexander Schleicher
Erstflug:	1952
Hergestellt insgesamt:	8
Zugelassen in Deutschland:	2
Anzahl der Sitze:	2
Spannweite:	16,03 m
Flügelfläche:	21,80 m^2
Streckung:	11,79
Flügelprofil:	Gö 549 + Gö 676
Rumpflänge:	8,64 m
Leitwerk:	normales Kreuzleitwerk
Bauweise:	Holz
Rüstgewicht:	277 kp
Maximales Fluggewicht:	480 kp
Flächenbelastung:	17,3 kp/m^2 bis 22,0 kp/m^2

Flugleistungen (Herstellerangaben):

Geringstes Sinken:	0,85 m/s bei 65 km/h
Bestes Gleiten:	24 bei 70 km/h

FK-3, Greif I + II

Vom Greif I, der noch eine Konstruktion in Holzbauweise (allerdings mit einer Rumpfröhre aus Aluminium) von Hans Hollfelder aus Rendsburg ist, geht eine Entwicklungslinie von Metallflugzeugen aus, die mit Konstruktionen von Otto Funk über den Greif Ia und den Greif II einmal zum Serienflugzeug FK-3 führt und zum anderen von der Firma Basten ausgehend durch das Konstruktionsteam Herbst/Küppers/Reinke mit der B-4 einen Abschluß findet. Die erste Linie läuft weiter zum Motorsegler AK-1 der Akaflieg Karlsruhe (FK-4) und endet im derzeitigen Projekt FK-5, welches ein Metallflugzeug der 15-Meter-Klasse ist. Zur besseren Übersicht ist diese Flugzeugfamilie noch einmal kurz zusammengestellt:

Der Greif Ia von Otto Funk hatte bereits einen Metallflügel

Jahr	Typ	Konstrukteur / Hersteller
1954	Greif I	Hollfelder 13,60 m Greif-Flugzeugbau
1960	Greif Ia	Otto Funk 15,00 m Heinkel (FK-1, D-7142)
1962	Greif Ib	Otto Funk geplante Motorseglerversion
1962	Greif II	Otto Funk 15,00 Basten (FK-2, D-7014)
1966	B-4	Weiterentwicklung des Greif-II bei Basten
1968	FK-3	Otto Funk 17,40 m VFW Speyer
1970	AK-1	Akaflieg Karlsruhe, Motorsegler (FK-4)
1978	FK-5	Otto Funk 15,00 m VFW Speyer

Greif I

Der Greif I von Oberingenieur Hans Hollfelder aus Rendsburg ist ein unmittelbar nach der Wiederzulassung des Segelfluges entstandenes Übungsflugzeug mit 13,60 m Spannweite. Der Flügel hat mit 14,65 m² eine recht große Fläche mit einer Streckung von nur 12,63. Das Leitwerk ist als konventionelles Kreuzleitwerk ausgeführt. Beachtlich ist an dem Flugzeug der gewaltige Keulenrumpf, der eine hervorragende Sicht auch nach unten gestattet. Das Rumpfvorderteil ist eine Stahlrohrkonstruktion, mit Stoff bespannt, während die Rumpfröhre eine Aluminiumkonstruktion ist. Die Musterzulassung erfolgte am 26. 7. 1954 und es sind etwa 5 Flugzeuge beim Greif-Flugzeugbau in Rendsburg gebaut worden. 1958 baute Hollfelder noch einmal einen Greif-I in der Lehrwerkstatt der Firma Ernst Heinkel Fahrzeugbau in Speyer. Dieses Flugzeug mit dem Kennzeichen D-7074 gehörte von 1958 bis 1966 dem Flugsportverein Speyer und heute noch fliegt dieser Greif I bei der Segelfluggemeinschaft Erftstadt. Ein zweites Flugzeug mit dem Kennzeichen D-6223 aus der ersten Serie mit Baujahr 1955 war zuletzt beim Luftsportverein Hameln zugelassen und wurde nun für das Segelflugmuseum auf der Wasserkuppe zur Verfügung gestellt. Die Firma Greif-Flugzeugbau stellte wenigstens einen weiteren Typ von Hollfelder her, einen doppelsitzigen offenen Schulgleiter mit der Bezeichnung Greif V (D-3522). Dieser hatte einen Rechteckflügel mit 13 Meter Spannweite mit einer Flügelfläche von 21,0 m² und einer negativen Pfeilung von 7,5 Grad.

Muster:	Greif I
Konstrukteur:	Hans Hollfelder
Hersteller:	Greif-Flugzeugbau, Rendsburg
Erstflug:	1954
Hergestellt insgesamt:	etwa 6
Zugelassen in Deutschland:	1
Anzahl der Sitze:	1
Spannweite:	13,60 m
Flügelfläche:	14,65 m²
Streckung:	12,63
Flügelprofil:	Gö 404
Rumpflänge:	6,95 m
Leitwerk:	normales Kreuzleitwerk
Bauweise:	Holz, Rumpf Stahlrohr und Alu
Rüstgewicht:	170 kp
Maximales Fluggewicht:	275 kp
Flächenbelastung:	18,8 kp/m²

Flugleistungen (Herstellerangaben):

Geringstes Sinken:	0,75 m/s bei 60 km/h
Bestes Gleiten:	23 bei 75 km/h

Greif Ia

Otto Funk kam im Frühjahr 1959 als Werkstudent zur Firma Heinkel nach Speyer. Dort hatte er Gelegenheit, unter der Leitung von Hollfelder ein Flugzeug der Standard-Klasse zu entwerfen, welches die Bezeichnung Greif Ia erhielt und im Jahr 1960 in der dortigen Lehrwerkstatt gebaut wurde. Das Rumpfvorderteil hatte wiederum einen etwas voluminösen Keulenrumpf. Die Stahlrohrkonstruktion war diesmal mit einer nichttragenden GFK-Schale verkleidet. Das Flugzeug mit dem Kennzeichen D-7142 hatte ein gedämpftes V-Leitwerk, das von der Leichtmetallröhre getragen wurde. Der Metallflügel hatte Schempp-Hirth-Bremsklappen. Zum ersten Mal wurden zur Stützung der Alubeplankung Rippen aus Styropor verwendet. Der Erstflug fand am 24. Dezember 1960 statt und 1963 ging dieses Einzelstück nach einem Unfall im Windenstart zu Bruch. Zuvor wurde es 1962 auf der Luftfahrtschau in Hannover ausgestellt, wo

Der Greif-II wurde bei Basten gebaut

Muster:	Greif Ia
Konstrukteur:	Otto Funk
Hersteller:	Heinkel, Speyer
Erstflug:	1960
Hergestellt insgesamt:	1 (D-7142)
Zugelassen in Deutschland:	keine mehr
Anzahl der Sitze:	1
Spannweite:	15,00 m
Flügelfläche:	13,70 m²
Streckung:	16,42
Rumpflänge:	7,20 m
Leitwerk:	gedämpftes V-Leitwerk
Bauweise:	Metall, teilweise Kunststoff
Rüstgewicht:	216 kp
Maximales Fluggewicht:	326 kp
Flächenbelastung:	22,3 kp/m² bis 23,8 kp/m²

Flugleistungen (Herstellerangaben):

Geringstes Sinken:	0,70 m/s bei 75 km/h
Bestes Gleiten:	32,6 bei 85 km/h

der Greif Ia als Motorsegler eine BMW-Kleinturbine wie die Hütter H-30 TS bekommen sollte, im Gegensatz zu dieser aber nie geflogen ist.

Greif II

Noch während des Baus des Greif Ia ging Funk zu Basten und entwickelte dort das Flugzeug zum Greif-II weiter. Die Änderungen bestanden in erster Linie in einer Abmagerungskur des Rumpfvorderteiles. Flügel und Leitwerke blieben im Wesentlichen erhalten. Des weiteren bekam der Rumpf nun auch ein Einziehfahrwerk. Die beiden Prototypen entstanden im Jahre 1962. Der Erstflug der heute noch fliegenden V2 mit dem Kennzeichen D-7014 fand am 18. 2. 1963 in Koblenz statt, wo das Flugzeug auch heute wieder zu

Der Prototyp der FK-3 führte seinen Erstflug im Jahre 1968 durch

Hause ist. Die V1 ging ebenfalls bei einem Unfall im Windenstart verloren. In ihren Abmessungen und Leistungsdaten entspricht der Greif-II in etwa der bei Heinkel gebauten Greif-Ia.

Das Interesse der Segelflieger an beiden Flugzeugen war vorhanden. Darüber gerieten die beiden Firmen Heinkel und Basten in einen Rechtsstreit mit dem Ergebnis, daß keines der beiden Segelflugzeuge in Serie gebaut wurde.

FK-3

Bereits im Jahre 1963 entwarf Otto Funk in seiner Freizeit ein Segelflugzeug der Offenen Klasse mit der Bezeichnung FK-3. Die FK-3 wurde bewußt für einen niedrigen Geschwindigkeitsbereich ausgelegt. Nach den Erfahrungen mit den Greif-Flugzeugen wurde der Tragflügel wieder als einfacher Trapezflügel konzipiert. Mit den zweigeteilten Wölbklappen und dem Querruder jeder Tragflügelhälfte wurde eine Überlagerungskinematik entworfen, wie sie heute wieder bei den meisten Wölbklappenflugzeugen der 15-Meter-Klasse zu finden ist. Die Möglichkeit, noch mit 60 km/h kurbeln zu können, erforderte ein extrem großes Seitenleitwerk. Leider konnte Otto Funk erst im Jahre 1967 den Entwurf der FK-3 verwirklichen, nachdem er selbst Leiter der Lehrwerkstatt von VFW in Speyer wurde, als Heinkel mit dieser neuen Firma fusioniert hatte. Zwischenzeitlich wurde noch für Rolf Spänig in der bekannten Bauweise ein Rumpf für seinen Zugvogel gebaut, mit dem er an der Weltmeisterschaft 1963 in Argentinien teilnehmen wollte. Leider wurde dieser formschöne Rumpf nicht mehr termingerecht fertig, so daß Spänig mit einem Zugvogel III b flog. Die Bauweise der FK-3 wurde vom Greif übernommen. Im Flügel wurde wieder Schaumstoff verwendet, und auch der Rumpf hatte wieder eine Aluröhre mit einem GFK-verkleideten Rumpfvorderteil. Bei dieser Gelegenheit muß erwähnt werden, daß auch die Stuttgarter Flugzeuge fs-25, fs-28 und fs-29 sowie die Braunschweiger SB-10 Alu-Rumpfröhren von VFW als Leitwerksträger verwenden.

Der Prototyp der FK-3 flog zum ersten Mal am 23. 4. 1968 und die Serie von 11 Segelflugzeugen wurde in den Jahren 1969/70 hergestellt. Die FK-3 war auf Wettbewerben gleich von Anfang an sehr erfolgreich. Rolf Spänig gewann 1968 die italienischen Meisterschaften in Rieti und Dr. Alf Schubert und Harro Wödl belegten 1969 die ersten beiden Plätze bei der Österreichischen Meisterschaft in Maria Zell. So gleicht es eher einem Trauerspiel, daß eine große Flugzeugfirma wie VFW mit Rücksicht auf andere Projekte (VFW 614) die Herstellung eines Segelflugzeuges einstellt, weil man wegen möglicher Unfälle negative Auswirkungen befürchtet und auch trotz großen Interesses eine Lizenzfertigung nicht vergibt. Als die FK-3 wegen eines geringfügigen Mangels einmal kurzzeitig gesperrt war, wurde aus den genannten Gründen ernsthaft erwogen, die Serienflugzeuge zurückzukaufen und zu verschrotten. Aus dieser Sicht heraus ist es geradezu Ironie des Schicksals, daß ausgerechnet der Prototyp der inzwischen eingestellten VFW 614 selbst bei einem Flugunfall verloren ging. Die neun in Deutschland noch vertretenen FK-3 fliegen dagegen zur Zufriedenheit ihrer Besitzer weiter.

Muster:	FK-3
Konstrukteur:	Otto Funk
Hersteller:	VFW Speyer
Erstflug:	1968
Serienbau:	1969 und 1970
Hergestellt insgesamt:	11
Zugelassen in Deutschland:	9
Anzahl der Sitze:	1
Spannweite:	17,40 m
Flügelfläche:	13,80 m²
Streckung:	21,94
Flügelprofil:	FX 61-K-153
Rumpflänge:	7,10 m
Leitwerk:	Normales Kreuzleitwerk, etwas hochgesetzt
Bauweise:	Metall, Kunststoff
Rüstgewicht:	260 kp
Maximales Fluggewicht:	400 kp
Flächenbelastung:	25,4 kp/m² bis 29,0 kp/m²

Flugleistungen (gerechnet):

Geringstes Sinken:	0,50 bei 64 km/h
Bestes Gleiten:	42 bei 88 km/h

Akaflieg Stuttgart (fs-24 bis fs-31)

Die Akademische Fliegergruppe Stuttgart hat in ihrer mehr als fünfzigjährigen Geschichte insbesondere nach dem Krieg mit einigen beachtlichen Konstruktionen einen wesentlichen Beitrag zur Gesamtentwicklung des Segelfluges geleistet. Hierbei müssen zwei Flugzeuge hervorgehoben werden, die fs-24 Phönix als erstes Kunststoff-Segelflugzeug der Welt und die fs-29, bei der zum ersten Mal durch ein teleskopartiges Verschieben von Außenflügeln eine Veränderung der Spannweite während des Fluges ermöglicht wurde.

fs-24 Phönix

Der Prototyp des nun schon bereits historischen Phönix führte als erstes GFK-Flugzeug seinen Erstflug im November 1957 durch. Für die Konstruktion zeichnen in erster Linie Hermann Nägele und der heute insbesondere für seine Profile in allen Segelfliegerkreisen bekannte Richard Eppler verantwortlich. Der eigentliche Prototyp entstand in den Jahren 1955 bis 1957 in Nabern, wobei jahrelange Vorarbeiten speziell zur Erforschung der neuen Bauweise erforderlich waren. Die Auslegung des Phönix zielt eindeutig auf den langsamen Geschwindigkeitsbereich, die das Ausfliegen auch schwächster Thermik ermöglichen sollte. So ist die relativ große Flügelfläche von 14,36 m² zu erklären und vor allen Dingen das heute unerreichbar scheinende Rüstgewicht von 164 kp, das durch einen extremen Leichtbau unter Heranziehung des Balsaholzes zur tragenden Konstruktion realisiert werden konnte. Unter heutiger Sicht beinahe abenteuerlich mutet die Flächenbelastung von 18,5 kp/m² an, die deutlich unter der Ka 8 liegt und etwa bei einem Drittel des Wertes, mit dem heute dank des Wasserballastes bei sehr guten Tagen Überland geflogen wird. Dennoch hatte der Phönix bereits vor mehr als zwanzig Jahren ein geringstes Sinken von 0,49 m/s bei 68 km/h und eine beste Gleitzahl von 40 allerdings bei 79 km/h. Bei 120 km/h andererseits betrug das Sinken bereits 1,40 m/s bei einer Gleitzahl von nur noch 24, so daß ab diesem Geschwindigkeitsbereich z. B. die Ka 6, die es zu jener Zeit auch schon gab, dem Phönix bereits überlegen war.

So mußten die Konstrukteure damals feststellen, daß trotz der guten Leistungsdaten das Interesse an dem neuen Flugzeug gering war. Die extreme Auslegung auf den Langsamflugbereich und eine verständliche Skepsis gegenüber der neuen Bauweise, von der man nicht wußte, wie sie sich mit den Jahren bewähren würde, verhinderten eine größere Verbreitung des Phönix. So wurden von der Serienversion Phönix-T in den Jahren 1959 bis 1961 insgesamt nur sieben Exemplare gebaut, die einschließlich des Prototyps heute alle noch existieren. Nachdem diese acht Phönix auf Wettbewerben bzw. besonderen Flügen durchweg irgendwie Berühmtheit erlangten, seien sie hier kurz aufgeführt.

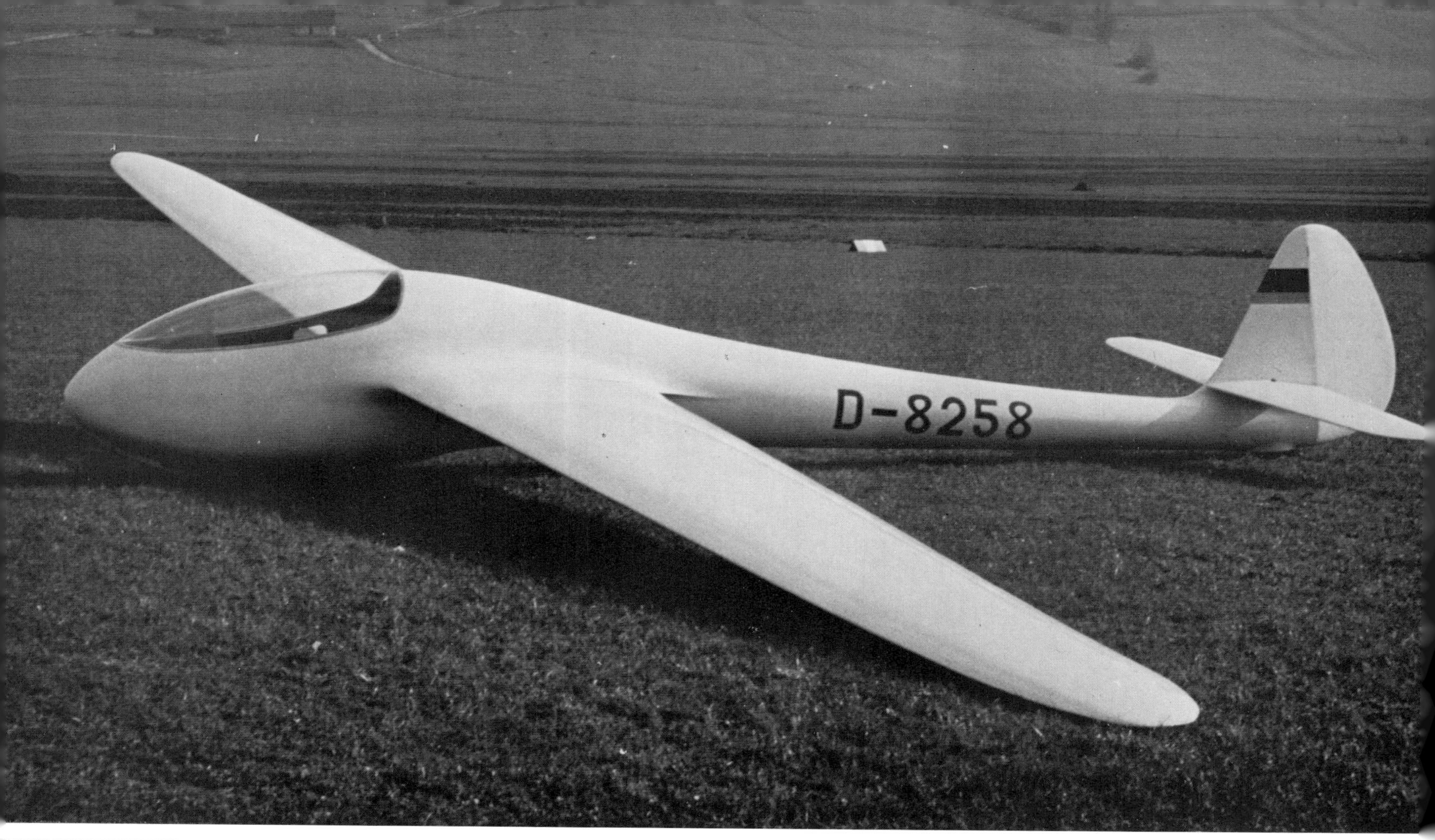
D-8258

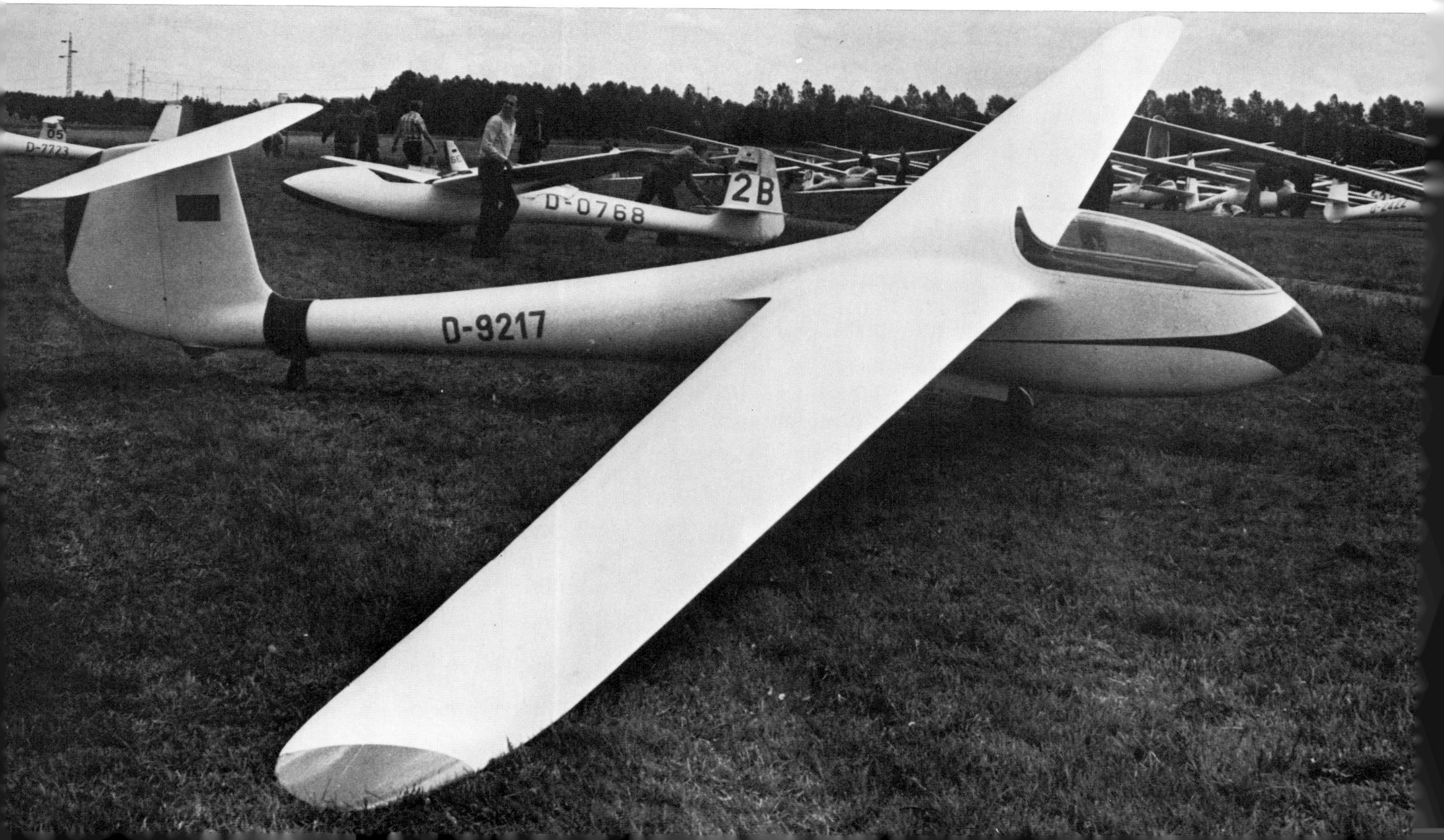
D-9217
D-0768
2B

Werk-Nr.	Kenn-zeichen	Heutiger Besitzer/frühere Besitzer, Besonderheiten
101	D-9093	Fliegergruppe Laupheim/Prototyp, früher D-8258
402	D-8353	Horn, Gunzenhausen/früher Haase WM 60, jetzt Holland
403	D-0738	Mayer, Allershausen/früher in der Schweiz (Grenchen, Solothurn) als HB-746
404	D-0844	Storr, Jevenstedt/Erstbesitzer Hans Maier, Aldingen, früher D-8354, in der Schweiz (Baumgartner), Leitwerke geändert
405	D-8369	Gessert, Hagenburg/1300 Stunden Gesamtflugzeit
406	D-9217	Friedhelm Schulte, Laupheim/früher Gailing
407	D-8448	Hermann Nägele, Laupheim
408	D-8411	Paul Luther, Laupheim/früher Rudi Lindner

Hersteller der Serienflugzeuge war natürlich nicht die Akaflieg Stuttgart, sondern die Flugzeuge wurden bei Bölkow in Nabern bzw. die beiden letzten Flugzeuge in Laupheim gebaut. Hauptunterschied zwischen der Serie und dem Prototyp war das T-Leitwerk und ein einziehbares Fahrwerk sowie die Erhöhung des maximalen Fluggewichtes von 265 kp auf 330 kp, wobei auch das Rüstgewicht auf etwa 180 kp stieg. Der Prototyp war auch noch in Polyesterharz gebaut, während in der Serie das heute übliche Epoxyharz verwendet wurde. Als Landehilfe dient bei allen Flugzeugen eine Spreizdrehklappe auf der Flügelunterseite, die in ihrer Wirkung offensichtlich nicht ganz befriedigte, da teilweise später Bremsschirme eingebaut wurden. Zumindest optisch nicht gelungen sehen die Vergrößerungen aller Ruder aus, die für den Alpenflug für die Werk-Nr. 404 in der Schweiz vorgenommen wurden.

Es ist klar, daß der Phönix als erster Kunststoffsegler auf Wettbewerben für Aufsehen sorgte. Bei der Deutschen Meisterschaft 1961 gingen gleich fünf Phönix an den Start, wobei Haase und Lindner den zweiten bzw. dritten Platz belegten. Im Jahr zuvor hatte Ernst-Günther Haase mit dem Phönix-T an der Weltmeisterschaft in Köln teilgenommen. Bei der Deutschen Meisterschaft 1962 in Freiburg gewann Rudi Lindner mit dem Phönix in der Offenen Klasse und flog zusammen mit Karl Fischer und Otto Schäuble (beide auf Ka 6) am 2. 6. 1963 den damaligen Weltrekord der freien Strecke mit 876 km von der Teck bis nach St. Nazaire an den Atlantik. Am gleichen Tag stellte Emil Bucher mit seinem Phönix einen neuen Zielflugrekord vom Hornberg nach Chartres mit 615 km auf.

Muster:	Phönix-T fs-24
Konstrukteur:	Akaflieg Stuttgart (Eppler/Nägele)
Hersteller:	Bölkow Apparatebau Nabern-Teck
Erstflug:	1959 (Prototyp 17. 11. 1957)
Serienbau:	1959 bis 1961
Hergestellt insgesamt:	7 (+ 1 Prototyp)
Zugelassen in Deutschland:	8
Anzahl der Sitze:	1
Spannweite:	16,00 m
Flügelfläche:	14,36 m²
Streckung:	17,83
Flügelprofil:	Eppler 91
Rumpflänge:	6,90 m
Leitwerk:	gedämpftes T-Leitwerk
Bauweise:	GFK
Rüstgewicht:	etwa 180 kp
Maximales Fluggewicht:	330 kp
Flächenbelastung:	18,8 kp/m² bis 22,9 kp/m²

Flugleistungen (vermessen in den USA):

Geringstes Sinken:	0,59 m/s bei 68 km/h
Bestes Gleiten:	40 bei 79 km/h

Linke Seite:

Oben: Der Prototyp des fs-24 Phönix aus dem Jahre 1957
Unten: Das Serienflugzeug Phönix-T hat Einziehfahrwerk und T-Leitwerk

fs-25

Die sehr elegante und zierliche fs-25 Cuervo geht auf die fs-23 zurück, die nach langer Konstruktions- und Bauzeit als ausgesprochenes Leichtflugzeug mit einem Rüstgewicht von 102 kp im Jahre 1966 zum ersten Mal flog. Von der fs-23 Hidalgo stammt nämlich der Flügel, der an der Wurzel um je einen Meter verlängert wurde, um auf die Spannweite von 15 Metern zu kommen. Das Profil ist das FX 61-184, welches heute noch in der DG-100 und der ASW-19 verwendet wird. Der Flügel der fs-25 hat eine negative Pfeilung von drei Grad und eine Fläche von nur 8,53 m², so daß das Flugzeug mit 26,4 die höchste Streckung aller 15-Meter-Flugzeuge hat. Wegen der geringen Bauhöhe des Flügels konnten keine Schempp-Hirth-Bremsklappen verwendet werden, so daß DFS-Bremsklappen nach Art des Spatz allerdings an der

Die fs-25 Cuervo hat eine Spannweite von 15 Metern

Flügelhinterkante eingebaut wurden. Die Wirkung war unzureichend, weshalb später zusätzlich ein Bremsschirm installiert wurde, auf den man aber wieder verzichten konnte, nachdem die Klappen in Spannweitenrichtung auf die doppelte Länge gebracht wurden. Der Rumpf der fs-25 ist in Gemischtbauweise hergestellt. Als Rumpfröhre dient eine Aluminiumkonstruktion von VFW, wie sie später auch noch bei der fs-25 und der SB-10 verwendet wird.

Muster:	fs-25 Cuervo
Konstrukteur:	Akaflieg Stuttgart
Hersteller:	Akaflieg Stuttgart
Erstflug:	1968
Hergestellt insgesamt:	1 (D-8141)
Zugelassen in Deutschland:	1
Anzahl der Sitze:	1
Spannweite:	15,00 m (Standard-Klasse)
Flügelfläche:	8,53 m²
Streckung:	26,38
Flügelprofil:	FX 66-S-196
	FX 61-168 von innen
	FX 61-147 nach außen
	FX 60-126
Rumpflänge:	6,48 m
Leitwerk:	Pendel-T-Leitwerk
Bauweise:	GFK, Rumpf mit
	Stahlrohr und Alu
Rüstgewicht:	154 kp
Maximales Fluggewicht:	250 kp
Flächenbelastung:	29,3 kp/m²

Flugleistungen (DFVLR-Messung 1971):

Geringstes Sinken:	0,60 m/s bei 79 km/h
Bestes Gleiten:	38,5 bei 87 km/h

Das Rumpfvorderteil ist eine Stahlrohrkonstruktion, die mit GFK verkleidet ist. Beachtlich an der fs-25 ist auch das niedrige Rüstgewicht von 154 kp, welches bei dem kleinen Flügel die Flächenbelastung in Grenzen hält. Der Erstflug fand am 30. Januar 1968 in Schwäbisch Hall statt. Helmut Reichmann belegte mit der fs-25 bei den Deutschen Meisterschaften 1969 in Roth den 4. Platz in der Standard-Klasse. Heute ist das Flugzeug voll in den Vereinsbetrieb der Akaflieg Stuttgart integriert. Die fs-25 hat mittlerweile 660 Starts und 1160 Flugstunden.

fs-29

Die fs-26 ist ein nurflügelartiger Motorsegler mit Druckschraube, die fs-27 ein nicht fertiggestellter Motorsegler auf der Basis der fs-25 und die fs-28 ein interessantes zweisitziges Motorflugzeug in GFK-Bauweise. Im Rahmen dieser Arbeit soll nun als nächstes die bereits erwähnte fs-29 als das erste und bisher einzige Segelflugzeug mit Teleskopflügeln vorgestellt werden. Der Gedanke, die variable Geometrie des Tragflügels auf diese Weise zu realisieren, geisterte schon lange in den Köpfen der Konstrukteure herum. Erst die Anwendung der faserverstärkten

Rechte Seite:
Der Teleskopflügler fs-29 mit Maximalspannweite

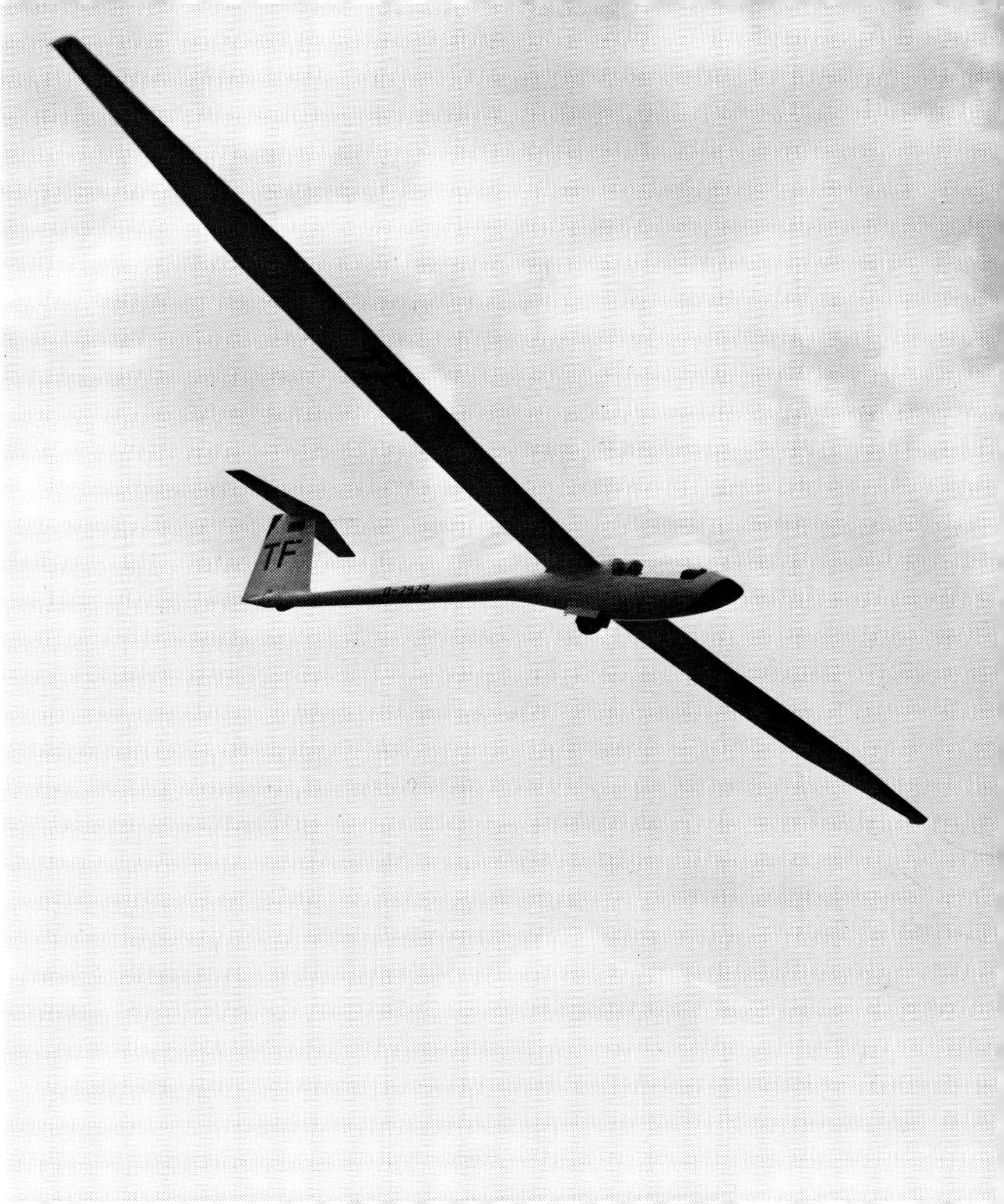
TF
D-2929

Kunststoffe ermöglichte nun die Verwirklichung dieser überaus sinnvollen Grundkonzeption. Die Spannweite läßt sich von 19,00 m bis 13,30 m verändern, wobei sich eine Variation der Flächenbelastung von 35,6 kp/m² bis 52,6 kp/m² ergibt. Bei der fs-29 läuft der Außenflügel als Manschette über dem Innenflügel. Dabei ist es grundsätzlich wünschenswert, für den Langsamflug einen Flügel hoher Streckung (28,5) zu haben, und für den Schnellflug einen kleinen Flügel mit hoher Flächenbelastung. Die Spannweitenverstellung geschieht über einen zusätzlichen Handhebel im Cockpit. Zwischen Maximal- und Minimalspannweite sind bei einem Kraftaufwand von etwa 15 kp insgesamt 18 Hübe notwendig, wofür man etwa 30 Sekunden braucht. Die Querruderwirkung bei voll ausgefahrenem Flügel ist relativ schwach, wobei man aber auch durchaus mit teilweise eingefahrenem Flügel starten kann. Durch die V-Form des Tragflügels sind die Handkräfte beim Ausfahren größer als beim Einfahren. Als Landehilfe hat die fs-29 Schempp-Hirth-Bremsklappen auf der Flügeloberseite, die sich aber nur betätigen lassen, wenn der Außenflügel ganz ausgefahren ist. Aus diesem Grund ist zusätzlich im Seitenruder ein Bremsschirm untergebracht.

Flugleistungsmessungen anläßlich des Idafliegtreffens und Vergleiche im Wettbewerb haben ergeben, daß die fs-29 den anderen Flugzeugen mit 19 m Spannweite eigentlich nicht überlegen ist. Selten wurde auch im Wettbewerb die Spannweite unter 16 m verringert und bei schwachen Steigwerten oder in Blauthermik, wenn es ums Obenbleiben ging, wurde mit konstanter Spannweite geflogen. Immerhin konnte Eberhard Schott, der die Hauptarbeit an der fs-29 leistete, bei der Baden-Württembergischen Landesmeisterschaft des Jahres 1976 den dritten Platz hinter einer ASW-17 und einem Nimbus-II belegen.

Bei der fs-29 wurden teilweise Kohlefasern verwendet. Nachdem viel Aufwand für den Flügel betrieben werden mußte, wurden für die Leitwerke und den Rumpf möglichst Teile aus der Industrie übernommen. So stammt das komplette Leitwerk und praktisch auch das Rumpfvorderteil mit Einbauten vom Nimbus-II. Der weitere Rumpf ist ähnlich wie bei der fs-25 mit einem Stahlrohrgerüst und einer Rumpfröhre aus Aluminium aufgebaut.

Muster:	fs-29
Konstrukteur:	Akaflieg Stuttgart
Hersteller:	Akaflieg Stuttgart
Erstflug:	15. Juni 1975
Hergestellt insgesamt:	1
Zugelassen in Deutschland:	1 (D-2929)
Anzahl der Sitze:	1
Spannweite:	13,30 m bis 19,00 m
Flügelfläche:	8,56 m² bis 12,65 m²
Streckung:	20,7 bis 28,5
Flügelprofil:	FX 73-170
Rumpflänge:	7,16 m
Leitwerk:	Pendel-T-Leitwerk (wie Nimbus II)
Bauweise:	GFK, KFK, Stahlrohr, Alu
Rüstgewicht:	365 kp
Maximales Fluggewicht:	450 kp
Flächenbelastung:	35,6 kp/m² bis 52,6 kp/m²

Flugleistungen (DFVLR-Messung 1975):

Geringstes Sinken:	0,56 m/s bei 81 km/h
Bestes Gleiten:	44 bei 98 km/h

Als fs-30 in der langen Reihe der Flugzeugkonstruktionen wird spaßeshalber ein Projekt angegeben, das sich auf den Bau einer Unterkunft für die Akaflieg auf dem Fluggelände Bartholomä-Amalienhof bezieht. Die fs-31 wird ein Doppelsitzer unter Verwendung eines der gepfeilten Tragflügelpaare des Twin-Astir von Grob. Die Leitwerke werden vermutlich von der Glasflügel 604 übernommen. Schwerpunkt des Projektes wird der im Bau befindliche Rumpf mit hintereinanderliegenden Sitzen sein. Hier soll zur Erprobung einer neuen Bauweise weder GFK noch KFK Verwendung finden, sondern es wird versucht, mit dem erst wenig bekannten Werkstoff Kevlar einen relativ leichten Rumpf zu bauen. So wird auch im Gegensatz zu den letzten drei Akafliegkonstruktionen keine Aluminium-Rumpfröhre von VFW verwendet.

FVA-20

Die FVA-20 der Flugwissenschaftlichen Vereinigung Aachen ist schon seit mehr als zehn Jahren im Bau. Es handelt sich um ein Flugzeug der Standard-Klasse mit dem weit verbreiteten Wortmannprofil FX 61-168. Der Flügel hat Rechtecktrapezform mit einer Flügelfläche von 12,80 m², die sogar noch höher als beim Astir liegt. Als Landehilfe dienen Schempp-Hirth-Bremsklappen auf der Flügelober- und -unterseite. Das ungefederte Fahrwerk ist einziehbar. Nachdem im Sommer 1978 nun auch die Tragflügel langsam fertig werden, ist mit dem Erstflug für Anfang 1979 zu rechnen. Der Rumpf ist nach der zuerst von der Akaflieg Braunschweig praktizierten Methode in Balsahalbsandwich-Bauweise unter Verwendung eines zentralen Hellingrohres hergestellt worden, während Flügel und Leitwerke in Negativformen gebaut sind.

Muster:	FVW-20
Konstrukteur + Hersteller:	Flugwiss. Vereinigung Aachen
Erstflug:	voraussichtlich 1979
Serienbau:	kein Serienbau vorgesehen
Hergestellt insgesamt:	1
Anzahl der Sitze:	1
Spannweite:	15,00 m (Standard-Klasse)
Flügelfläche:	12,80 m²
Streckung:	17,58
Flügelprofil:	FX 61-168, FX 60-126
Rumpflänge:	7,00 m
Leitwerk:	gedämpftes T-Leitwerk
Bauweise:	GFK
Rüstgewicht:	240 kp
Maximales Fluggewicht:	350 kp
Flächenbelastung:	27,3 kp/m²

Flugleistungen (gerechnet):

Geringstes Sinken:	0,60 m/s bei 68 km/h
Bestes Gleiten:	35,3 bei 90 km/h

Rumpf-Rohbau der FVA-20

Geier-I, Geier-II, Geier-II B

Zu den seltenen Typen unter den deutschen Segelflugzeugen gehören die Geier, welche von Josef Allgaier in Wank bei Nesselwang im Allgäu konstruiert und teilweise auch gebaut worden sind. Allgaier betrieb ab 1951 Flugzeugbau, baute zuerst Grunau-Baby und später Teile der Mü-13 für Scheibe. 1955 folgte die erste Eigenentwicklung, der Geier-I mit einer Spannweite von 17,76 m und einer Flügelfläche von 15,70 m². Dieser Geier-I hatte noch kein Laminarprofil, sondern ein Gö-Profil ähnlich der Weihe. Es sind nur zwei oder drei Flugzeuge gebaut worden.

Der Geier-II behielt die Spannweite, erhielt aber das Laminarprofil NACA 633-618 wie die Ka 6 und bekam einen schlankeren Flügel mit 14,0 m² Fläche und der damals beachtlichen Streckung von 22,53. Der Rumpf fiel mit 8,20 m recht lang aus und hat sicher nicht eine optimale Einstellung zum Tragflügel, da er schon im Langsamflug stark nach unten geneigt ist. Im März 1973 war der Geier-II zeitweise gesperrt, weil sich nach mehreren, z. T. schweren Unfällen herausgestellt hatte, daß durch einen Fehler in der Schwerpunktsberechnung in manchen Fällen die hintere Schwerpunktslage überschritten wurde. Von Josef Allgaier wurde nur der Prototyp des Geier-II gebaut und die Firma stellte dann 1956 den Flugzeugbau ein. Etwa zehn Flugzeuge wurden dann von der Firma Rock in Inzell/Oberbayern hergestellt. Der Geier-II B ist eine Version mit vergrößerten Querrudern.

Die ursprüngliche Bauausführung des Geier-II hatte eine Kufe mit abwerfbarem Fahrwerk, während dann später die meisten Flugzeuge mit einem festen bremsbaren Rad unter Wegfall der Kufe umgebaut worden sind. Der Geier-II war in den Jahren seines Entstehens eines der leistungsfähigsten Flugzeuge, allerdings mit nicht ganz harmlosen Flugeigenschaften.

Muster:	Geier-II
Konstrukteur:	Josef Allgaier
Hersteller:	Allgaier/Nesselwang Rock/Inzell
Erstflug:	1955
Serienbau:	1955 bis 1957
Hergestellt insgesamt:	etwa 10
Zugelassen in Deutschland:	5
Anzahl der Sitze:	1
Spannweite:	17,76 m
Flügelfläche:	14,00 m²
Streckung:	22,53
Flügelprofil:	NACA 633-618
Rumpflänge:	8,20 m
Leitwerk:	konventionelles Kreuzleitwerk
Bauweise:	Holz
Rüstgewicht:	255 kp
Maximales Fluggewicht:	370 kp
Flächenbelastung:	26,43 kp/m²
Geringstes Sinken:	0,60 m/s bei 70 km/h
Bestes Gleiten:	35 bei 80 km/h

Rechte Seite:

Oben: Die ursprüngliche Version des Geier-II hatte ein Abwurffahrwerk
Unten: Einer der wenigen noch erhaltenen Geier-II

D-8865

D-9129

Glasflügel

Die Firma Glasflügel mit ihrem wohlklingenden Namen und dem Firmenzeichen einer Libelle hat die Fabrikationsräume in Schlattstall in einem kleinen und engen Seitental der Schwäbischen Alb in der Nähe von Kirchheim/Teck. Eugen Hänle gründete den Betrieb im Jahre 1962. Finanzielle Schwierigkeiten führten im Mai 1975 zu einer Kooperation mit Schempp-Hirth. Heute firmiert Glasflügel unter der Bezeichnung Holighaus & Hillenbrand GmbH & Co. KG.

Der Bau von Serienflugzeugen begann 1963 mit der H-301 Libelle, einem 15-Meter-Wölbklappenflugzeug, das der neuen Renn-Klasse um 13 Jahre voraus war. Von dieser offenen Libelle sind in den Jahren von 1964 bis 1969 zum ersten Mal in der Geschichte der Kunststoff-Segelflugzeuge mehr als 100 Serienmaschinen gebaut worden. Außer der Libelle gehen von Glasflügel andere berühmte Flugzeuge aus: BS-1, Standard-Libelle, Kestrel, Glasflügel 604, Club-Libelle und die heute in der Fertigung stehenden Hornet und Mosquito. Dazwischen gibt es noch einige Prototypen wie die Club-Libelle- bzw. Hornet-Vorläufer 202, 203 und 204, sowie einen interessanten, aber nie fertiggestellten Doppelsitzer mit nebeneinanderliegenden Sitzen und der Projektbezeichnung Glasflügel 701. Dieses Flugzeug sollte wie der Calif ein Zweibeinfahrwerk, ein gedämpftes T-Leitwerk und einen dreiteiligen Wölbklappenflügel mit 19 Meter Spannweite bei einer Fläche von 18,76 m² bekommen.

Hier eine Übersicht der Hänle/Glasflügel-Flugzeuge mit Erstflug- bzw. Fertigungsdaten und den Stückzahlen bis Ende 1977:

H-30 GFK	1962	1
H-30 TS	1960	1
H-301 Libelle	1964 bis 1969	111
Glasflügel BS-1	1966 bis 1968	18
Standard-Libelle	1967 bis 1974	601
Kestrel	1968 bis 1975	129
Glasflügel 604	1970 bis 1973	10
Standard-Libelle 202	1970	1
Standard-Libelle 203	1972 bis 1973	2
Standard-Libelle 204	1973	1
Club-Libelle 205	1973 bis 1976	171
Hornet	1974 bis heute	89
Mosquito	1976 bis heute	90

H-30-GFK

Die H-30-GFK geht auf einen Entwurf von Wolfgang Hütter zurück, der das Holzflugzeug H-30 bereits im Jahre 1948 in Nonnenhorn am Bodensee konstruiert hatte. Das gewünschte Gewicht ließ sich aber nicht verwirklichen, so daß der 1955 begonnene Bau aufgegeben wurde. Dafür entstand dann Ende der fünfziger Jahre die H-30-GFK, allerdings als Heimarbeit von Eugen und Ursula Hänle zum größten Teil in der Wohnung in Schlattstall. Zum ersten Mal wurde ein Holm aus GFK-Rovings verwendet. Der Flügel hat zwar noch Balsa-Rippen und eine Beplankung aus Balsa mit GFK armiert. Der hintere Teil des Flügels

Die H-30-GFK flog bereits im Jahre 1962

und die Ruder sind sogar noch stoffbespannt. Aber beachtlich ist das Leergewicht von 120 kp, und das maximale Fluggewicht von 210 kp liegt einiges unter dem Rüstgewicht heutiger Flugzeuge der Standard-Klasse.

Die H-30-GFK steht heute noch bei Ursula Hänle in Saulgau. Sie ist mit der Spannweite von 13,60 m zwar ein Einzelstück geblieben, aber bei einem flüchtigen Blick könnte man sie mit einem Salto von Start + Flug verwechseln. Der Flügel des Salto stammt aber von der Standard-Libelle und hat vierteilige Bremsdrehklappen, während die gelb lackierte H-30-GFK Schempp-Hirth-Bremsklappen und einen Rumpf mit

Kufe hat. Rudi Lindner führte den Erstflug am 5. Mai 1962 auf der Hahnweide durch.

H-301 Libelle

Die H-301 Libelle stammt von der H-30-TS ab, die von Wolfgang Hütter ebenfalls aus der H-30 konstruiert, dann aber bei der Firma Allgaier in Uhingen bei Göppingen gebaut wurde. Die H-30-TS wurde ursprünglich als Motorsegler mit einer BMW-Turbine von 40 kp Schub ausgelegt, hatte auch zuerst ein V-Leitwerk, bekam später den Libelle-ähnlichen Rumpf und machte ihren ersten Turbinen-Segler-Eigenstart im Jahre 1960. Ab dem Jahre 1961 wird sie dann wieder als Segelflugzeug betrieben, bis das Flugzeug im August 1968 bei einem Unfall im Windenstart auf dem Klippeneck zerstört wird.

Die H-301 Libelle hat den leicht geänderten Flügel der H-30-TS mit einer Spannweite von 15,00 m und bekommt dann im Jahre 1962 einen neuen Rumpf. Der Schweizer Segelflieger Eugen Aeberli ist der Initiator der industriellen Herstellung der Libelle, da es ihm zusammen mit Wolfgang Hütter gelingt, in Eugen Hänle einen Mann zu finden, der das Flugzeug in Serie bauen will. Nach Überarbeitung des Entwurfes durch Hänle entsteht der Prototyp in den Jahren 1963/64. Eugen Aeberli führt dann den Erstflug am 7. März 1964 auf der Hahnweide durch.

Bis 1969 werden insgesamt 111 H-301 Libelle ge-

Muster:	H-30-GFK
Kennzeichen:	D-8415
Entwurf:	Wolfgang Hütter
Hersteller:	Eugen und Ursula Hänle
Erstflug:	5. Mai 1962
Zugelassen in Deutschland:	1
Anzahl der Sitze:	1
Spannweite:	13,60 m
Flügelfläche:	8,34 m²
Streckung:	22,17
Flügelprofil:	Hütter-Eigenentwicklung
Rumpflänge:	5,56 m
Leitwerk:	gedämpftes V-Leitwerk
Bauweise:	GFK, teilweise stoffbespannt
Rüstgewicht:	120 kp
Maximales Fluggewicht:	210 kp
Flächenbelastung:	25,17 kp/m²
Geringstes Sinken:	0,64 m/s bei 65 km/h
Bestes Gleiten:	30,4 bei 85 km/h

D-5747
37

baut, von denen mehr als die Hälfte in die USA geht. Vorwiegend nach Amerika gehen auch Flugzeuge mit jeweils zwei unterschiedlich großen Hauben, die je nach Pilotengröße aufgesetzt werden. Heute noch fliegen mehr als 50 »offene« Libellen in den USA. Zu erwähnen ist noch, daß in den Jahren 1966/67 für den HBV-Diamant 13 Flügel der Libelle an die Firma FFA in Altenrhein am Bodensee geliefert werden. Besonders in Amerika kann die H-301 einige Rekorde in Zielrückkehr- und Dreiecksflügen erringen.

Muster:	H-301 Libelle
Entwurf:	Wolfgang Hütter
Konstruktion + Hersteller:	Eugen Hänle, Glasflügel
Erstflug:	7. März 1964
Serienbau:	1963 bis 1969
Hergestellt insgesamt:	111 (+ 13 Diamant-Flügel)
Zugelassen in Deutschland:	16
Anzahl der Sitze:	1
Spannweite:	15,00 m
Flügelfläche:	9,53 m^2
Streckung:	23,61
Flügelprofil:	Hütter
Rumpflänge:	6,20 m
Leitwerk:	gedämpftes Kreuzleitwerk
Bauweise:	GFK
Rüstgewicht:	185 kp
Maximales Fluggewicht:	300 kp
Flächenbelastung:	31,6 kp/m^2

Flugleistungen (vermessen DFVLR 1971):

Geringstes Sinken:	0,58 m/s bei 82 km/h
Bestes Gleiten:	40,5 bei 94 km/h

Glasflügel BS-1

Eine etwas schwierige Geburt war die Entstehung der Glasflügel BS-1. Ein gutes Jahr vor dem Erstflug der Libelle war nämlich auch die erste BS-1 von Björn Stender zu ihrem Jungfernflug gestartet. Nach diesem Erstflug der BS-1 am 23. 12. 1962 folgte dann aber der tödliche Absturz von Björn Stender bei der Erprobung des zweiten Flugzeuges am 4. Oktober

Linke Seite:

Oben: Der Prototyp der H-301 Libelle
Unten: Eine der wenigen noch in Deutschland zugelassenen BS-1

1963. 16 Segelflieger hatten bei Björn zu diesem Zeitpunkt bereits eine BS-1 bestellt und auch erhebliche Anzahlungen geleistet, damit die Fertigung beginnen konnte. Nun schien die Herstellung dieses »Wunderflugzeuges« in Frage gestellt. Die 16 Piloten schlossen sich in einer Interessengemeinschaft zusammen. Verhandlungen mit der Familie von Björn Stender und den Herstellern Schempp-Hirth und Hänle liefen an. Martin Schempp lehnte ab und endlich konnte mit Eugen Hänle eine Einigung erzielt werden. Die Firma Glasflügel war aber mit der Herstellung der Libelle ziemlich ausgelastet. Nach den Erkenntnissen aus der Fertigung der Libelle konstruierte dann Eugen Hänle die BS-1 vollständig um, so daß diese schließlich nur noch die äußeren Abmessungen mit dem Prototyp gemeinsam hatte. Auch Teile aus der Libelle-Fertigung wie Fahrwerk und Rudergelenke wurden verwendet. So zog sich der Bau der Glasflügel-BS-1 ziemlich in die Länge, bis fast drei Jahre nach dem Absturz von Björn Stender die erste neue BS-1 am 24. Mai 1966 in Karlsruhe-Forchheim in die Luft kam. Insgesamt wurden dann nur 18 BS-1 bei Glasflügel gebaut. Während die zwei Prototypen von Björn Stender nur einen Bremsschirm hatten, bekamen die Serienflugzeuge zusätzlich Schempp-Hirth-Bremsklappen.

Rolf Spänig wurde dann eine Woche nach dem Erstflug mit sieben Tagessiegen gleich überlegener Sieger der Deutschen Meisterschaft in Roth und auch mit weiteren spektakulären Flügen wurde die BS-1 in der Folgezeit ihrem Ruf gerecht. Auch 1968 gewannen mit Dr. Wolfgang Groß und Emil Bucher zwei BS-1 die Deutsche Meisterschaft, nachdem im Jahre 1967 Alfred Röhm von der Hahnweide aus einen neuen Weltrekord über das 300-km-Dreieck mit 138,3 km/h aufgestellt hatte.

Etwa 5 BS-1 sind heute noch in Deutschland zugelassen, drei Flugzeuge gibt es noch in Amerika. Klaus Keim modifizierte seine BS-1 (D-8249) durch Vergrößerung der Spannweite und ein einziehbares Spornrad.

Nachfolger der BS-1 sollte bei Glasflügel eine BS-1b mit dreiteiligem Flügel und 0,70 m mehr Spannweite, kleinerer Flügelfläche (14,0 m^2) und damit höherer Streckung (24,97) werden, sowie einem etwas geräumigeren Rumpf nach Art der Kestrel, wobei allerdings dieses Flugzeug nie gebaut wurde und Arbeiten teilweise in der späteren 604 aufgingen.

Muster:	Glasflügel BS-1
Entwurf:	Björn Stender
Hersteller:	Glasflügel
Erstflug:	24. Mai 1966
Serienbau:	1966 bis 1968
Hergestellt insgesamt:	18
Zugelassen in Deutschland:	5
Anzahl der Sitze:	1
Spannweite:	18,00 m
Flügelfläche:	14,20 m²
Streckung:	22,81
Flügelprofil:	Eppler 348 K
Rumpflänge:	7,50 m
Leitwerk:	Pendel-T-Leitwerk
Bauweise:	GFK
Rüstgewicht:	335 kp
Maximales Fluggewicht:	460 kp
Flächenbelastung:	32,39 kp/m²

Flugleistungen (vermessen DFVLR 1967):

Geringstes Sinken:	0,56 m/s bei 83 km/h
Bestes Gleiten:	44 bei 91 km/h

Standard-Libelle

Wie schon der Name sagt, ist die Standard-Libelle eine auf die Regeln der Standard-Klasse zugeschnittene Version der offenen H-301 Libelle. Der Rumpf und die Leitwerke wurden fast unverändert übernommen und auch der einfache Trapezflügel blieb in seinen Abmessungen fast erhalten. Neu ist zum ersten Mal bei Glasflügel ein Wortmann-Profil, nämlich das FX 66-17 A II-182, das eigentlich bei anderen Flugzeugen kaum mehr auftaucht, später aber bei der Club-Libelle und dem Hornet erhalten bleibt. Die ersten Flugzeuge haben noch das ursprünglich für die Standard-Klasse vorgeschriebene feste Rad und der Prototyp mit dem Kennzeichen D-8080 hat als interessantes Detail eine Höhenflossentrimmung nach der Art von Motorflugzeugen (PA 18 oder Do 27), die aber nicht die Gnade des Luftfahrt-Bundesamtes fand. Später wurde dann die Bauweise geändert, als zugunsten von Hartschaum auf das Balsa verzichtet wurde. Es wurden ein Einziehfahrwerk und Wassertanks vorgesehen. Auch die Schempp-Hirth-Bremsklappen öffnen nur noch auf der Flügeloberseite. Diese Baureihe mit der Bezeichnung Standard-Libelle 201 B hat dann auch eine höhere Zuladung und ein Maximales Fluggewicht von 350 kp. Die Standard-Libelle mit dem relativ kleinen Flügel ist recht handlich und leicht, wiegt aber immerhin noch mehr als die auf Leichtbau ausgelegte Klappen-Libelle.

Lange Zeit war die Standard-Libelle das Kunststoff-Segelflugzeug mit der größten Stückzahl überhaupt, ehe sie hier im Sommer 1975 vom Standard-Cirrus überholt wurde. Insgesamt 601 Exemplare sind in den Jahren 1967 bis 1974 gebaut worden. Die Standard-Libelle ging hauptsächlich in den Export, denn in Deutschland rangiert sie in den Stückzahlen hinter dem Standard-Cirrus und der LS-1 und neuerdings auch hinter dem Astir.

Im Cockpit der Standard-Libelle geht es etwas eng zu, dennoch ist einiges für den Komfort des Piloten getan worden. Interessant auch die Haubenverriegelung, die gestattet, auch während des Fluges an sehr heißen Tagen die Haube vorne am Rumpf etwas aufstehen zu lassen. Huldreich Müller führte den Erstflug am 25. 10. 1967 in Ulm-Schwaighofen durch.

Muster:	Standard-Libelle 201 B
Konstrukteur:	Hütter/Hänle
Hersteller:	Glasflügel
Erstflug:	25. Oktober 1967
Serienbau:	1967 bis 1974
Hergestellt insgesamt:	601 (201 + 201 B)
Zugelassen in Deutschland:	136
Anzahl der Sitze:	1
Spannweite:	15,00 m
Flügelfläche:	9,80 m²
Streckung:	22,96
Flügelprofil:	FX 66-17 A II-182
Rumpflänge:	6,20 m
Leitwerk:	normales Kreuzleitwerk
Bauweise:	GFK
Rüstgewicht:	200 kp
Maximales Fluggewicht:	350 kp
Flächenbelastung:	28,6 kp/m² bis 35,7 kp/m²

Flugleistungen (DFVLR-Messung 1970):

Geringstes Sinken:	0,68 m/s bei 81 km/h
Bestes Gleiten:	34,5 bei 92 km/h

Rechte Seite:

Oben: Von der Standard-Libelle wurden mehr als 600 Stück gebaut
Unten: Eine Kestrel im Flugzeugschlepp

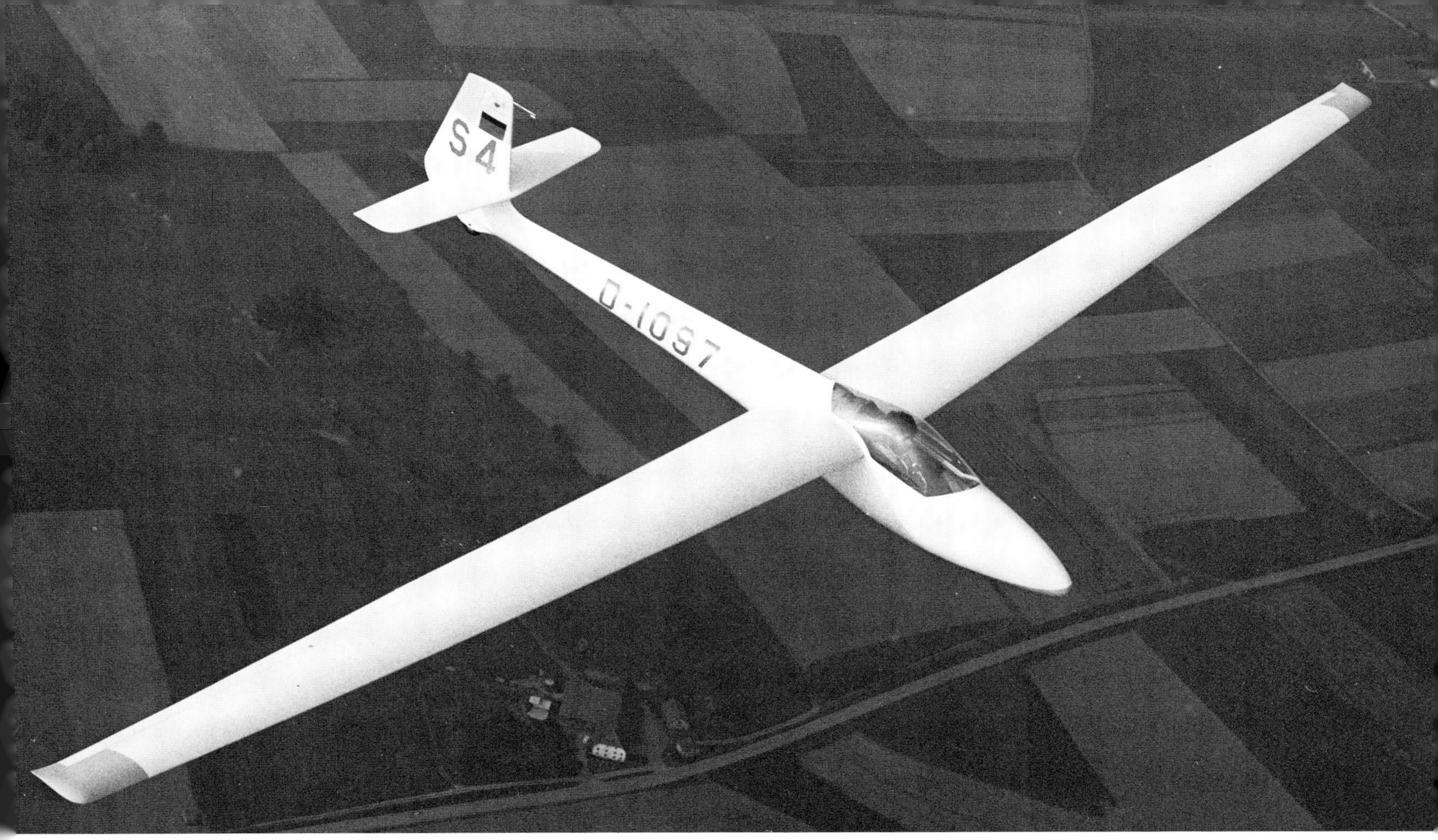
S4
D-1097

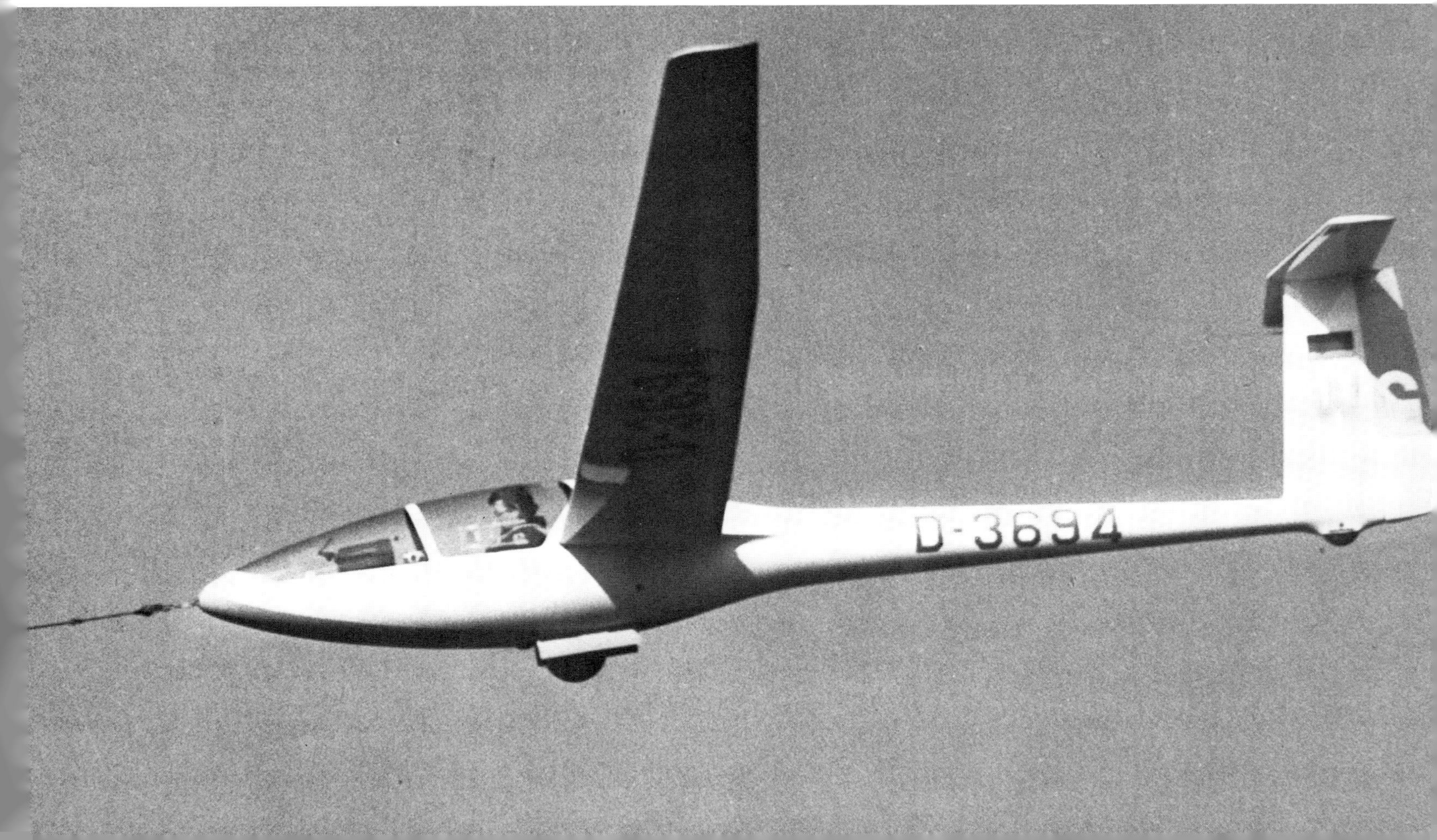
D-3694

Zwei Kestrels warten auf den Start

Kestrel

Die Offene Klasse ist von den Segelfliegern in Deutschland in den letzten zehn Jahren eigentlich etwas stiefmütterlich behandelt worden. Gott und die Welt flog Kunststoff-Segelflugzeuge der Standard-Klasse und nun gibt es einen starken Zulauf für die neue 15-Meter-Klasse. Die Offenen blieben zahlenmäßig etwas im Hintertreffen. Auch bei Meisterschaften läßt sich dies deutlich sehen. In erster Linie mag für diese Entwicklung der stolze Preis der großen Schiffe schuld sein, vielerorts ist es aber wohl auch eine Hallenfrage, das Problem der Startmöglichkeit (nur Winde) und ganz einfach die Handlichkeit am Boden.

Nun gibt es aber ausgesprochen umworbene Flugzeuge mit mehr als 15 Meter Spannweite, und dazu muß man die Kestrel rechnen. Auch heute noch führt das zehn Jahre alte Flugzeug die Liste in Deutschland an. 71 Kestrel fliegen bei uns, dann kommen 55 Nimbus-II und 14 ASW-17, wenn man die 51 großen Cirrus nicht mitrechnet, mit denen man in der Offenen Klasse wirklich keine Chancen mehr hat. Seit zehn Jahren gibt es in Deutschland auch nur diese drei Offenen zu kaufen, wenn man dieses Mal nun nicht die 604 mitzählt, die für ein breiteres Publikum nicht in Frage kam. Erfreulich, daß das Interesse trotz 15-m-Klasse an den Offenen wächst, und da doch noch einige Zukunftschancen drin sind.

Die Kestrel, deren Namen aus dem Amerikanischen kommt und »Turmfalke« bedeutet, wurde ursprünglich als Weiterentwicklung der H-301 Libelle propagiert. Mit dieser hat sie aber so gut wie nichts gemeinsam, vielmehr ist die Kestrel eine grundlegend neue Konstruktion, für die hauptsächlich Josef Prasser und Dieter Althaus verantwortlich zeichnen. Der Rumpf mit seiner relativ starken Einschnürung ist wie die fs-25 beeinflußt von Windkanaluntersuchungen, die von Mitgliedern der Akaflieg Stuttgart gemacht worden sind. Die nach heutigen Erkenntnissen etwas zu starke Verjüngung rührt daher, daß die damaligen Rumpfmodelle ohne Flügelanschlüsse vermessen worden sind. Auch das Seitenleitwerk hat einige Ähnlichkeit mit der ein Jahr älteren fs-25. Das Pendelleitwerk mit einer Spannweite von 2,85 m ist gedämpft. Der Flügel hat dasselbe Profil wie der Nimbus. Im Cockpit der Kestrel ist es recht geräumig, das hintere Haubenteil wird zum Einstieg nach oben geklappt. Als Landehilfe dienen Schempp-Hirth-Klappen auf der Flügeloberseite in Verbindung mit einer Landestellung der Wölbklappen. Zusätzlich ist ein Bremsschirm eingebaut. Zu erwähnen ist ferner das relativ leichte Rüstgewicht von 260 kp, so daß das 17-m-Flugzeug kaum schwerer als die meisten neuen 15-m-Flieger ist.

Von der Kestrel sind in verschiedenen Abschnitten insgesamt 129 Exemplare bei Glasflügel gebaut worden, wo die Formen heute noch vorhanden sind. In Lizenz baute die Firma Slingsby in England ebenfalls zuerst die 17-Meter-Version, dann hauptsächlich eine 19-m-Kestrel mit der Bezeichnung T 59 D, von der in Deutschland auch etwa 5 Flugzeuge zugelassen sind, und zuletzt noch eine 22-m-Version, bei der

Die Glasflügel 604 von Walter Neubert anläßlich des Weltrekordfluges in Kenia

die Spannweite des vierteiligen Flügels durch ein zusätzliches Mittelstück vergrößert wurde.

Muster:	Kestrel (401)
Hersteller:	Glasflügel
Erstflug:	9. August 1968
Serienbau:	1968 bis 1975
Hergestellt insgesamt:	129
Zugelassen in Deutschland:	71
Anzahl der Sitze:	1
Spannweite:	17,00 m
Flügelfläche:	11,58 m²
Streckung:	24,96
Flügelprofil:	FX 67-K-170 innen
	FX 67-K-150 außen
Rumpflänge:	6,72 m
Leitwerk:	gedämpftes T-Leitwerk
Rüstgewicht:	260 kp
Maximales Fluggewicht:	400 kp
Flächenbelastung:	29,4 kp/m² bis 34,5 kp/m²

Flugleistungen (DFVLR-Messung 1971):

Geringstes Sinken:	0,63 m/s bei 87 km/h
Bestes Gleiten:	41,5 bei 102 km/h

Glasflügel 604

Die Glasflügel 604 ist ein exklusives Superschiff, das unter starkem Zeitdruck in nur vier Monaten Bauzeit für Walter Neubert und die Weltmeisterschaften 1970 in Marfa hergestellt wurde. Walter Neubert lag sehr gut in Marfa, bis er einen ganzen Wertungstag verlor, weil er nach einer Außenlandung in unwegsamem Gelände erst am anderen Tag gefunden wurde. Dennoch belegte er den 6. Platz in der Gesamtwertung. Die Glasflügel 604 hat einen dreiteiligen Flügel von 22 Metern Spannweite. Die Außenflügel stammen von der Kestrel und sind etwas gekürzt. Das ergibt ein Mittelstück von 7 m Länge, für das aus konstruktiven Gründen das ursprünglich 17 % dicke Profil auf 20 % aufgedickt wurde. Aus Festigkeitsgründen wurde dieses Mittelstück mit 168 kp (etwa das Gewicht eines L-Spatz) recht schwer, so daß das Flugzeug nur mit einem Spezialhänger geliefert wurde, der mittels einer Kran-Schwenk-Vorrichtung das problemlose Aufsetzen dieses Mittelstückes gestattete. Das Rüstgewicht des gesamten Flugzeuges beträgt 440 kp, so daß die 604 nach dem Doppelsitzer SB-10 das zweitschwerste Segelflugzeug in Deutschland überhaupt ist und auch über den neueren Doppelsitzern aus Kunststoff liegt. Rumpf und Leitwerke entstanden ebenfalls in Anlehnung an die Kestrel, nur mußten eben die Dimensionen noch etwas vergrößert werden. So ist der Rumpf um 0,88 m länger und auch das gedämpfte T-Leitwerk erhielt größere Flächeninhalte.

Von der Glasflügel 604 entstanden in den Jahren 1970 bis 1973 nur 10 Exemplare. Der Prototyp hatte das Kennzeichen D-0604 und führte seinen Erstflug am 30. April 1970 durch. Heute ist nur noch eine 604 in Deutschland im Flugbetrieb, es ist die Werk-Nr. 9 mit dem Kennzeichen D-2085. Vier 604 fliegen mit deutschen Kennzeichen in Italien, unter anderem von

Giorgio und Adele Orsi in Varese, mit dem Kennzeichen D-0279 (früher Walter Neubert), D-0722, D-0962 und D-2109 (Werk-Nr. 2, 4, 6 und 10). Die anderen fünf 604 fliegen in den USA. Dick Butler wurde mit einer 604 auch amerikanischer Meister der Offenen Klasse im Jahre 1977. Auch auf Weltmeisterschaften war die 604 immer vorne mit dabei, und auch Walter Neubert hält immer noch den Weltrekord über das 300-km-Dreieck, den er mit 153,43 km/h im März 1972 in Kenia geflogen hat.

Muster:	Glasflügel 604
Hersteller:	Glasflügel
Erstflug:	30. April 1970
Serienbau:	1970 bis 1973
Hergestellt insgesamt:	10
Zugelassen in Deutschland:	1
Anzahl der Sitze:	1
Spannweite:	22,00 m
Flügelfläche:	16,23 m²
Streckung:	29,82
Flügelprofil:	FX 67-K-170 aufgedickt auf 20 % innen FX 67-K-170 normal 17 % am Innenflügel FX 67-K-150 außen
Rumpflänge:	7,60 m
Leitwerk:	gedämpftes T-Leitwerk
Rüstgewicht:	440 kp
Maximales Fluggewicht:	650 kp
Flächenbelastung:	32,7 kp/m² bis 40,1 kp/m²
Flugleistungen (Angaben Glasflügel):	
Geringstes Sinken:	0,50 m/s bei 72 km/h
Bestes Gleiten:	49 bei 98 km/h

Standard-Libellen 202, 203, 204

Man muß Glasflügel bescheinigen, daß einige Anstrengungen unternommen worden sind, die Leistungen und Flugeigenschaften der Serienflugzeuge zu verbessern. In diesem Sinne darf man die Prototypen 202, 203 und 204 sehen, welche als Vorbereitung der späteren Flugzeuge Club-Libelle 205, Hornet (206) und Mosquito (303) dienten.

Im Jahr 1970 bereits, als noch die Serienfertigung der Standard-Libelle voll lief, entstand unter dem Einfluß von Eugen Aeberli eine Standard-Libelle mit geändertem Rumpf und einem T-Leitwerk. Das Rumpfvorderteil mit der nicht eingestrakten Haube stammt noch von der Standard-Libelle, während die Rumpfröhre hinter dem Flügel nicht die kielförmige Zuspitzung nach oben hat, sondern rund gebaut ist. Zum ersten Mal wird bei einem Glasflügel-15-m-Flugzeug ein T-Leitwerk verwendet, das praktisch über die Club-Libelle und den Hornet bis zum Mosquito erhalten bleibt. Diese Standard-Libelle 202 trug zuerst das deutsche Kennzeichen D-0649 und war anschließend in der Schweiz unter HB-1062 immatrikuliert. Eugen Aeberli machte mit der 202 von Bergamo aus einen rechten Bruch, das Flugzeug hat aber heute noch einen Besitzer in Zürich. Der Flügel war original von der Standard-Libelle übernommen, bei der die V1 übrigens auch ein anderes Flügelprofil als die spätere Serie hatte. Der Erstflug fand am 6. November 1970 statt.

Im Jahre 1972 folgte dann die Standard-Libelle 203, von der zwei Exemplare gebaut worden sind. Die V1 mit dem Kennzeichen D-0603 sollte ursprünglich Otto Schäuble bekommen, der aber mit dem Flugzeug nicht ganz zufrieden war. Zu Unrecht offensichtlich, denn der Zweitbesitzer, der zweifache Deutsche Meister Ernst-Gernot Peter, konnte mit diesem Flugzeug eine ganze Anzahl hervorragender Wettbewerbsplazierungen erringen. Im Jahre 1976 verkaufte Peter diese 203 an seinen Freund Hans J. Lott aus Auggen in der Nähe von Freiburg. Die V2 mit dem Kennzeichen D-3017 wurde im Jahre 1973 für den vielfachen italienischen Meister und Weltmeisterschaftsteilnehmer Pronzati gebaut. Die V2 trug immer das deutsche Kennzeichen und wurde im März 1977 ebenfalls von H. J. Lott für seine Frau gekauft. So dürfte der seltene Fall eingetreten sein, daß die beiden einzigen Prototypen einer Segelflugzeugbaureihe in Familienbesitz sind. Die V2 unterscheidet sich vom ersten Muster durch eine einteilige Haube, durch ein dickeres Profil im Höhenruder und durch die Kestrel-Rädchen an den Flügelspitzen. Die 203 hat auch den normalen Flügel der Standard-Libelle, aber den

Rechte Seite:

Oben: Der Prototyp der Standard-Libelle 203 in Saulgau
Unten: Von der Standard-Libelle 204 wurde nur ein Prototyp gebaut

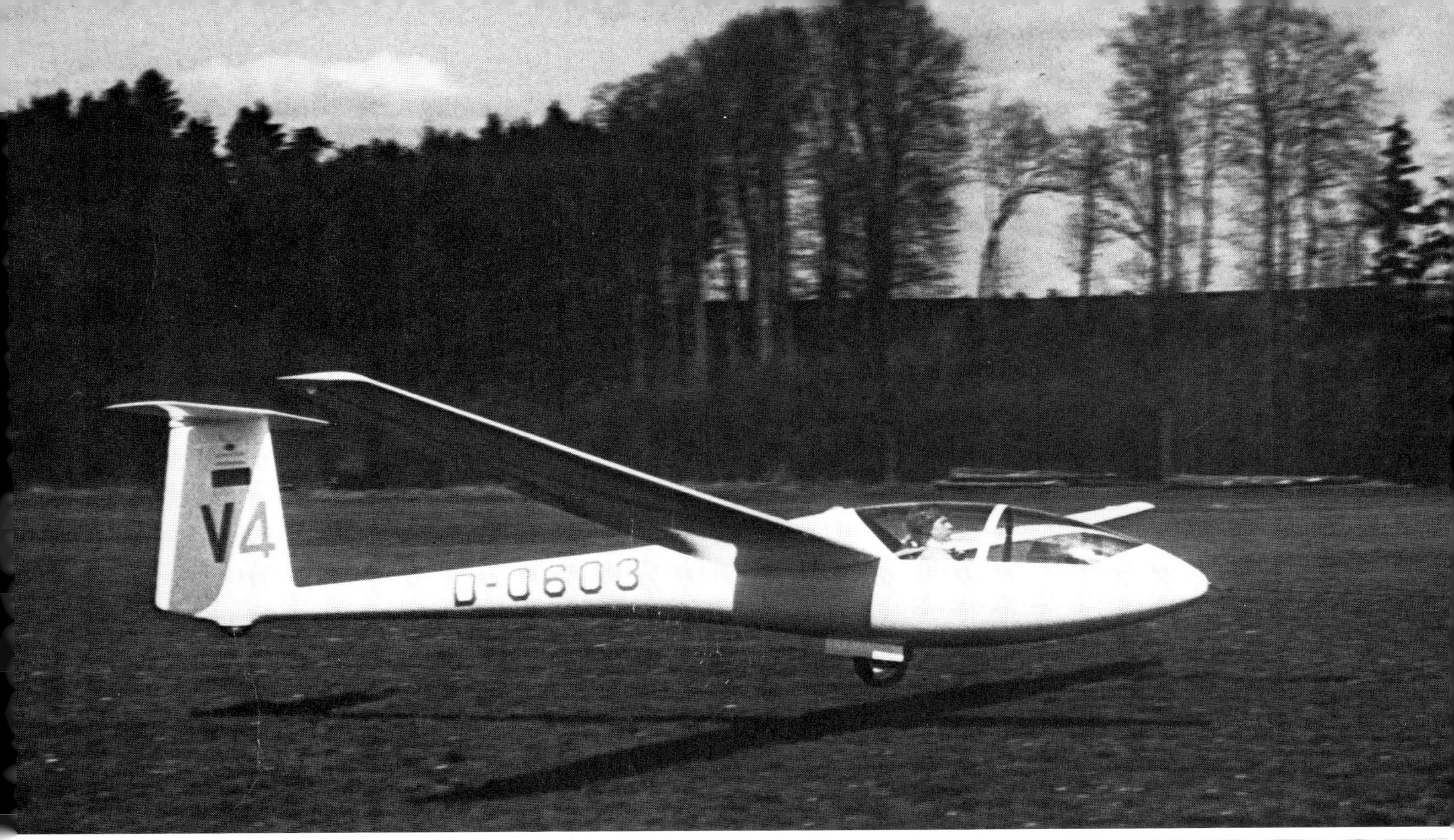
V4
D-0603

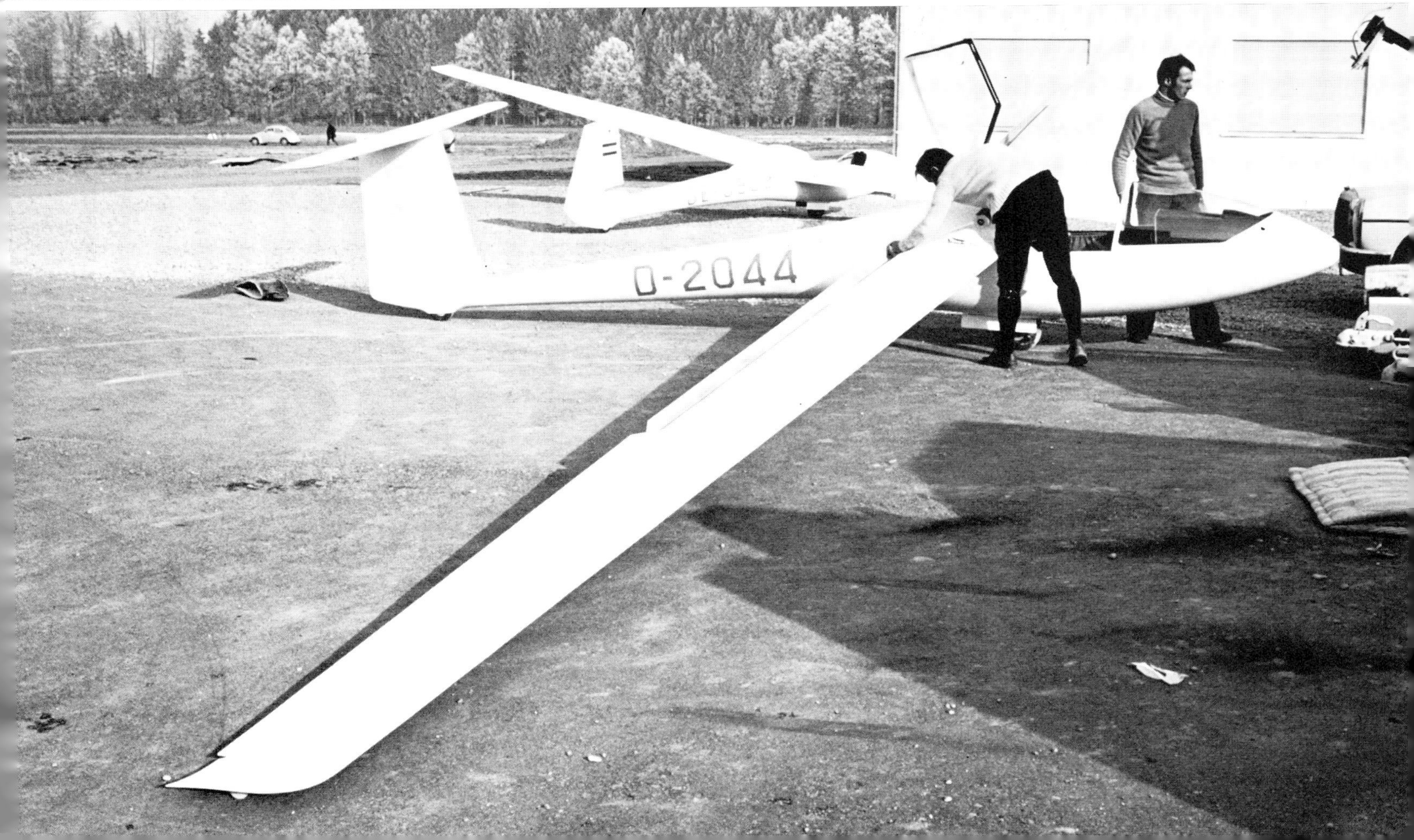
D-2044

neuen Rumpf mit der eingestrakten Haube wie später Hornet und Mosquito.

Muster:	Standard-Libelle 203
Hersteller:	Glasflügel
Erstflug:	7. April 1972
Herstellung:	1972 und 1973
Hergestellt insgesamt:	2
Zugelassen in Deutschland:	2
Anzahl der Sitze:	1
Spannweite:	15,00 m (Standard-Klasse)
Flügelfläche:	9,80 m²
Streckung:	22,96
Flügelprofil:	FX 66-17 A II-182
Rumpflänge:	6,40 m
Leitwerk:	gedämpftes T-Leitwerk
Bauweise:	GFK
Rüstgewicht:	235 kp
Maximales Fluggewicht:	380 kp
Flächenbelastung:	33,2 kp/m² bis 38,8 kp/m²

Ein weiterer Prototyp ist die Standard-Libelle 204. Nur ein Flugzeug mit dem Kennzeichen D-2044 wurde im Jahre 1973 gebaut. Der Erstflug fand am 14. Januar 1973 statt. Die 204 sieht wie die Standard-Libelle 203 aus, nur hat sie die neuen Endkanten-Bremsklappen, wie sie später bei der Club-Libelle verwendet werden.

Club-Libelle 205

Von der Club-Libelle wurden in den Jahren 1973 bis 1976 insgesamt 171 Exemplare gebaut. Wie schon dem Namen zu entnehmen ist, zielte die Auslegung in erster Linie auf eine Verwendung in den Vereinen hin. Das Preislimit der eigentlichen-Club-Klasse wurde aber nie ganz erreicht. Der Flügel stammt wie bei den zuletzt erwähnten Prototypen eigentlich von der Standard-Libelle, zum ersten Mal aber wurden in einer größeren Serie Hinterkanten-Bremsklappen im Serienflugzeugbau verwendet. Den Vereinsbedürfnissen wurde Rechnung getragen mit dem hoch angesetzten Tragflügel, der zusammen mit dem T-Leitwerk bei Außenlandungen einen größeren Schutz bietet. Aus Kostengründen wurde eine kurze nicht eingestrakte Haube und ein nicht einziehbares aber gefedertes Rad gewählt. Trimmung und Parallelogramm-Knüppel wurden von der Kestrel übernommen. Wieder wurden zwei getrennte Kupplungen für Winden- und Flugzeugschlepp eingebaut.

Der Prototyp mit dem Kennzeichen D-9229 führte seinen Erstflug am 14. September 1973 mit Jörg Renner in Saulgau durch. Dieser Prototyp unterschied sich noch von der Serie durch einen knapperen Haubenausschnitt, der den Einstieg in das Cockpit noch etwas behinderte. Auch wurde noch einmal der Einstellwinkel des Flügels geändert.

Muster:	Club-Libelle 205
Hersteller:	Glasflügel
Erstflug:	14. 9. 1973
Serienbau:	1973 bis 1976
Hergestellt insgesamt:	171
Zugelassen in Deutschland:	93
Anzahl der Sitze:	1
Spannweite:	15,00 m
Flügelfläche:	9,80 m²
Streckung:	22,96
Flügelprofil:	FX 66-17 A II-182
Rumpflänge:	6,40 m
Leitwerk:	gedämpftes T-Leitwerk
Bauweise:	GFK
Rüstgewicht:	217 kp
Maximales Fluggewicht:	350 kp
Flächenbelastung:	29,0 kp/m² bis 35,7 kp/m²
Flugleistungen (DFVLR-Messung 1976):	
Geringstes Sinken:	0,67 m/s bei 75 km/h
Bestes Gleiten:	33,5 bei 88 km/h

Hornet

Der eigentliche Nachfolger der Standard-Libelle als Leistungsflugzeug der Standard-Klasse ist die Hornet. Sie wurde unmittelbar nach Auslaufen der Libelle-Serie in die Produktion genommen, wobei aber in den ersten drei Jahren von 1975 bis Ende 1977 nur 89 Flugzeuge gebaut wurden. Den Erstflug mit dem Kennzeichen D-9432 hatte A. Metzler am 21. Dezem-

Rechte Seite:

Oben: Serienflugzeug der Entwicklungsreihe 202/203/204 war die Club-Libelle
Unten: Der Prototyp der Hornet hat einen hoch angesetzten Flügel

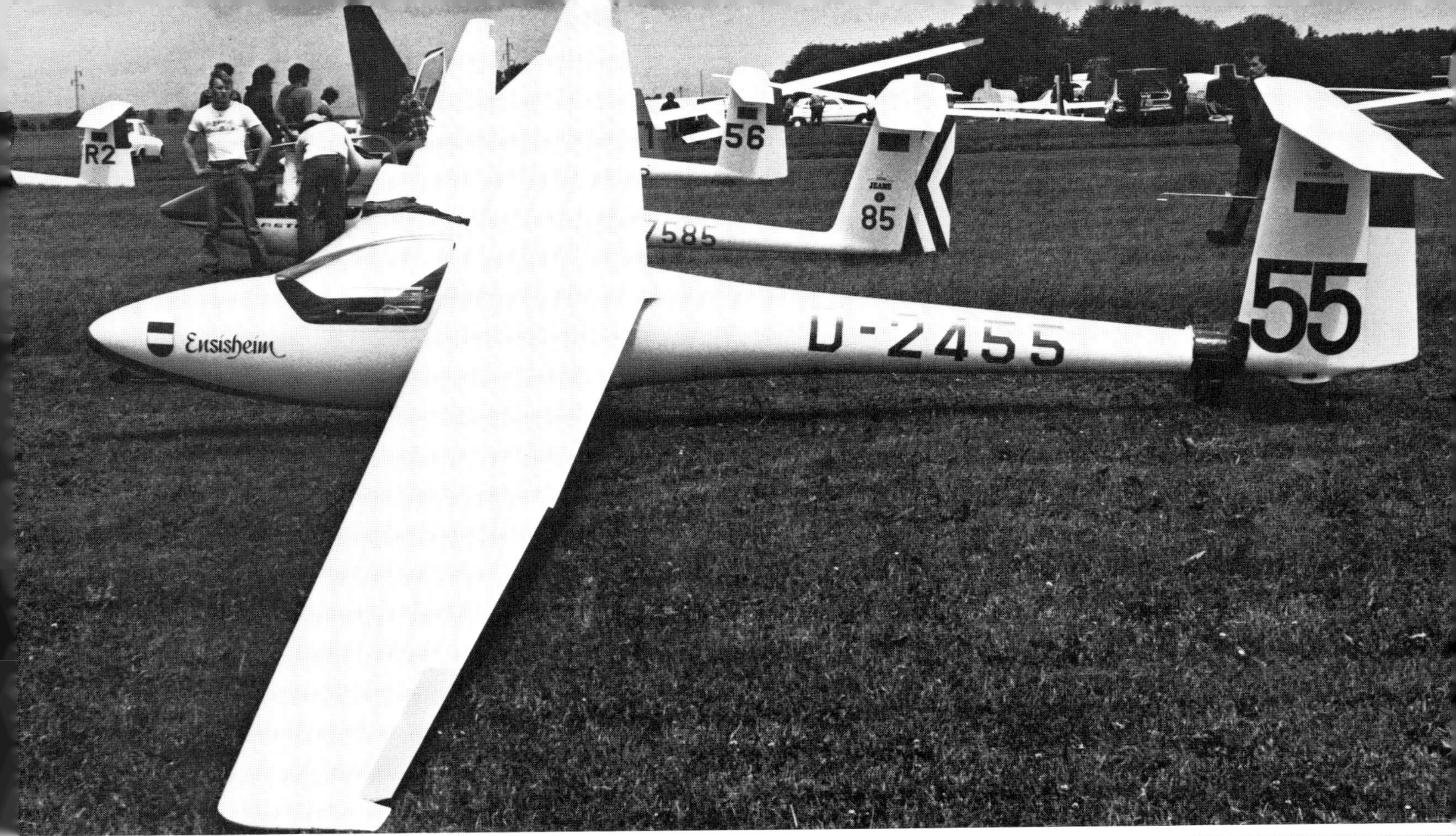
Ensisheim
D-2455
55
85
56
R2
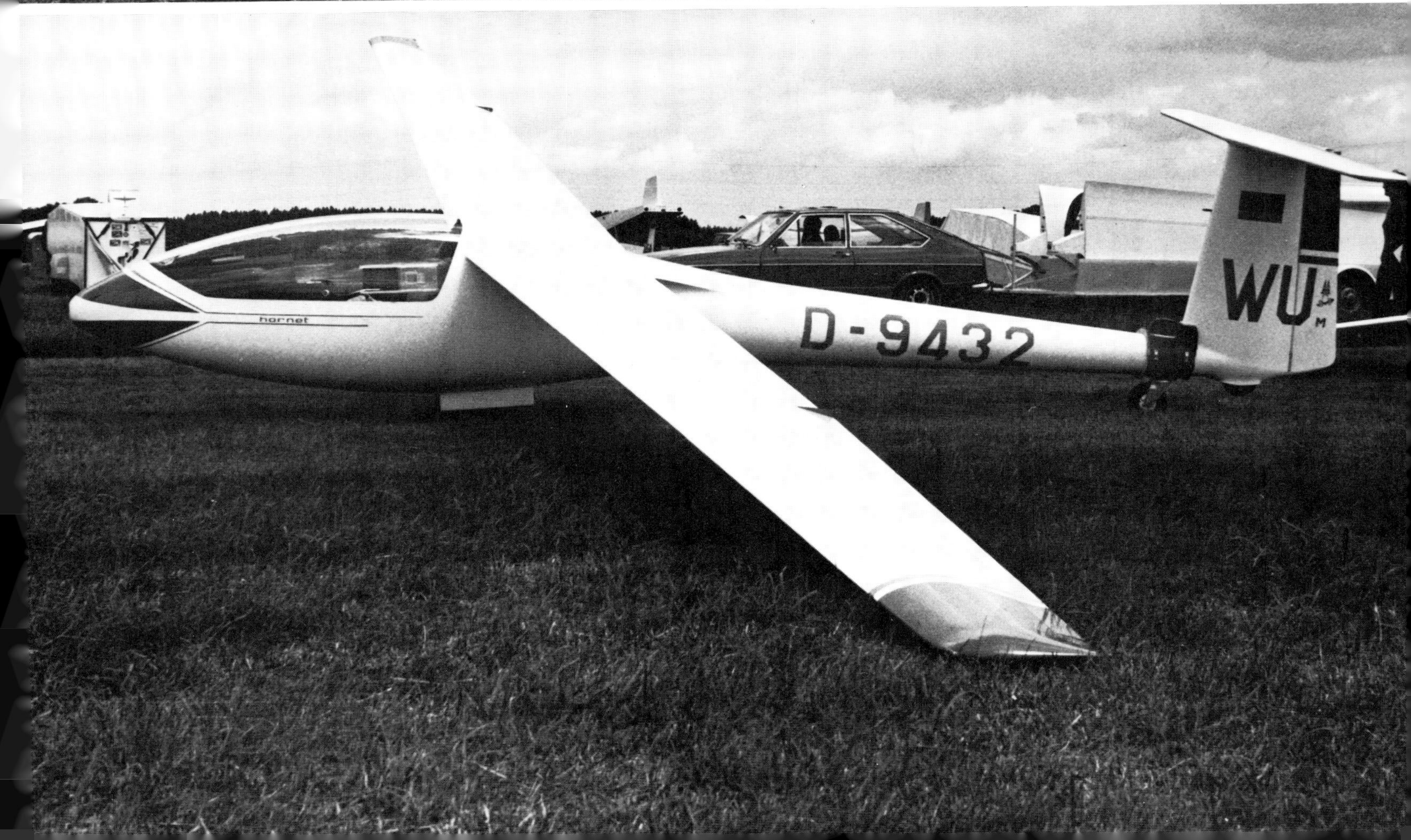
hornet
D-9432
WU

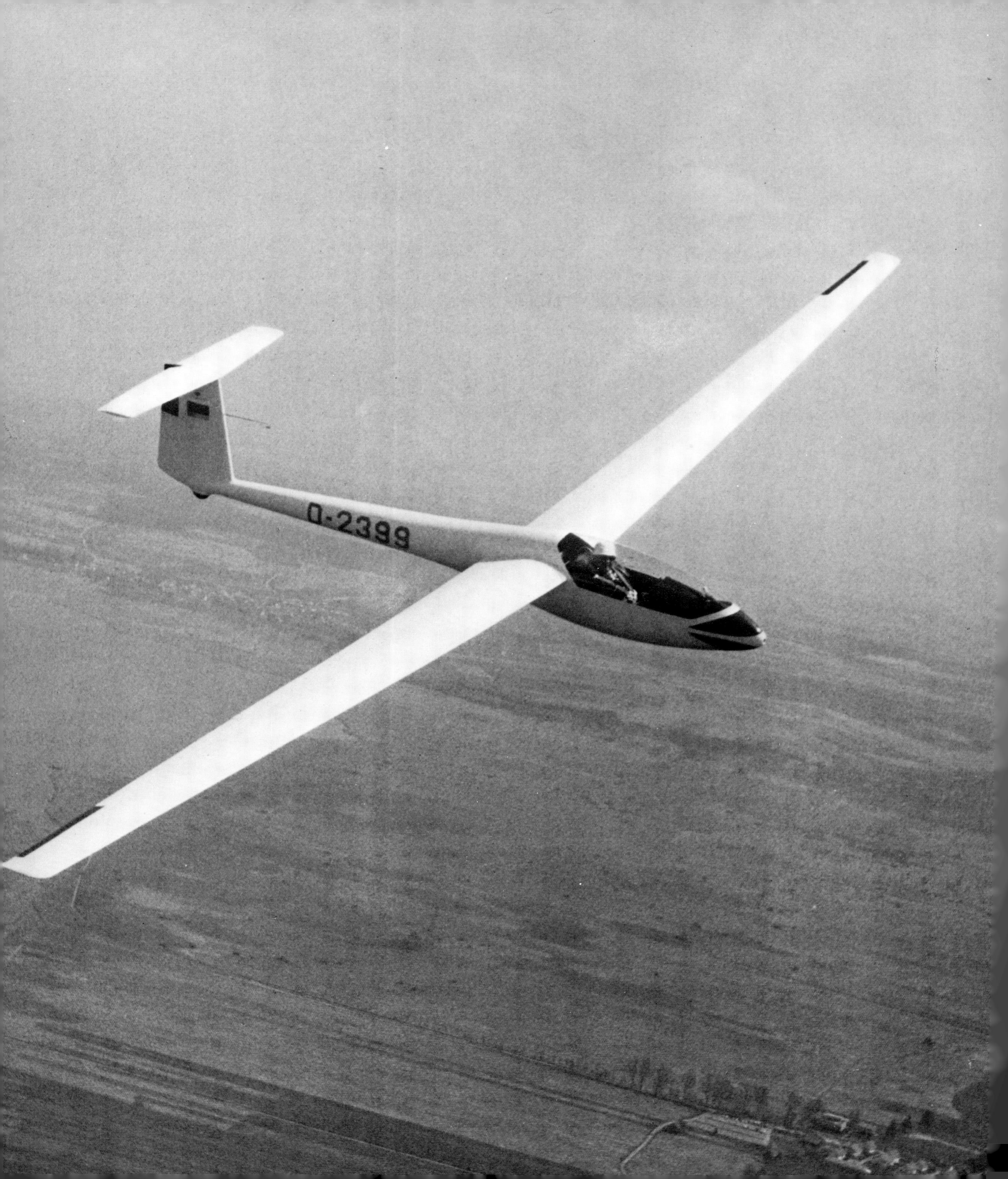
D-2399

ber 1974 in Saulgau durchgeführt. Dieser Prototyp unterscheidet sich noch erheblich von der Serie, denn der Flügel ist wie bei der Club-Libelle ziemlich hoch angesetzt. Das erste Flugzeug aus der eigentlichen Serie trug dann das Kennzeichen D-2399, wobei die Haube dann auch noch einmal geändert wurde, weil wie bei der Kestrel der hintere Teil der zweiteiligen Haube nach oben geklappt wird.

Die Hornet mit der firmeninternen Kurzbezeichnung 206 hat den Flügel der Club-Libelle, dessen Struktur wegen der größeren Höchstgeschwindigkeit und der Aufnahmemöglichkeit von 60 Litern Wasser verstärkt wurde, was ein Mehrgewicht von 10 kp erforderte. Der Rumpf und die Leitwerke stammen von der 203 und sind dann wieder beim Mosquito anzutreffen. Von der Club-Libelle hat die Hornet natürlich die Hinterkantenbremsklappen. Das Fahrwerk ist hier wieder einziehbar und zum ersten Mal gibt es nicht eine zusätzliche Bugkupplung für den Flugzeugschlepp.

Besonderes Lob finden die gegenüber der Standard-Libelle verbesserten Flugeigenschaften und beachtlich ist auch die Mindestgeschwindigkeit mit ausgefahrenen Klappen von etwa 65 km/h, die sehr kurze Landungen ermöglicht, wenn man sich erst einmal an die neuen Klappen gewöhnt hat.

Mosquito

Der Mosquito mit der Glasflügel-Kurzbezeichnung 303 ist das zweite deutsche Flugzeug der neuen 15-Meter-Klasse, das gerade 14 Tage nach der LS-3 am 20. Februar 1976 von Josef Prasser auf der Hahnweide zum ersten Mal geflogen wurde. Gleichzeitig ist der Mosquito auch das erste Glasflügel-Flugzeug, das Eugen Hänle nach seinem Unfall im September 1975 nicht mehr erlebt hat. Andererseits wirkte sich beim Mosquito zum ersten Mal die Zusammenarbeit von Schempp-Hirth mit Glasflügel in der Praxis aus, denn der Mini-Nimbus von Holighaus hat den Flügel des Mosquito übernommen. Das Besondere an diesem Wölbklappenflügel ist die kombinierte Wölb-Brems-Klappe, die noch auf eine Initiative von Eugen Hänle zurückgeht. Hänle hatte beruflich öfters in Italien zu tun (Tochterfirma Glasflügel Italiana) und kam

Muster:	Hornet
Hersteller:	Glasflügel
Erstflug:	21. 12. 1974
Serienbau:	1974 bis heute
Hergestellt insgesamt:	89
Zugelassen in Deutschland:	etwa 25
Anzahl der Sitze:	1
Spannweite:	15,00 m (Standard-Klasse)
Flügelfläche:	9,80 m²
Streckung:	22,96
Flügelprofil:	FX 66-17 A II-182
Rumpflänge:	6,40 m
Leitwerk:	gedämpftes T-Leitwerk
Bauweise:	GFK
Rüstgewicht:	232 kp
Maximales Fluggewicht:	420 kp
Flächenbelastung:	30,3 kp/m² bis 42,9 kp/m²

Flugleistungen (Angaben Glasflügel):

Geringstes Sinken:	0,60 m/s bei 75 km/h
Bestes Gleiten:	38 bei 103 km/h

Linke Seite:
Eine Hornet über dem Federsee in Oberschwaben

Muster:	Mosquito
Hersteller:	Glasflügel
Erstflug:	20. 2. 1976
Serienbau:	1976 bis heute
Hergestellt insgesamt:	90
Zugelassen in Deutschland:	etwa 40
Anzahl der Sitze:	1
Spannweite:	15,00 m (FAI-15-m-Klasse)
Flügelfläche:	9,86 m²
Streckung:	22,82
Flügelprofil:	FX 67-K-150
Rumpflänge:	6,40 m
Leitwerk:	gedämpftes T-Leitwerk
Bauweise:	GFK
Rüstgewicht:	242 kp
Maximales Fluggewicht:	450 kp
Flächenbelastung:	31,3 kp/m² bis 45,9 kp/m²

Flugleistungen (Angaben Glasflügel):

Geringstes Sinken:	0,58 m/s bei 79 km/h
Bestes Gleiten:	42 bei 114 km/h

dort mit dem Wölbklappensystem des Calif in Berührung. Allerdings unterscheidet sich das neue System wesentlich von der Konstruktion des Calif, weil es ge-

Der Prototyp der Mosquito flog zum ersten Mal im Februar 1976

stattet, die Bremsklappe in einem bestimmten Bereich zu verändern, ohne die Wölbklappe auf eine positive Stellung mit, wenn diese für sich allein ausgefahren wird. Bei der Landestellung ist dann die Bremsklappe voll nach oben geöffnet und die Wölbklappe voll nach unten ausgeschlagen. Normale Wölbklappenausschläge mit überlagerten Querrudern sind bei der geschlossenen Hinterkanten-Drehbremsklappe von 7 Grad negativ bis 10 Grad nach unten möglich. Auf das komplizierte und aufwendige mechanische Differenzier- und Überlagerungssystem von Wölbklappe, Querruder und Bremsklappe, für das im Cockpit neben dem Knüppel zwei Klappenhebel notwendig sind, soll hier nicht näher eingegangen werden. Die Bedienung während des Fluges ist jedenfalls wesentlich einfacher, als dies nach der Beschreibung vermutet werden könnte.

Wie bereits erwähnt, stammen der Rumpf und die Leitwerke des Mosquito vom Hornet bzw. von der 203. Neu ist, daß die Haube nach Art der LS-1 f nach vorne oben öffnet. Wie fast alle neuen 15-Meter-Flugzeuge hat der Mosquito auch das nunmehr zehn Jahre alte Nimbus-Profil. In den ersten beiden Jahren sind vom Mosquito 90 Exemplare gebaut worden.

Gö-3 Minimoa

Von der Minimoa gibt es heute wohl nur noch ein flugfähiges Exemplar in Deutschland, die D-1163 aus Münster in Westfalen. Dieses Flugzeug ist ein echter Oldtimer, im Jahre 1938 gebaut bei Schempp-Hirth in Göppingen. Diese Minimoa war wohl auf dem Hornberg stationiert und wurde bei Kriegsende von einem französischen Offizier nach Frankreich »entführt« und dort noch einige Jahre geflogen. Bis im Juli 1972 hing sie dann verstaubt im hintersten Eck einer Flugzeughalle in Frankreich und wurde dort von Segelflie-

Wolf Hirth im Cockpit einer Minimoa

gern aus Münster entdeckt. Unter der fachkundigen Leitung von Max Müller wurde sie dann in vier Monaten grundüberholt und am 1. 11. 1972 wieder zugelassen. Seither wird die neue Minimoa viel und gerne geflogen und hat bereits wieder 305 Starts und 209 Stunden. Bei einigen Oldtimertreffen war sie der Star unter den teilnehmenden Flugzeugen.

Die Minimoa ist eine Konstruktion von Wolf Hirth und Wolfgang Hütter aus dem Jahre 1935. Der Name ist abgeleitet von der »Moazagotl«, einem abgestrebten Hochdecker von 20 Meter Spannweite, die wiederum ihre Bezeichnung von einer Lenticularis-Wellenwolke im Riesengebirge hat. Bei der »Mini-Moazagotl« wurde die Spannweite auf 17 Meter verringert, und der Flügel wurde freitragend gestaltet. Die Minimoa hat einen charakteristischen Knickflügel mit nach hinten auslaufenden Querrudern. Der Rumpf in Holzschalenbauweise hat ein festes Rad mit einer Kufe. Während die Moazagotl ein Pendelruder hatte, hat nun die Minimoa ein gedämpftes Höhenruder. Von der Minimoa wurden in den Jahren 1936 bis 1939 insgesamt 110 Exemplare bei Schempp-Hirth gebaut, so daß die Minimoa das erste Leistungssegelflugzeug mit einer größeren Serie war. Die Flugleistungen entsprechen ziemlich jenen der Ka 8. Nach dem Krieg tauchten etwa 7 Minimoas aus Verstecken wieder auf.

Muster:	Gö-3 Minimoa
Konstrukteur:	Wolf Hirth/Wolfgang Hütter
Hersteller:	Schempp-Hirth, Göppingen
Erstflug:	1936
Serienbau:	Juli 1936 bis August 1939
Hergestellt insgesamt:	110
Zugelassen in Deutschland:	1
Anzahl der Sitze:	1
Spannweite:	17,00 m
Flügelfläche:	19,00 m²
Streckung:	15,21
Flügelprofil:	Gö 681, Gö 693, außen symmetrisch
Rumpflänge:	7,00 m
Leitwerk:	konventionelles Kreuzleitwerk
Bauweise:	Holz
Rüstgewicht:	250 kp
Maximales Fluggewicht:	350 kp
Flächenbelastung:	18,42 kp/m²
Geringstes Sinken:	0,65 m/s bei 60 km/h
Bestes Gleiten:	26 bei 70 km/h

Ein seltener Oldtimer ist die Gö-3 Minimoa

Goevier III (Gö-4)

Der Doppelsitzer Goevier wurde auch noch nach dem Krieg gebaut

Die Gö-4 ist eine der wenigen Segelflugzeug-Doppelsitzer mit nebeneinanderliegenden Sitzen. Von der ersten Baureihe Gö-4 I wurden nur zwei Exemplare gebaut, während von der Vorkriegsserienversion Gö-4 II in den Jahren 1937 bis 1943 mehr als 100 Flugzeuge hergestellt wurden. Wolf Hirth nahm im Jahre 1951 mit der Nachkriegsversion Gö-4 III den Segelflugzeugbau wieder auf. Von 1951 bis 1954 wurden 21 Gö-4 III in Nabern hergestellt, von denen die letzten sechs Flugzeuge nach Holland geliefert wurden. Diese neue Baureihe hatte einen verkürzten Rumpf und einen stärkeren Holm. Der Name des Flugzeuges ist die Abkürzung für Göppingen-4, wo die Firma Schempp-Hirth zuerst beheimatet war, bevor man ins benachbarte Kirchheim/Teck umzog. Der Entwurf der Gö-4 stammt von Wolf Hirth und Wolfgang Hütter. Die Firma Wolf Hirth, die während des Krieges den Betrieb nach Nabern verlegte, beschäftigte sich viel früher als die Schwester-Firma Schempp-Hirth wieder mit dem Flugzeugbau. Außer der Gö-4 wurden Mü-13 E in Lizenz von Scheibe und eine größere Anzahl Doppelraab hergestellt. Zu erwähnen ist noch die Fertigung der Lo-100 und der Lo-150 sowie des Kunststoffseglers Kria (Hi-25). Ferner wurde an einem Motorsegler Hi-26 gearbeitet, unter der Leitung von Edmund Schneider im Jahre 1961 ein weiterer Motorsegler mit der Bezeichnung ES-61 fertiggestellt und dann wieder mit neun Exemplaren die Kunstflugmaschine Akrostar gebaut. Heute ist Wolf Hirth in erster Linie Wartungsbetrieb.

Auffallend ist an der Gö-4 neben der Sitzanordnung der sehr kurze Rumpf. Bei einsitzigem Fliegen mußte in der Rumpfspitze Ballast mitgenommen werden. Die Gö-4 hat ein festes Ballonrad mit einer kurzen Bugkufe. Die einteilige Haube ist zum Abnehmen. Das etwas hochgesetzte Höhenleitwerk ist mit dünnen Stahlrohren abgestrebt. Die Version Gö-4 III ist auch am großen Hornausgleich des Seitenruders zu erkennen. Charakteristisch ist auch die ausladende Form der Querruder ähnlich wie bei der Minimoa. Zugelassen sind wohl noch drei Gö-4 III in Deutschland. Die D-1080 und die D-1084 befinden sich in Bayern (Friesener Warte), während die D-6623 in Oldenburg beheimatet ist.

Muster:	Gö-4 III
Konstrukteur:	Wolf Hirth/Wolfgang Hütter
Hersteller:	Wolf Hirth, Nabern
Erstflug:	1938 (Gö-4 II)
Serienbau:	1951 bis 1954 (Gö-4 III)
Hergestellt insgesamt:	etwa 130 (alle Baureihen zusammen)
Zugelassen in Deutschland:	3
Anzahl der Sitze:	2
Spannweite:	14,84 m
Flügelfläche:	19,00 m^2
Streckung:	11,53
Flügelprofil:	Joukowsky
Rumpflänge:	6,24 m
Leitwerk:	normales Kreuzleitwerk
Bauweise:	Holz
Rüstgewicht:	235 kp
Maximales Fluggewicht:	410 kp
Flächenbelastung:	17,1 kp/m^2 bis 21,6 kp/m^2
Flugleistungen:	
Geringstes Sinken:	0,90 m/s bei 60 km/h
Bestes Gleiten:	20 bei 70 km/h

Grob Flugzeugbau

Der Astir CS hat noch das bauchige Rumpfvorderteil

Zum Beginn der siebziger Jahre war die Firma Grob Flugzeugbau in Mindelheim eigentlich nur Eingeweihten ein Begriff. Man wußte, daß in dem kleinen Städtchen bei Memmingen der Standard-Cirrus in Lizenz der Firma Schempp-Hirth gebaut wurde. Damals dachte wohl noch niemand daran, daß Grob einmal zum führenden Segelflugzeug-Hersteller in Deutschland werden würde. Unbestritten gingen von Grob starke Impulse insbesondere von der fertigungstechnischen Seite aus, und während man sich noch über die Auslegung der Flugzeuge die Köpfe heiß redete, waren diese vom Preis her so interessant, daß die Astirs praktisch über Nacht zum Verkaufsschlager nicht nur in Deutschland wurden. Dabei wehte natürlich den etablierten Konkurrenzfirmen ein recht kalter Wind ins Gesicht, der wenigstens zwei dieser Betriebe bereits zur Aufgabe zwang, wobei andererseits dieser frische Wind trotz aller Bedenken grundsätzlich positiv für die Fliegerei gesehen werden kann. Darüber hinaus sind gerade die Segelflieger so sehr Individualisten, daß man sich für die Zukunft wohl kaum Sorgen über eine Verarmung des Angebots und eine möglicherweise negative Konzentration in einer starken Hand machen muß.

Noch während der Fertigung der 200 Standard-Cirrus von Dezember 1971 bis Juni 1975 entstanden ein GFK-Motorsegler mit der Typenbezeichnung G-101 und mit Erstflug im Dezember 1974 der Prototyp des Astir CS. Von diesem Flugzeug wurden bis Frühjahr 1977 bereits 536 Exemplare gebaut, von denen 331 Stück in Deutschland zugelassen wurden. Es schloß sich eine Version Astir CS 77 an, die sich hauptsächlich durch einen schlankeren Rumpf unterschied. Mit einigen weiteren Verbesserungen wird dann das Flugzeug ab 1978 Standard-Astir genannt. 1977 erschien auch eine Version mit festem Rad und ohne Wassertanks im Flügel, die als Club-Astir oder auch Jeans-Astir bezeichnet wird. Am Silvestertag 1976 flog zum ersten Mal der Doppelsitzer Twin-Astir, der sich ebenfalls von Anfang an auch wegen des günstigen Preises großer Beliebtheit erfreute. Ursprünglich für Anfang 1976 war eine Wölbklappenversion des Astir geplant, wobei sich dann aber dieser Speed-Astir erst im Frühjahr 1978 in die Luft erhob. Gleichzeitig mit der Aufnahme der Serienproduktion wurden neue Fabrikationshallen auf dem ebenfalls neu geschaffenen Fluggelände Mindelheim-Mattsies errichtet, wo bis zu diesem Zeitpunkt nicht bekannte Fertigungszahlen realisiert wurden. So wurde im Durchschnitt der letzten Jahre täglich ein neues Segelflugzeug hergestellt, so daß wohl heute schon jedes zweite auf der Welt neu zugelassene Segelflugzeug aus den Grob-Werkstätten stammt. Diese Fertigungskapazitäten in Mindelheim gilt es auch in der Zukunft auszulasten, wenn der Markt sich so langsam sättigen wird. So verwundert es nicht, daß bereits eine GFK-Motormaschine mit Flugzeugschleppqualitäten in der Entwicklung ist, und ein Segelflugzeug der Offenen Klasse wird wohl auch nicht allzu lange auf sich warten lassen.

Astir CS, Astir CS 77, Standard-Astir

Man muß Professor Richard Eppler, dem geistigen Vater des Astir, bescheinigen, daß er mit seiner Auslegung des Flugzeuges im Hinblick auf den Vereinsflugbetrieb genau ins Schwarze traf. Wenn auch der Standard-Astir mit den führenden Wettbewerbsflugzeugen der Standard-Klasse leistungsmäßig nicht ganz mithalten kann, so hat er doch so viele Merkmale eines gutmütigen und problemlosen Leistungssegelflugzeuges für die Ansprüche einer Vielzahl von Fliegergruppen, daß der Astir zu Recht auch von der Stückzahl her als Nachfolger der Ka 6 angesehen werden kann. Der Rumpf ist recht geräumig, insbesondere bei der ursprünglichen Version des Astir CS. Dafür ist der neuere Rumpf etwas eleganter in der Linienführung und hat darüber hinaus ein neues Profil im Seitenleitwerk, das besonders im höheren Geschwindigkeitsbereich die Richtungsstabilität verbessert. Der Flügel hat das inzwischen sehr bewährte Profil Eppler 603, das zusammen mit der relativ niedrigen Flächenbelastung und den groß dimensionierten Leitwerken für die guten Langsamflugeigenschaften verantwortlich ist. Die Flügelfläche ist mit 12,40 m^2 sehr groß bemessen, so daß sich trotz des recht beachtlichen Rüstgewichtes von etwa 270 kp eine geringste Flächenbelastung von 29 kp/m^2 ergibt. Mit Wasserballast ist ein Maximales Fluggewicht von 450 kp möglich. Gut wirksam sind die reichlich bemessenen Schempp-Hirth-Bremsklappen aus Metall auf der Flügeloberseite. Grundsätzlich be-

Seit dem Astir CS 77 ist der Rumpf schlanker gestaltet

Muster:	Standard-Astir
Konstrukteur:	Eppler/Grob Flugzeugbau
Hersteller:	Grob Flugzeugbau, Mindelheim
Erstflug:	19. Dezember 1974 (Astir CS)
Serienbau:	1975 bis heute
Hergestellt insgesamt:	631 (Astir CS bis Standard-Astir)
Zugelassen in Deutschland:	373 (Astir CS bis Standard-Astir)
Anzahl der Sitze:	1
Spannweite:	15,00 m (Standard-Klasse)
Flügelfläche:	12,40 m^2
Streckung:	18,15
Flügelprofil:	Eppler 603
Rumpflänge:	6,70 m
Leitwerk:	gedämpftes T-Leitwerk
Bauweise:	GFK
Rüstgewicht:	270 kp
Maximales Fluggewicht:	450 kp
Flächenbelastung:	29,0 kp/m^2 bis 36,3 kp/m^2

Flugleistungen (Werksangaben):

Geringstes Sinken:	0,60 m/s bei 75 km/h
Bestes Gleiten:	37,3 bei 95 km/h

währt haben sich auch die Beschlagsteile aus Aluminiumguß. Auch der neuartige Hauptbeschlag des Tragflügels, der anstelle der üblichen Holmbolzen mit vier Drehverschlüssen am Rumpf ausgeführt ist, bietet keinerlei Schwierigkeiten in der Praxis des täglichen Flugbetriebes.

Club-Astir

Der Club-Astir unterscheidet sich äußerlich vom Standard-Astir nur durch das feste Fahrwerk, das mit einer GFK-Schale verkleidet ist. Außerdem steht das Rad nicht so weit aus dem Rumpf heraus wie das Einziehfahrwerk, so daß der geringere Abstand des Rumpfes vom Boden auffallend ist. Nach dem Reglement der Club-Klasse sind im Flügel auch keine Wassertanks untergebracht. Nach übereinstimmenden Berichten ist der Club-Astir noch einmal einfacher und problemloser zu fliegen als der Standard-Astir. Wenn der Standard-Astir vielerorts als Ka-6-Nachfolger angesehen wird, so kann der Club-Astir gar als Nachfolgemuster der Ka 8 gelten. Ist dann in der Vereinsschulung der Twin-Astir zur Verfügung, so wird ein problemloses Umsteigen vom Doppelsitzer zum ähnlich ausgestatteten Club-Astir möglich sein. Offensichtlich wird der Club-Astir auch von vielen Vereinen in Deutschland so gesehen, denn zumindest von den ersten 100 Flugzeugen blieben die meisten im Lande. Bei der Deutschen Clubklassemeisterschaft 1977 belegte der Club-Astir den 2. Platz. In der Indexwertung wird er mit dem Faktor 98 gerechnet.

Muster:	Club-Astir (Jeans-Astir)
Konstrukteur:	Eppler/Grob-Flugzeugbau
Hersteller:	Grob-Flugzeugbau, Mindelheim
Erstflug:	18. Mai 1977
Serienbau:	1977 bis heute
Hergestellt insgesamt:	75
Zugelassen in Deutschland:	62
Anzahl der Sitze:	1
Spannweite:	15,00 m (Club-Klasse)
Flügelfläche:	12,40 m^2
Streckung:	18,15
Flügelprofil:	Eppler 603
Rumpflänge:	6,70 m
Leitwerk:	gedämpftes T-Leitwerk
Bauweise:	GFK
Rüstgewicht:	265 kp
Maximales Fluggewicht:	380 kp
Flächenbelastung:	28,6 kp/m^2 bis 30,7 kp/m^2

Flugleistungen (Werksangaben):

Geringstes Sinken:	0,65 m/s bei 80 km/h
Bestes Gleiten:	35,2 bei 92 km/h

Twin-Astir

Nach der LSD-Ornith, der Braunschweiger SB-10 und dem Janus von Schempp-Hirth war der Twin-Astir der vierte Kunststoff-Doppelsitzer in Deutschland. Nachdem die ersten beiden Flugzeuge reine Einzelstücke blieben, und vom auch preislich recht exklusiven Janus in den ersten vier Jahren nur etwa 60 Flugzeuge gebaut wurden, ging der Twin-Astir, wie von Grob nicht anders zu erwarten war, gleich in eine Großserie. Der Prototyp des Twin-Astir mit dem Kennzeichen D-7398 führte seinen Erstflug am Silvestertag des Jahres 1976 durch. Die Fertigung wurde Mitte 1977 aufgenommen, und im ersten Jahr sind bereits mehr als 130 Exemplare gebaut worden. Die Nachfrage hält unvermindert an, und nachdem der Twin-Astir beinahe ausschließlich im Vereinsflugbetrieb eingesetzt wird, sind in den kommenden Jahren bemerkenswerte Fortschritte in der Leistungsflugschulung zu erwarten. Wiederum wurde das Flugzeug bewußt auf die Bedürfnisse der Fliegergruppen zugeschnitten. Von den Einsitzern wurde das bewährte Profil übernommen, die Flügelfläche wurde wieder recht groß gewählt, und auch die Leitwerke sind reichlich dimensioniert. Die großen Abmessungen und die etwas schwergewichtige Bauweise von Grob ließen für den Twin-Astir eine beachtliche Rüstmasse erwarten. Mit etwa 400 kp hielt sich das Rüstgewicht allerdings in Grenzen. Das Montieren läßt sich mit entsprechendem Personal in vernünftigen Grenzen bewerkstelligen, und auch die Handlichkeit am Boden ist durchaus noch zufriedenstellend. Auch fliegerisch bietet der Twin keine Probleme, Start und Landung bereiten keine Schwierigkeiten. Selbst mit der Super-Cub von 150 PS ist der Flugzeugschlepp harmlos und die Bedenken wegen des Windenstarts waren unbegründet. Die Erfahrungen mit den relativ starken Winden des Klippenecks zeigen, daß die Schlepphöhen im Vergleich zu den bisherigen Doppelsitzern wie ASK-13 oder Bergfalke durchaus ebenbürtig sind. Beide Sitze des Rumpfes sind recht geräumig, wobei allerdings die Sitzposition im hinteren Sitz nicht ideal ist. Schwierigkeiten gab es mit dem Einziehfahrwerk aus Aluguß, so daß ab Juni 1978 eine Stahlrohrkonstruktion eingebaut wird. Allerdings wird das Fahrwerk nach wie vor quer in den Rumpf eingefahren. Auch die Fahrwerksklappen bekommen nun durch eine neue Anordnung mehr Bodenfreiheit. Die Lösung mit dem hohen Gummisporn ist ebenfalls verbesserungsfähig, so daß auch hier ein Spornrad nicht allzu lange auf sich warten lassen wird. Außer diesen Kleinigkeiten ist der Twin-Astir

Rechte Seite:

Oben: Der Prototyp des Twin-Astir hatte noch einen negativ gepfeilten Tragflügel
Unten: Der Club-Astir hat ein festes Rad

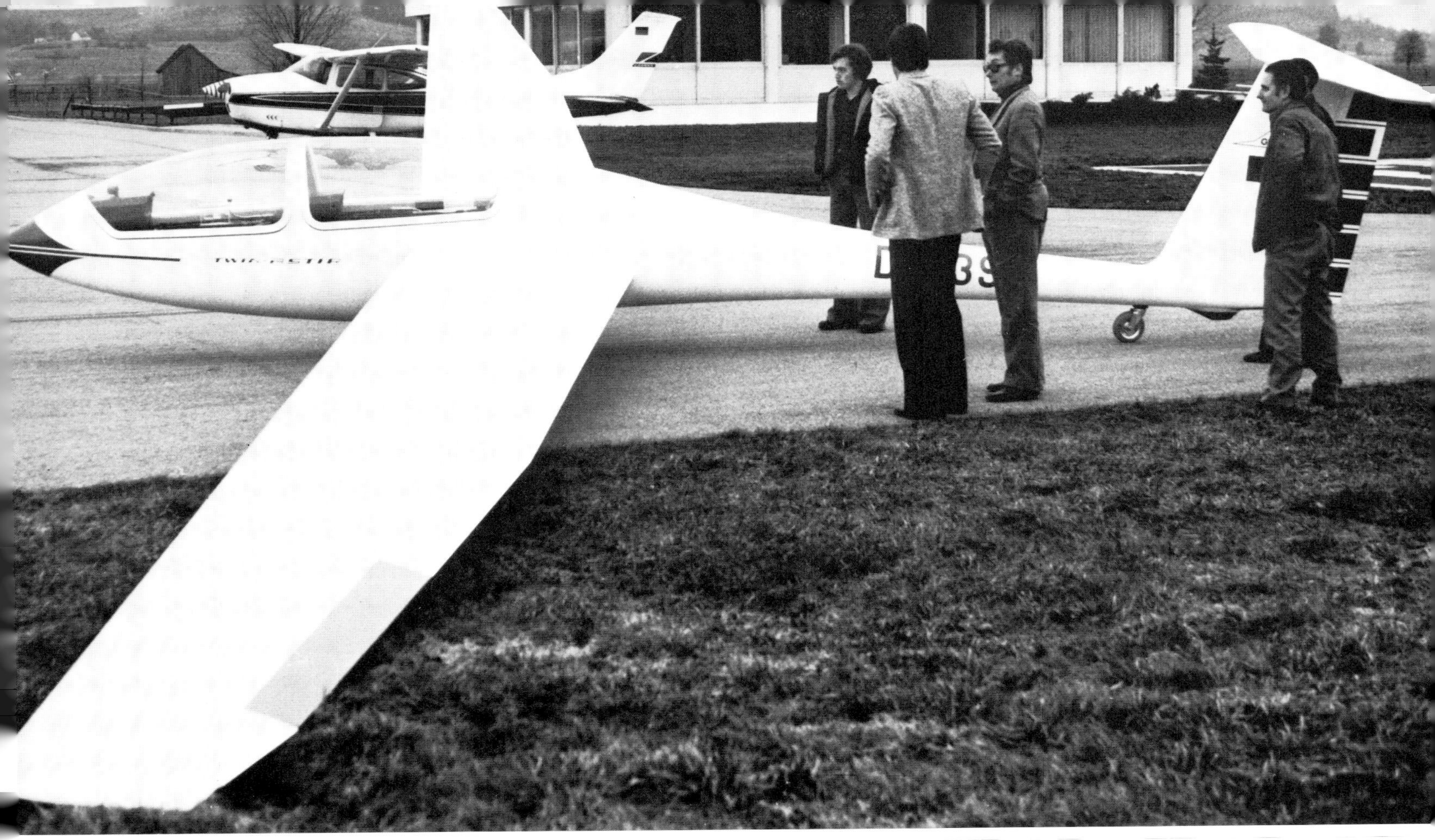

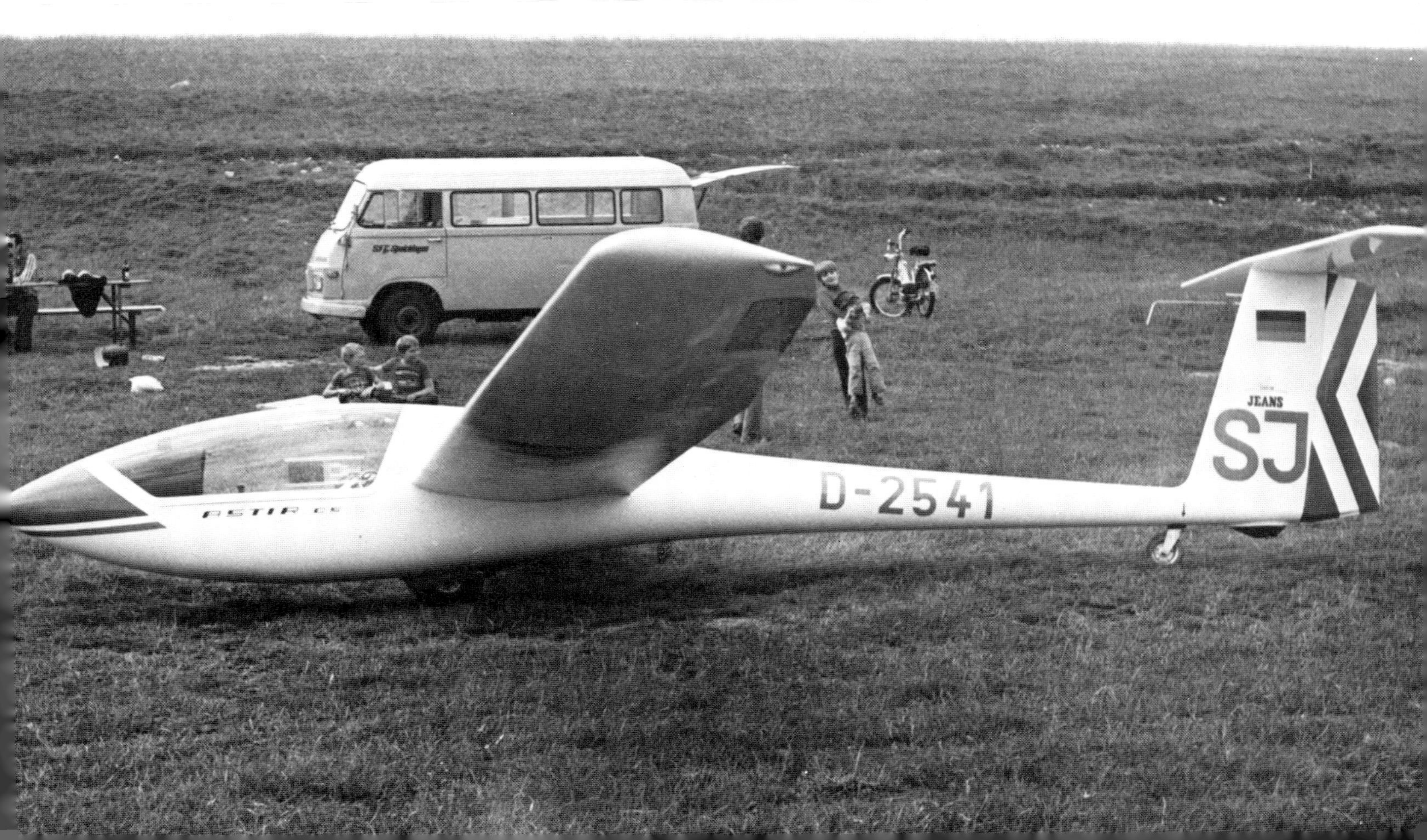

JEANS
SJ
D-2541
ASTIR CS

Ein Twin-Astir auf dem Klippeneck

Muster:	Twin-Astir
Konstrukteur:	Eppler/Grob-Flugzeugbau
Hersteller:	Grob-Flugzeugbau, Mindelheim
Erstflug:	31. Dezember 1976
Serienbau:	1977 bis heute
Hergestellt insgesamt:	45
Zugelassen in Deutschland:	36
Anzahl der Sitze:	2
Spannweite:	17,50 m
Flügelfläche:	17,80 m²
Streckung:	17,21
Flügelprofil:	Eppler 603
Rumpflänge:	8,10 m
Leitwerk:	gedämpftes T-Leitwerk
Bauweise:	GFK
Rüstgewicht:	400 kp
Maximales Fluggewicht:	650 kp
Flächenbelastung:	27,5 kp/m² bis 36,5 kp/m²

Flugleistungen (Werksangaben):

Geringstes Sinken:	0,62 m/s bei 75 km/h
Bestes Gleiten:	38 bei 110 km/h

aber ein durchaus gelungenes Flugzeug mit guten Leistungen und vor allen Dingen auch noch guten Steigflugeigenschaften. Seit Frühsommer 1978 wird noch eine Version Twin-Astir Trainer angeboten, die sich durch ein festes gefedertes Rad und den Verzicht auf Wassertanks unterscheidet. Im Rahmen der Flugerprobung des Prototyps wurde die negative Pfeilung des Tragflügels herausgenommen, so daß nun die Serienflugzeuge alle eine gerade Flügelvorderkante haben. Ein noch gepfeiltes Tragflügelpaar des Twin-Astir verwendet die Akaflieg Stuttgart für ihren neuen Doppelsitzer fs-31.

Speed-Astir

Zu Beginn der Astir-Fertigung war bereits eine Wölbklappenversion des Einsitzers in der Planung. Nun hat man sich bei Grob mit diesem Flugzeug bis zum

Frühjahr 1978 Zeit gelassen. Nach der ersten Flugerprobung des Prototyps mit dem Kennzeichen D-7644 war man offensichtlich mit den Flugleistungen nicht ganz zufrieden, denn man entschloß sich, das Projekt noch einmal zurückzustellen und einen neuen Rumpf zu bauen. Der Positivkern dieses neuen und recht eleganten Rumpfes war im Juni 1978 fertig, und der zweite Erstflug ist für September 1978 geplant, während dann die Lieferung ab Januar 1979 möglich sein wird. Der neue Rumpf wird mit den bisherigen Astir-Rümpfen nicht mehr viel gemeinsam haben. Die Einschnürung im Flügelbereich ist etwas stärker, die Haube soll zweiteilig werden. Der Rumpf hat auch ein neues vergrößertes Seitenleitwerk, während das gedämpfte Höhenleitwerk insgesamt kleiner und schlanker ausfällt. Am Tragflügel soll sich gegenüber dem Prototyp vorerst nichts mehr ändern, zur Verbesserung der Oberflächenqualität ist aber auch noch einmal mit viel Aufwand eine neue Negativform gebaut worden. Während im allerersten Entwurf die Flügelfläche 11,90 m² betragen sollte, bleibt es nun bei der immer noch überdurchschnittlichen Fläche von 11,50 m². Auch das 14 % dicke Eppler-Profil 662 soll nicht mehr geändert werden. Neu für ein Serienflugzeug ist die schlitzfreie Flügeloberseite, die durch ein Spezialgelenk zur Aufhängung der Wölbklappe und des Querruders möglich ist. Demnach läuft im ganzen Tragflügelbereich die oberste Schicht des GFK-Laminats von der Nase bis zur Endleiste durch. Beim Prototyp lagen die Knüppelkräfte trotz der notwendigen Verformung dieser Abdeckung durchaus im normalen Bereich. Wenn sich in der Serie das geplante Rüstgewicht von 265 kp verwirklichen läßt, wäre der Speed-Astir mit einer niedrigsten Flächenbelastung von 30 kp/m² im untersten Bereich seiner Klasse.

Muster:	Speed-Astir
Konstrukteur:	Eppler/Grob-Flugzeugbau
Hersteller:	Grob-Flugzeugbau, Mindelheim
Erstflug:	3. April 1978
Serienbau:	ab 1979
Hergestellt insgesamt:	1
Zugelassen in Deutschland:	1
Anzahl der Sitze:	1
Spannweite:	15,00 m (15-m-FAI-Klasse)
Flügelfläche:	11,50 m²
Streckung:	19,57
Flügelprofil:	Eppler 662
Rumpflänge:	6,80 m
Leitwerk:	gedämpftes T-Leitwerk
Bauweise:	GFK
Rüstgewicht:	265 kp
Maximales Fluggewicht:	515 kp
Flächenbelastung:	30,9 kp/m² bis 44,8 kp/m²

Flugleistungen (Werksangaben):

Geringstes Sinken:	0,57 m/s bei 75 km/h
Bestes Gleiten:	41,5 bei 120 km/h

Grunau-Baby II bis Grunau-Baby V

Ein Grunau-Baby II mit offenem Führersitz und Kufe

Der Entwurf des Grunau-Baby in seiner ersten Version stammt bereits aus dem Jahre 1932 von Edmund Schneider und Wolf Hirth aus der gemeinsamen Zeit an der Segelflugschule in Grunau. Ziel der Konstruktion war ein einfaches, leichtes und billiges Übungsflugzeug. Vorläufer des Grunau-Baby waren die Wiesenbaude II und die ESG-31 Stanavo. Der Rumpf war mit seiner sechseckigen Form ohne Schwierigkeiten herzustellen, auch 12 von 22 Rippen einer Tragflügelhälfte waren gleich groß. Gutmütige Flugeigenschaften und dennoch ansprechende Leistungen begründeten die weite Verbreitung dieses Übungsseglers, dessen Einsatzspektrum mit der Ka 8 unserer Tage zu vergleichen ist. Kein Wunder, daß auch nach dem Krieg das Grunau-Baby III wieder neue Liebhaber fand. Insgesamt sind nach Brütting zusammen mit der Fertigung im Ausland mehr als 5000 Grunau-Baby verschiedener Baureihen hergestellt worden, so daß wohl kaum mehr Segelflugzeuge eines anderen Musters gebaut wurden.

Grunau-Baby IIb

Das Grunau-Baby IIb entstand im Jahre 1936 und ist auch nach 1950 unter anderem wieder von der Firma Meschenmoser in Pforzheim hergestellt worden. Die Spannweite beträgt 13,57 Meter bei einer Flügelfläche von 14,20 m². Das Zweier-Baby hat nur eine Kufe ohne Rad, einen offenen Führersitz und ab der Baureihe IIb auch Schempp-Hirth-Bremsklappen. Tragflügel und Höhenleitwerk sind mit Stahlrohren abgestrebt, und die V-Form des Tragflügels beträgt nur ein Grad. Die Flosse des Höhenleitwerkes liegt noch vor der Seitenflosse auf dem Rumpf auf.

Muster:	Grunau-Baby IIb
Konstrukteur:	Schneider/Hirth
Hersteller:	Industrie- + Amateurbau
Erstflug:	1936
Zugelassen in Deutschland:	etwa 30
Anzahl der Sitze:	1
Spannweite:	13,57 m
Flügelfläche:	14,20 m²
Streckung:	12,97
Flügelprofil:	Gö 535, außen symmetrisch
Rumpflänge:	6,05 m
Leitwerk:	normales Kreuzleitwerk
Bauweise:	Holz
Rüstgewicht:	160 kp
Maximales Fluggewicht:	250 kp
Flächenbelastung:	17,6 kp/m²
Flugleistungen:	
Geringstes Sinken:	0,85 m/s bei 50 km/h
Bestes Gleiten:	17 bei 55 km/h

Grunau-Baby III

Das Dreier-Baby ist eine Nachkriegskonstruktion von Edmund Schneider. Spannweite und Rumpflänge wurden etwas vergrößert. Auffallendes Unterschei-

Muster:	Grunau-Baby III
Konstrukteur:	Edmund Schneider
Hersteller:	Industrie- + Amateurbau
Erstflug:	1951
Hergestellt insgesamt:	nicht feststellbar
Zugelassen in Deutschland:	22
Anzahl der Sitze:	1
Spannweite:	13,55 m
Flügelfläche:	14,40 m²
Streckung:	12,75
Flügelprofil:	Gö 535, außen symmetrisch
Rumpflänge:	6,36 m
Leitwerk:	normales Kreuzleitwerk
Bauweise:	Holz
Rüstgewicht:	160 kp
Maximales Fluggewicht:	260 kp
Flächenbelastung:	18,1 kp/m²
Flugleistungen:	
Geringstes Sinken:	0,90 m/s bei 55 km/h
Bestes Gleiten:	18 bei 60 km/h

dungsmerkmal zum Zweier-Baby ist das feste Rad in Verbindung mit der Kufe. Auch wurde das Baby III hauptsächlich mit einer geschlossenen Haube geflogen. Die Querruder fielen etwas kleiner aus. Das Seitenleitwerk ist dafür etwas höher und größer und wie das Höhenleitwerk mehr ausgerundet. Verschiedene Firmen stellten das Grunau-Baby III industriell her (z. B. Schleicher und Meschenmoser), und es läßt sich natürlich heute nicht mehr feststellen, wieviel Flugzeuge innerhalb der Fliegergruppen gebaut wur-

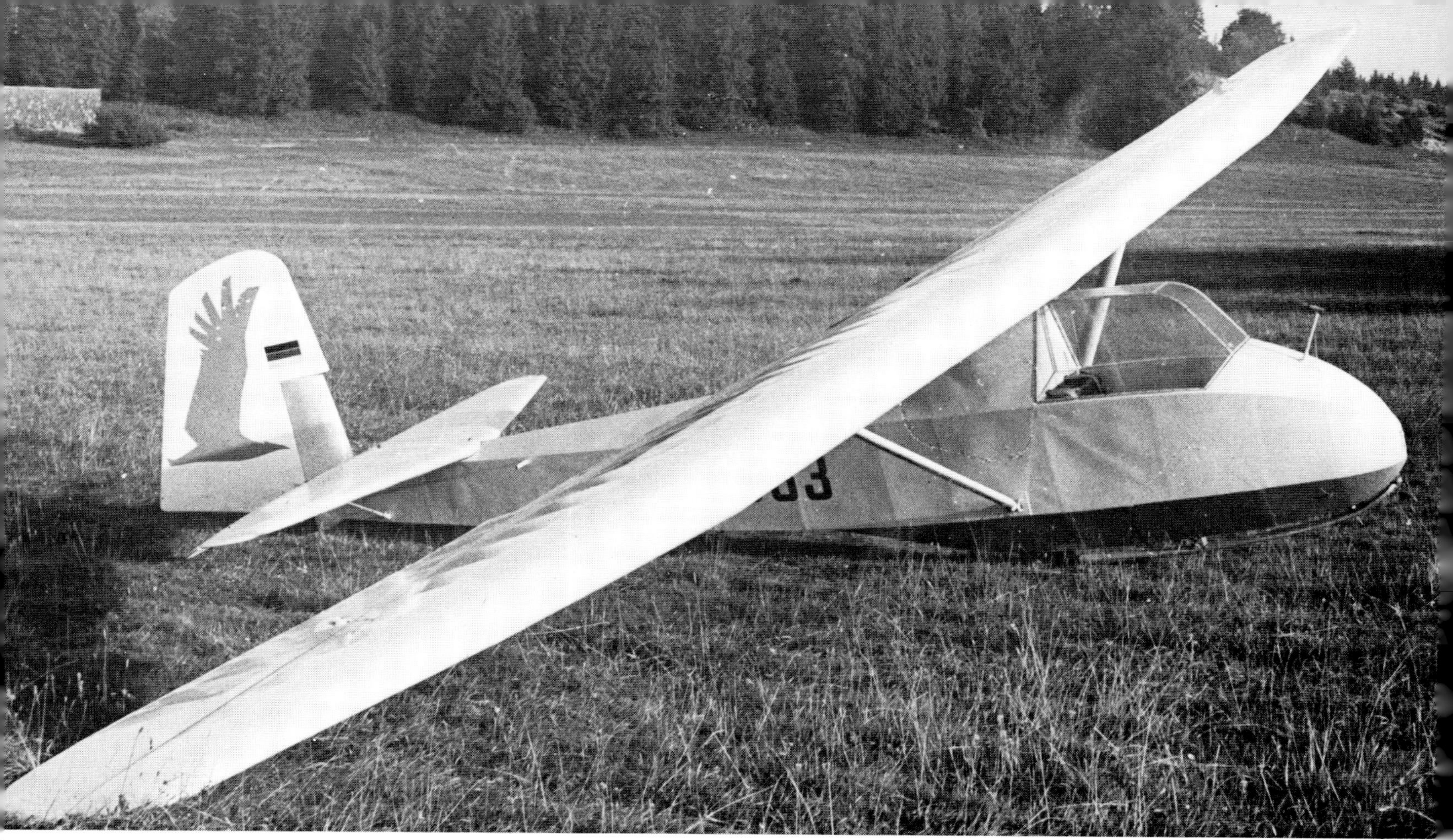

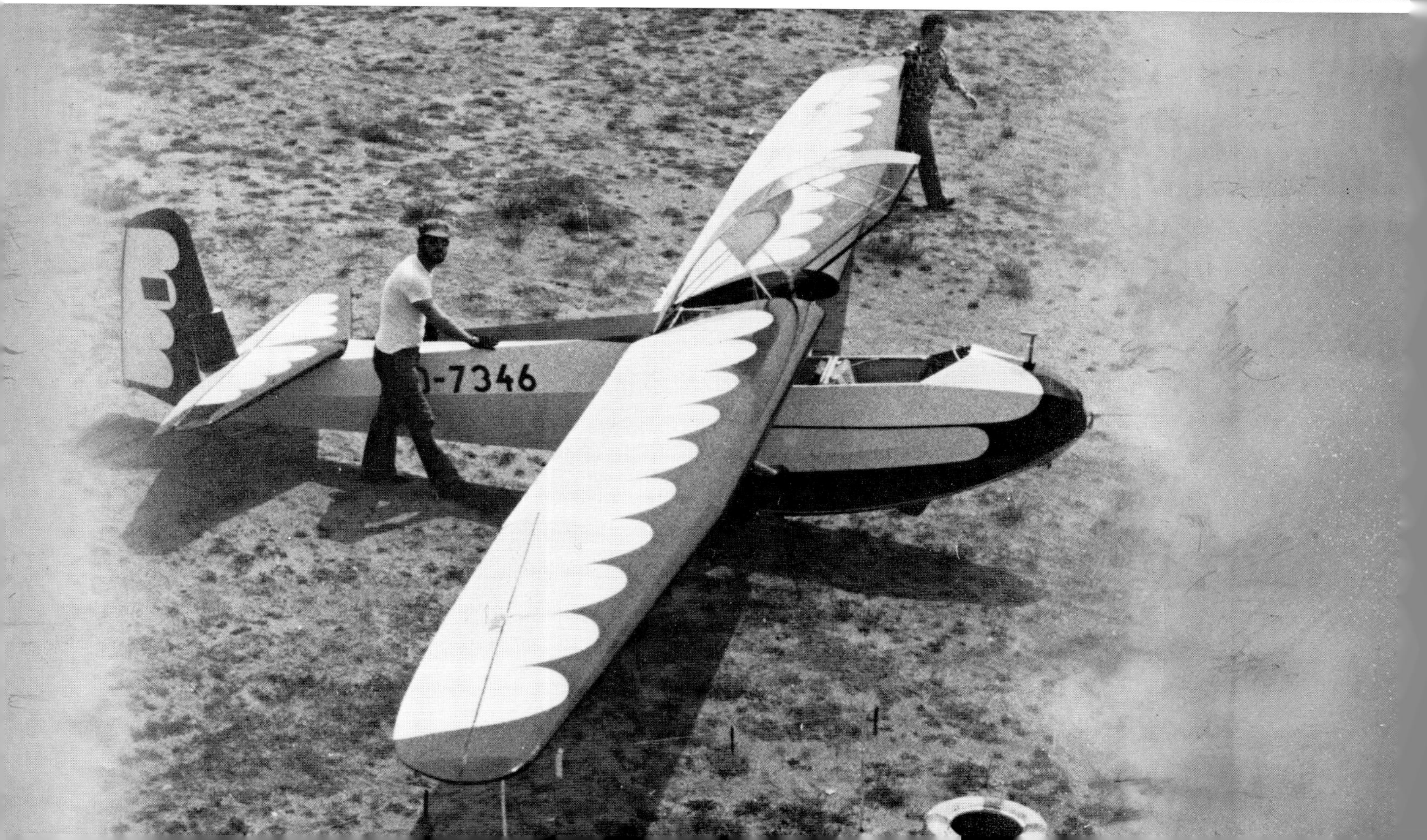
-7346

den. Immerhin waren im Jahre 1960 fast 400 Exemplare des Baby II + III zugelassen, und die Liste der Einsitzer wurde von dieser einfachen Konstruktion angeführt vor den verschiedenen Spatzen und der SG-38. Obwohl es einige Oldtimer-Vereinigungen gibt, welche diese älteren Flugzeuge pflegen, werden die Babys im Segelflugzeugbau langsam aussterben. Immerhin waren Anfang 1978 noch etwa 20 Exemplare des Baby III zugelassen, die aber wohl auch zu einem Teil in einer hinteren Ecke einer Flugzeughalle ein eher geruhsames Dasein führen. Unbestritten ist aber auch, daß das Baby in vielen Vereinen seinen Beitrag zum Aufschwung des Segelfluges geleistet hat.

Grunau-Baby V

Wenig bekannt ist, daß es, allerdings in einer geringen Stückzahl, auch eine doppelsitzige Version des Baby gibt. Dabei handelt es sich um Rumpf und Leitwerke des Grunau-Baby III mit einem Stahlrohrrumpf, der einige Ähnlichkeit mit der Rhönlerche hat. Der Rumpf hat ein festes Rad mit einer Holzkufe und eine nach oben aufstellbare Haube, ebenfalls nach Rhönlerche-Manier. Die Konstruktion stammt von Herbert Gomolzig aus Wuppertal mit dem Entstehungsjahr um 1955. In Abänderung des Baby III hat der Doppelsitzer Baby V eine Flettnertrimmung im Höhenleitwerk. Die Flächenbelastung dieses Doppelsitzers ist etwas hoch, so daß wegen des relativ mächtigen Sinkens das Flugzeug einer Luxemburger Fliegergruppe, die ein Ferienlager auf dem Klippeneck durchführte, nach dem Windenstart immer gleich wieder am Boden war. Dieses Flugzeug gehörte früher dem CLVV Useldingen aus Esch/Luxemburg und hat heute den Segelflugverein Südeifel in Bitburg als Besitzer (D-7346). Auch die Tatsache, daß dieses Flugzeug mit 4300 Starts bisher 408 Stunden geflogen hat, spricht für die Gleitflugeigenschaften. Ein zweites Flugzeug mit dem Kennzeichen D-6218 gehörte bis vor einigen Jahren einer Luftwaffensportfluggruppe und wurde dann nach England verkauft.

Muster:	Grunau-Baby V
Konstrukteur + Hersteller:	Herbert Gomolzig, Wuppertal
Erstflug:	1955
Hergestellt insgesamt:	nicht bekannt
Zugelassen in Deutschland:	1 (D-7346)
Anzahl der Sitze:	2
Spannweite:	14,00 m
Flügelfläche:	15,00 m^2
Streckung:	13,06
Flügelprofil:	Gö 535, außen symmetrisch
Rumpflänge:	6,36 m
Leitwerk:	normales Kreuzleitwerk
Bauweise:	Holz, Rumpf aus Stahlrohr
Rüstgewicht:	202 kp
Maximales Fluggewicht:	420 kp
Flächenbelastung:	19,5 kp/m^2 bis 28,0 kp/m^2
Flugleistungen:	
Geringstes Sinken:	0,90 m/s bei 62 km/h
Bestes Gleiten:	19 bei 70 km/h

Linke Seite:

Oben: Das Grunau-Baby III mit festem Rad und geändertem Seitenleitwerk
Unten: Das Grunau-Baby V ist ein Doppelsitzer mit Stahlrohrrumpf

Hi-25 Kria

Die zierliche Kria ist das zweite Kunststoff-Segelflugzeug

Als zweites Segelflugzeug aus Kunststoff erhob sich kaum mehr als ein Jahr nach dem Erstflug des Prototyps des Phönix der Kleinsegler Kria in die Luft. Die Spannweite des einteiligen Flügels beträgt nur 11,90 m und das zierliche Flugzeug kann man beinahe aus »der Hand« starten, denn das Rüstgewicht beträgt nur 120 kp. Leider ist es auch ziemlich eng und sehr kurz im Cockpit, so daß einige Anforderungen an die Abmessungen der Piloten gestellt werden müssen. Entworfen wurde die Kria von Hermann Nägele, Richard Eppler und Wolf Hirth, und auch die Bauweise lehnt sich sehr an jene des Phönix an. Gebaut wurde das Flugzeug in den Jahren 1957/58 nicht bei der Akaflieg Stuttgart, wie gelegentlich zu vernehmen ist, sondern bei Wolf Hirth in Nabern. 1960 allerdings bekam die Akaflieg Stuttgart das Flugzeug von der Familie Hirth geschenkt. Den Erstflug hatte Rudi Lindner am letzten Tag des Jahres 1958 auf der Hahnweide durchgeführt. Der Rumpf hat eine recht eigenwillige Form mit einer Kufe, wobei zum Bodentransport ein kleiner Kuller verwendet wird. Die Querruder sind sehr klein und wenig wirksam, und als Landehilfe dienen wie beim Phönix Spreizdrehklappen auf der Flügelunterseite, die mit einer Kurbel bedient werden. Das gedämpfte V-Leitwerk hat einen Öffnungswinkel von 110 Grad. Der einfache Trapezflügel hat eine gerade Vorderkante und keine V-Form. Die Kria wurde in den letzten Jahren kaum noch geflogen, soll aber wohl als interessantes Einzelstück noch einige Jahre im Flugbetrieb bleiben.

Muster:	Hi-25 Kria
Konstrukteur:	Nägele, Eppler, Hirth
Hersteller:	Wolf Hirth, Nabern
Erstflug:	1958
Hergestellt insgesamt:	1
Zugelassen in Deutschland:	1 (D-8308)
Anzahl der Sitze:	1
Spannweite:	11,90 m
Flügelfläche:	9,88 m²
Streckung:	14,33
Flügelprofil:	Eppler 27
Rumpflänge:	6,85 m
Leitwerk:	gedämpftes V-Leitwerk
Bauweise:	GFK
Rüstgewicht:	120 kp
Maximales Fluggewicht:	220 kp
Flächenbelastung:	22,3 kp/m²

Flugleistungen (Herstellerangaben):

Geringstes Sinken:	0,70 m/s bei 68 km/h
Bestes Gleiten:	30 bei 92 km/h

HKS-Familie (HKS-1 und HKS-3)

Ernst-Günter Haase nach einer Außenlandung mit der HKS-1

Obwohl von den drei Flugzeugen der HKS-Familie keines mehr im Flugbetrieb steht, wobei zumindest die HKS-3 noch flugbereit wenn auch nicht mehr zugelassen ist, soll im Rahmen dieser Arbeit doch näher auf diese berühmten Segelflugzeuge eingegangen werden. Die zwei Exemplare des Doppelsitzers HKS-1 und der Prototyp des Einsitzers HKS-3 haben ganz sicher einen großen Einfluß auf die Entwicklung des Segelfluges nach dem Krieg. Dabei sei nur an die spaltlose Wölbklappe mit einer elastischen Verwölbung der Profilhinterkante erinnert, die in unseren Tagen mit dem Speed-Astir von Grob in einer allerdings anderen technischen Lösung wieder zu neuen Ehren kommt. Die HKS-Flugzeuge werden gelegentlich von der Bezeichnung her mit der SHK (Schempp-Hirth-Kirchheim) verwechselt, mit der sie aber außer einer gewissen äußeren Ähnlichkeit überhaupt nichts zu tun haben. Das HKS steht als Abkürzung für die drei Konstrukteure Ernst-Günter Haase, Heinz Kensche und Ferdinand Bernhard Schmetz, in dessen Betrieb in Herzogenrath bei Aachen die drei Flugzeuge auch gebaut wurden. Bei Schmetz wurden während des Krieges bereits Segelflugzeuge des Typs Olympia Meise und Rheinland und nach der Wiederzulassung des Segelfluges auch einige Condor IV gebaut.

HKS-1

Die beiden Doppelsitzer des Musters HKS-1 entstanden in den Jahren 1953/54. Den Erstflug mit der V1 (Kennzeichen D-5300) führte Ernst-Günter Haase am 19. Juli 1953 auf dem Flughafen in Düsseldorf durch. Im selben Jahr belegte Haase beim Deutschen Segelflug-Wettbewerb in Örlinghausen hinter einem Franzosen den zweiten Platz. Im Jahr 1957 erhielt Rolf Kuntz von der Akaflieg Braunschweig die HKS-1 für ein Jahr überlassen und nahm auch ein Jahr später an der Weltmeisterschaft in Polen teil. Hier wurde nach einem Zielstreckenflug von über 500 km die HKS-1 beim Rücktransport auf der Straße so schwer beschädigt, daß sie nicht wieder aufgebaut werden konnte. Das zweite Flugzeug mit dem Kennzeichen D-5555 wurde wesentlich älter und machte lange mit einigen Rekordflügen von sich reden.

Die beiden Prototypen unterschieden sich geringfügig in der Streckung und in der Pfeilung. Besonderheiten außer der Wölbklappe waren die Verwendung eines PVC-Schaumstoffes in einem Sperrholz-Sandwich der Flügelschale sowie die Verwendung eines Bremsschirmes im Rumpfheck als einzige Landehilfe. Die HKS-1 hatte ein Einziehfahrwerk mit einer ebenfalls einziehbaren Bugkufe. Die V-Form des Tragflügels betrug 1,5 Grad. Der Rumpf war eine übliche Sperrholzschalen-Holzkonstruktion und das gedämpfte V-Leitwerk hatte einen Massenausgleich in den Ruderhörnern. Viel Aufwand wurde für die Oberflächengüte des Tragflügels getrieben.

Muster:	HKS-1
Konstrukteur:	Haase/Kensche/Schmetz
Hersteller:	Schmetz, Herzogenrath
Erstflug:	1953
Hergestellt insgesamt:	2 (D-5300 + D-5555)
Zugelassen in Deutschland:	keine mehr
Anzahl der Sitze:	2
Spannweite:	19,00 m (Daten für die V1)
Flügelfläche:	18,30 m^2
Streckung:	19,73
Flügelprofil:	NACA 652-714
Rumpflänge:	8,40 m
Leitwerk:	gedämpftes V-Leitwerk
Bauweise:	Holz, teilweise Kunststoff
Rüstgewicht:	408 kp
Maximales Fluggewicht:	588 kp
Flächenbelastung:	27,2 kp/m^2 bis 32,1 kp/m^2

Flugleistungen (Herstellerangaben):

Geringstes Sinken:	0,65 m/s bei 75 km/h
Bestes Gleiten:	38 bei 90 km/h

HKS-3

Aus den Erfahrungen der beiden Doppelsitzer mit 19 Metern Spannweite entstand im Jahre 1955 ein Einsitzer, der zuerst 16 Meter Spannweite hatte, dann aber auf 17,20 m vergrößert wurde. Viele Konstruktionsmerkmale sowie die grundlegende Bauweise wurden übernommen. Die HKS-3 hatte aber einen Holm aus Leichtmetall. Wieder wurde ein Bänderbremsschirm von 1,3 m Durchmesser gewählt.

D-5300

D-6426

Selbstverständlich war schon das Einziehfahrwerk. Der Erstflug fand im Sommer 1955 statt, und Ernst-Günter Haase gewann mit der HKS-3 im Juni 1958 nicht nur die Weltmeisterschaft der Offenen Klasse in Leszno/Polen, sondern wurde auch im darauffolgenden Jahr Deutscher Meister in Karlsruhe. Von 1960 bis 1970 war die HKS-3 bei der Akaflieg in Braunschweig, wo Rolf Kuntz noch einmal einige beachtliche Flüge absolvierte. Anschließend war die HKS-3 noch einmal für zwei Jahre bei Ernst-Günter Haase in München, wo er allerdings nur noch wenige Flüge damit machen konnte. Jetzt steht das Flugzeug mit dem Kennzeichen D-6426 im Deutschen Museum in München, wo es im Neubau der Luftfahrtabteilung einen verdienten Ehrenplatz bekommen soll.

Muster:	HKS-3
Konstrukteur:	Haase/Kensche/Schmetz
Hersteller:	Schmetz, Herzogenrath
Erstflug:	1955
Hergestellt insgesamt:	1 (D-6426)
Zugelassen in Deutschland:	nicht mehr
Anzahl der Sitze:	1
Spannweite:	17,20 m
Flügelfläche:	15,00 m²
Streckung:	19,72
Flügelprofil:	NACA 652-714
Rumpflänge:	7,20 m
Leitwerk:	gedämpftes V-Leitwerk
Bauweise:	Holz, teilweise Leichtmetall
Rüstgewicht:	300 kp
Maximales Fluggewicht:	414 kp
Flächenbelastung:	27,6 kp/m²

Flugleistungen (Herstellerangaben):

Geringstes Sinken:	0,56 m/s bei 75 km/h
Bestes Gleiten:	40 bei 90 km/h

Linke Seite:

Oben: Der Prototyp des Doppelsitzers HKS-1
Unten: Vom Einsitzer HKS-3 wurde nur ein Prototyp gebaut

IS-29 D

Der rumänische Ganzmetall-Einsitzer IS-29 D

Ein etwas rares Segelflugzeug am deutschen Himmel ist der rumänische Ganzmetall-Einsitzer IS-29 D. Drei Flugzeuge waren bisher in Deutschland zugelassen, wovon eine Maschine bei einem Unfall zerstört wurde. Das zweite Flugzeug hat das Kennzeichen D-2428 und ist in Hamburg stationiert. Das dritte in Deutschland zugelassene Muster der IS-29 D gehört einer Eigentümergemeinschaft in Delmenhorst. Insgesamt sind 24 Flugzeuge gebaut worden, wovon zwei Maschinen in der Schweiz und eine größere Anzahl in England zugelassen ist. Hersteller ist die Firma ICA (Intreprindera de Constructii Aeronautice) in Brasov/Rumänien. In Deutschland wurden die Flugzeuge von Atlas-Air in Ganderkesee eingeführt. In den USA fliegen übrigens auch einige Doppelsitzer aus dem gleichen Stall mit der Bezeichnung IS-28 B. Der Einsitzer IS-29 hat einen Wölbklappenflügel mittlerer Flügelfläche. Als Landehilfe dienen DFS-Bremsklappen auf der Flügelunter- und -oberseite. Die V-Form beträgt 1,5 Grad und die Wölbklappen gehen von minus 5 bis plus 15 Grad. Das Pendel-Höhenruder hat Flettnertrimmung und einen außenliegenden Massenausgleich. Die in der Schweiz zugelassenen Flugzeuge mit der Bezeichnung IS-29 D2 haben übrigens ein gedämpftes T-Leitwerk. Der leicht nach unten geknickte Rumpf hat eine seitliche Klapphaube, ein Einziehfahrwerk mit Tost-Rad und eine Tost-Schwerpunktkupplung. Wahlweise ist eine Lieferung mit einem Federsporn oder einem Spornrad möglich. Der Hauptbeschlag des Tragflügels hat einen senkrechten Konusbolzen nach Art des Bergfalken. Nach 400 Flugstunden, jedoch mindestens alle vier Jahre, ist eine Generalinspektion in einem Fachbetrieb vorgeschrieben.

Muster:	IS-29 D
Hersteller:	ICA in Brasov/Rumänien
Erstflug in Deutschland:	1975
Hergestellt insgesamt:	etwa 24
Zugelassen in Deutschland:	2
Anzahl der Sitze:	1
Spannweite:	15,00 m (15-m-Klasse)
Flügelfläche:	10,40 m^2
Streckung:	21,63
Flügelprofil:	FX 61-163, FX 60-126
Rumpflänge:	7,28 m
Leitwerk:	Pendel-T-Leitwerk
Bauweise:	Metall, Ruder teilweise stoffbespannt
Rüstgewicht:	238 kp
Maximales Fluggewicht:	360 kp
Flächenbelastung:	31,5 kp/m^2 bis 34,6 kp/m^2

Flugleistungen (Herstellerangaben):

Geringstes Sinken:	0,58 m/s bei 78 km/h
Bestes Gleiten:	37 bei 93 km/h

Kranich II + Kranich III

Der Kranich-II ist ein im Jahre 1935 entstandener Leistungsdoppelsitzer, der vor und während des Krieges in großer Stückzahl gebaut wurde. Der mächtige Flügel mit 18 Metern Spannweite und einer Fläche von 22,70 m² hat einen charakteristischen Knick nach etwa einem Drittel der Halbspannweite. Die Außenflügel haben keine V-Form. Beim Kranich-II sitzt der hintere Pilot hinter dem Hauptholm genau im Schwerpunkt, weshalb der Flügel auch leicht rückwärts gepfeilt wurde. Der Rumpf hat eine recht beachtliche Höhe, so daß man zum Einsteigen in den vorderen Sitz immer zuerst auf den Flügel klettern muß. Für den hinteren Sitz sind ähnlich wie bei Motormaschinen Tritte auf der Flügeloberseite angebracht, so daß man von der Endleiste über den Flügel das Cockpit besteigt. Die aus vielen einzelnen Plexiglasstücken zusammengesetzte Haube besteht aus drei Teilen, wobei das Mittelstück über dem Holm fest ist, und das vordere und hintere Teil nach der Seite geklappt werden. Dabei war es auch möglich, ohne das hintere Haubenteil zu fliegen und gelegentlich sind aus dem zweiten Sitz des Kranich-II auch Fallschirmspringer abgesetzt worden. Aus dem hinteren Sitz war für den Fluglehrer gerade bei der Landung die Sicht nach unten sehr bescheiden, so daß als weiteres Kuriosum in den Flügel zu beiden Seiten des Rumpfes Fenster eingebaut wurden. Der Rumpf hat eine lange Kufe mit einem Abwurffahrwerk, welches für den Start bzw. für den Bodentransport in zwei verschiedenen Bohrungen in der Kufe eingehängt werden kann. Wegen des beachtlichen Gewichts des Kranich-II sind zu beiden

Muster:	Kranich-II
Konstrukteur:	Hans Jacobs, DFS
Hersteller:	Schweyer, Mannheim + weitere
Erstflug:	1935
Serienbau:	1936 bis Kriegsende
Hergestellt insgesamt:	nicht bekannt
Zugelassen in Deutschland:	etwa 2
Anzahl der Sitze:	2
Spannweite:	18,00 m
Flügelfläche:	22,70 m²
Streckung:	14,27
Flügelprofil:	Gö 535, außen symmetrisch
Rumpflänge:	7,70 m
Leitwerk:	normales Kreuzleitwerk
Bauweise:	Holz
Rüstgewicht:	290 kp
Maximales Fluggewicht:	465 kp
Flächenbelastung:	16,7 kp/m² bis 20,5 kp/m²
Flugleistungen:	
Geringstes Sinken:	0,69 m/s bei 65 km/h
Bestes Gleiten:	23,6 bei 75 km/h

Seiten des Rumpfendes für diesen Zweck je zwei Haltegriffe fest eingebaut. Die Leitwerke des Kranich-II sind konventionell aufgebaut. Die langen und breiten Querruder gehen über zwei Drittel der Spannweite und im Flügel sind gut wirksame Schempp-Hirth-Bremsklappen eingebaut. Der Kranich-II hat

Rechte Seite:

Oben: Der Kranich-II einer Luftwaffen-Sportfluggruppe
Unten: Ein Kranich-III mit Bugrad auf dem Hornberg

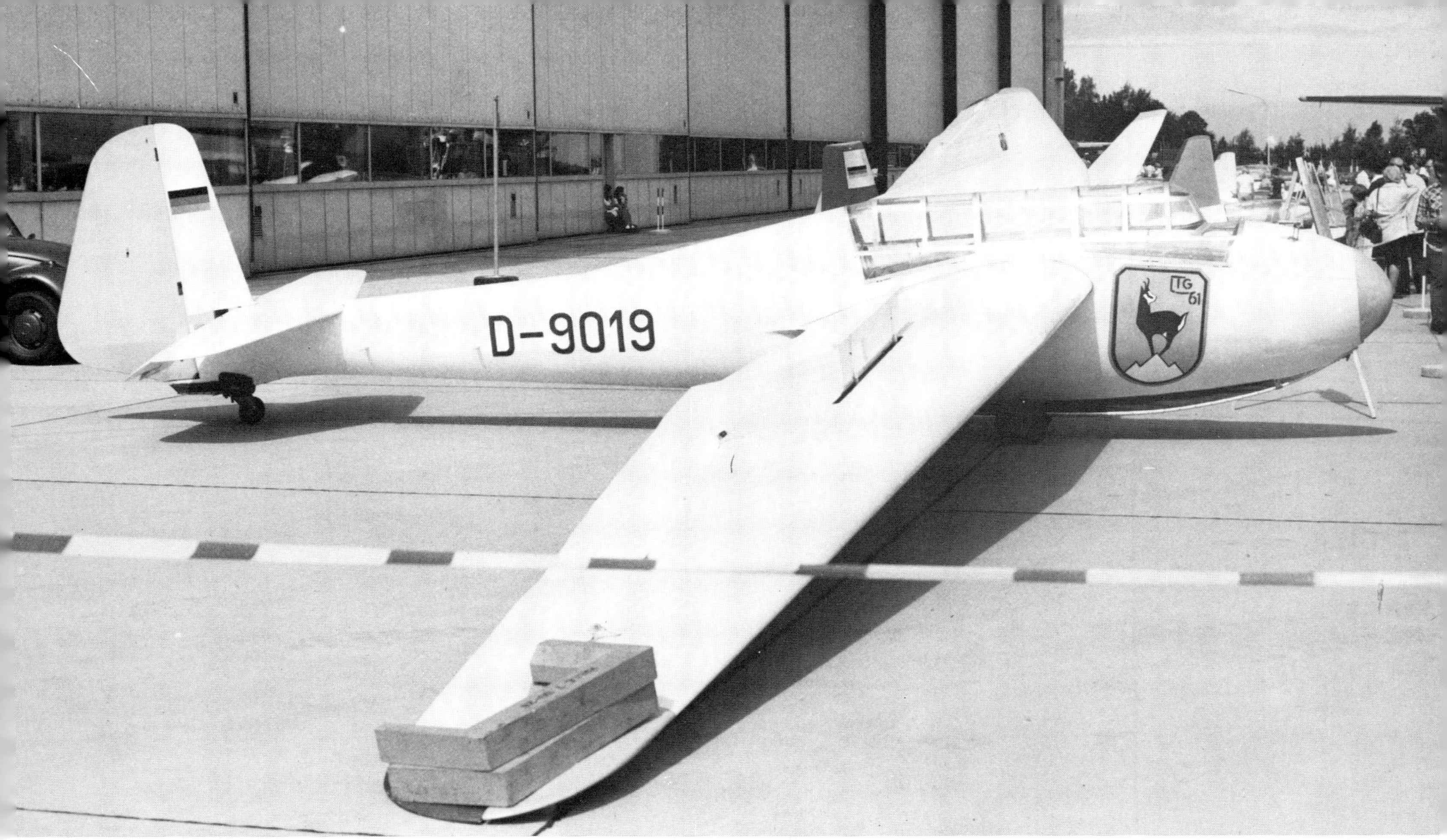
D-9019
TG 61

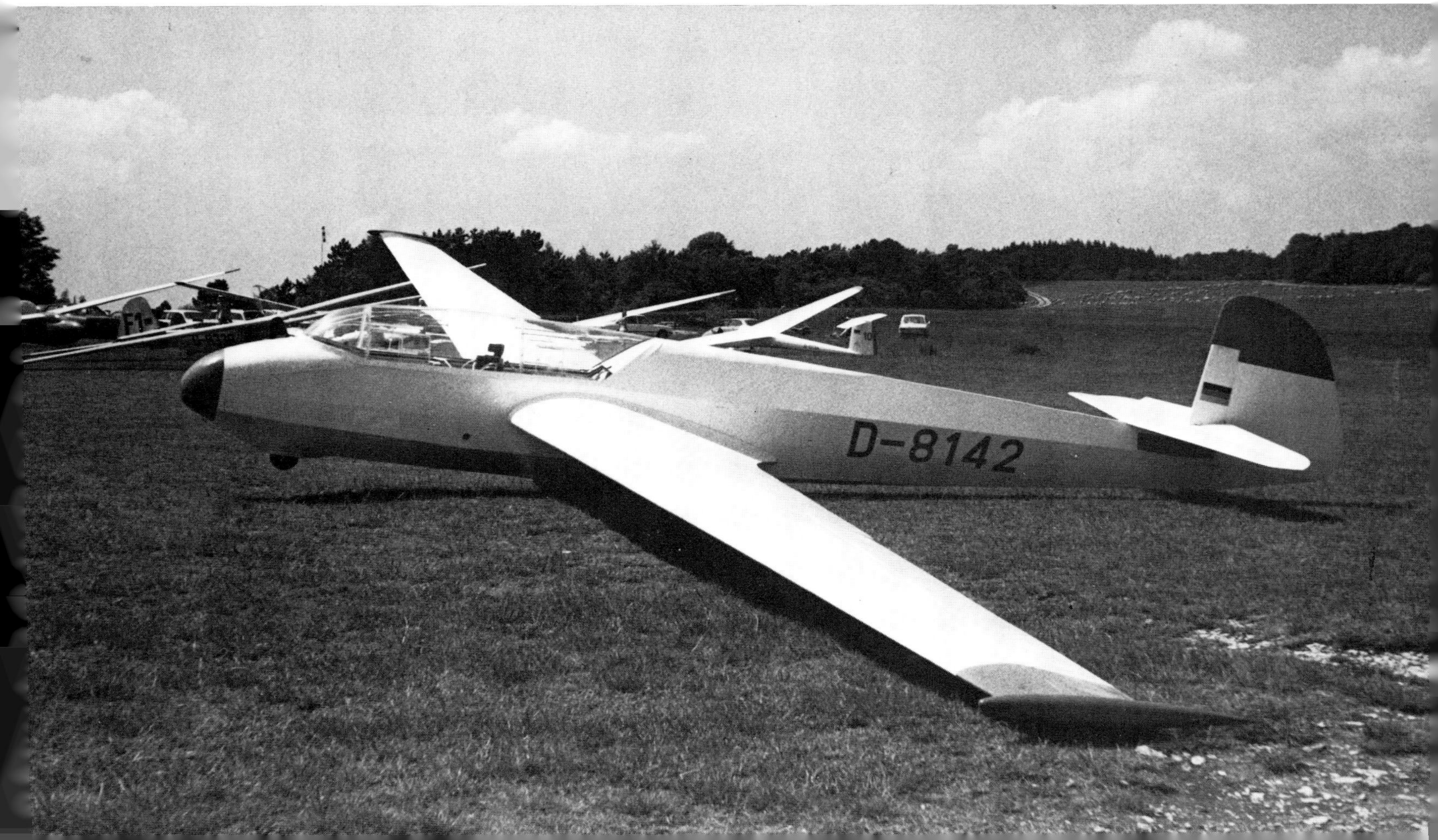
D-8142

Dieser Kranich-III hat neben dem festen Rad eine Bugkufe

anerkannt gute und harmlose Flugeigenschaften. Derzeit sind wohl noch zwei Kranich-II zugelassen, die D-9019 bei der Luftwaffensportfluggruppe in Landsberg und die D-8505 in Hockenheim. Mit der D-1768 war noch lange ein Kranich-II auf Burg Feuerstein. Die D-8838 der Segelfliegergruppe Singen wurde 1943 in Böhmen gebaut und kam über Samedan und das Birrfeld in der Schweiz im Jahre 1960 nach Deutschland.

Kranich-III

Der Dreier-Kranich ist die einzige Nachkriegskonstruktion von Hans Jacobs und seine letzte Segelflugkonstruktion überhaupt. Der Kranich-III entstand in den Jahren 1951/52 unter der Mitarbeit von Richard Koitzsch bei Focke-Wulf in Bremen, wo bis 1957 insgesamt 37 Exemplare gebaut wurden. Mit dem Kranich-II hat der Nachkriegs-Kranich nicht mehr viel zu tun. Der Rumpf ist zum ersten Mal bei Jacobs eine Stahlrohrkonstruktion und der Tragflügel ist ziemlich genau, lediglich um zwei Quadratmeter Flügelfläche vergrößert, von der bewährten Weihe übernommen. Dieser Flügel hat einfache Trapezform, im Gegensatz zur Weihe aber eine gerade Flügelvorderkante, was eine negative Pfeilung des Holmes erforderlich macht. Da der Flügel sehr tief am Rumpf angesetzt ist, wird eine V-Form von 5 Grad notwendig. Der Flügel erhält charakteristische Endkeulen. Als Landehilfe dienen Schempp-Hirth-Klappen, welche beim Ausfahren ein für den Kranich-III typisches Pfeifgeräusch entwickeln. Der relativ lange Rumpf hat recht geräumige Sitze und verschiedene Versionen von Haupträdern, Bugkufen und Bugrädchen. Für Winden- und Flugzeugschlepp wird die DFS-Seitenwandkupplung verwendet. Der Prototyp des Kranich-III mit dem Kennzeichen D-3002 wird in weniger als einem halben Jahr gebaut. Doch der Erstflug am 1.

Mai 1952 durch Hanna Reitsch auf dem Flughafen in Bremen bringt einige Schwierigkeiten. Der Kranich-III fliegt nicht, weil er viel zu schwanzlastig ist. 15 kp Ballast in der Rumpfspitze beseitigen dieses Übel. Beim nächsten Versuch blockiert das Seitenruder aerodynamisch. Es kann nur einmal auf eine Seite bedient werden und ist dann nicht mehr in Normallage zurückzubringen, der Nasenausgleich ist zu groß. Über Nacht wird ein neues Seitenruder gebaut, und am nächsten Morgen klappt alles bestens. Ende Juni 1952 fahren Hanna Reitsch und Ernst Frowein mit den beiden ersten Kranichen zur Weltmeisterschaft nach Spanien und belegen dort den dritten und den zweiten Platz in der Doppelsitzerklasse. Von den Kranich-III gehen einige ins Ausland, nach Spanien und Frankreich, wo die Franzosen Dauvin und Couston bei Mistral im Rhonetal vom 6. bis 8. April 1954 mit 57 Stunden und 10 Minuten den letzten registrierten Dauerweltrekord für Doppelsitzer aufstellen. Focke-Wulf muß mit dem Kranich-III auch gute handwerkliche Arbeit geleistet haben, denn von den mehr als 20 Jahren alten Flugzeugen sind immer noch 29 in Deutschland zugelassen. Wieder verdient der Kranich-III eine besondere Note für seine Flugeigenschaften. In einem ruhigen Bart schön ausgetrimmt kann man den Kranich ruhig für einige Kreise ohne Steuerausschläge seinem Element überlassen.

Muster:	Kranich-III
Konstrukteur:	Hans Jacobs/Richard Koitzsch
Hersteller:	Focke-Wulf, Bremen
Erstflug:	1. Mai 1952
Serienbau:	1952 bis 1957
Hergestellt insgesamt:	37
Zugelassen in Deutschland:	29
Anzahl der Sitze:	2
Spannweite:	18,10 m
Flügelfläche:	21,06 m^2
Streckung:	15,56
Flügelprofil:	Gö 549/Gö 676 (wie Weihe)
Rumpflänge:	9,12 m
Leitwerk:	normales Kreuzleitwerk
Bauweise:	Holz, Rumpf aus Stahlrohr
Rüstgewicht:	330 kp
Maximales Fluggewicht	550 kp
Flächenbelastung:	19,9 kp/m^2 bis 26,1 kp/m^2

Flugleistungen (Herstellerangaben):

Geringstes Sinken:	0,70 m/s bei 70 km/h
Bestes Gleiten:	30 bei 80 km/h

L-10 Libelle

Die L-10 Libelle hat einen aus dem Scheibe-Spatz abgeleiteten Tragflügel

Die L-10 Libelle hat ebenso wie die Lom-57 Libelle aus der DDR, über die in einem späteren Kapitel ebenfalls ausführlich berichtet wird, nichts mit der berühmten Glasflügel-Libelle von Hütter-Hänle zu tun. Die L-10 Libelle ist vielmehr mit dem A-Spatz von Scheibe verwandt, von dem der Tragflügel mit geringfügigen Änderungen an der Flügelspitze übernommen wurde. Im Gegensatz zum Spatz ist der Rumpf eine Holzkonstruktion mit etwas heruntergezogenem Rumpfvorderteil und einer geblasenen Haube. Der Rumpf hat eine Kufe ohne Rad mit einem zweirädrigen Transportkuller. Auch die Leitwerke sind eigene Konstruktionen. Das L-10 steht für den Konstrukteur namens Langhammer. Die L-10 ist ein Einzelstück, welches im Jahre 1956 gebaut wurde. Der Rohbau entstand bei Josef Bitz in Haunstetten bei Augsburg. Fertiggestellt wurde das Flugzeug bei Linner und Adolf Zöller aus der Gegend von Karlsruhe, wo die Libelle heute noch zu Hause ist. Ursprünglich hatte das Flugzeug doppelte Spreizklappen auf der Flügelunterseite (eine Hälfte nach vorn und die andere Hälfte nach hinten ausfahrend), deren Wirkung aber ungenügend waren. Später wurden auf der Flügeloberseite jeweils dreiteilige Störklappen eingebaut, die zwischen den Rippen nach vorne angetrieben werden, womit nun eine problemlose Landung möglich ist. Die gelb und rot lackierte L-10 mit dem Kennzeichen D-8564 war in den letzten Jahren auf einigen Oldtimertreffen zu sehen.

Muster:	L-10 Libelle
Konstrukteur:	Langhammer
Hersteller:	Bitz/Linner/Zöller
Erstflug:	April 1957
Hergestellt insgesamt:	1
Zugelassen in Deutschland:	1 (D-8564)
Anzahl der Sitze:	1
Spannweite:	13,28 m (Tragflügel vom A-Spatz)
Flügelfläche:	10,90 m^2
Streckung:	16,18
Flügelprofil:	Scheibe
Rumpflänge:	6,50 m
Leitwerk:	normales Kreuzleitwerk
Bauweise:	Holz
Rüstgewicht:	156 kp
Maximales Fluggewicht:	244 kp
Flächenbelastung:	22,4 kp/m^2

Flugleistungen (geschätzt):

Geringstes Sinken:	0,65 m/s bei 65 km/h
Bestes Gleiten:	28 bei 70 km/h

LCF-2

Die LFC-2 ist ein kunstflugtauglicher Amateurbau des Luftsportclubs Friedrichshafen

Die LCF-2 ist eine Konstruktion von Mitgliedern des Luftsport-Clubs Friedrichshafen, die speziell auf den Kunstflug ausgerichtet war. Das Team besteht aus den Ingenieuren Brunbauer, Friedel, Görgl, Hensinger und Herold, während für die Herstellung im Verein noch der Werkstattleiter Kramper hinzukam. Die ersten Arbeiten wurden 1971 geleistet und die LCF-2 (die LCF-1 war ein Bergfalke-II) konnte sich nach 4000 Arbeitsstunden im März 1975 in die Luft erheben. Flugleistungen und Flugeigenschaften orientierten sich an der Ka 6, die der bis dahin zur Verfügung stehende Lo-100 doch deutlich überlegen war. Ursprünglich war das Leergewicht auf 170 kp veranschlagt, das dann um 20 kp überzogen wurde. Die Flugerprobung verlief sehr zufriedenstellend. Die LCF-2 mußte zur Flattererprobung bis 305 km/h geflogen werden, und auch bis zu 280 km/h waren die Bremsklappen auszufahren. Vor allem auch die Kunstflugtauglichkeit wurde ohne Schwierigkeiten nachgewiesen. H. Laurson gewann 1976 die Bayrischen Kunstflugmeisterschaften in Alt-Ötting und Günter Cichon erreichte den 5. Platz bei der Deutschen Meisterschaft 1977 in Linkenheim. Nach einigem Interesse aus Kunstfliegerkreisen war eine Serienfertigung der LCF-2 beim Scheibe-Flugzeugbau geplant, was sich aber dann doch zerschlug. Die LCF-2 hat einen Trapezflügel von 13 Metern Spannweite mit einer Flügelfläche von 10 Quadratmetern. Im Flügel sind Schempp-Hirth-Bremsklappen eingebaut. Der Rumpf ist eine Stahlrohrkonstruktion, und für das Rumpfvorderteil wurde die Schale der SF-27 verwendet, wie überhaupt eine enge Verbindung zur Firma Scheibe bestand, bei der Franz Friedel viele Jahre beschäftigt war. Die Leitwerke sind konventionell ausgeführt. Für die gute Bauausführung der LCF-2 bekam der Luftsport-Club Friedrichshafen im Jahre 1975 einen Preis der Oskar-Ursinus-Vereinigung.

Muster:	LCF-2
Konstrukteur:	Luftsport-Club Friedrichshafen
Hersteller:	Luftsport-Club Friedrichshafen
Erstflug:	22. März 1975
Hergestellt insgesamt:	1
Zugelassen in Deutschland:	1 (D-6466)
Anzahl der Sitze:	1
Spannweite:	13,00 m
Flügelfläche:	10,00 m²
Streckung:	16,90
Flügelprofil:	S 01, S 02, FX 60-126
Rumpflänge:	6,35 m
Leitwerk:	normales Kreuzleitwerk
Bauweise:	Holz, Rumpf aus Stahlrohr
Rüstgewicht:	190 kp
Maximales Fluggewicht:	300 kp
Flächenbelastung:	30,0 kp/m²

Flugleistungen (DFVLR-Messung 1975):

Geringstes Sinken:	0,70 m/s bei 68 km/h
Bestes Gleiten:	30 bei 85 km/h

Alfred Vogt (Lo-100 bis Lo-170)

Von den FLugzeugen von Alfred Vogt ist besonders der Kunstflug-Einsitzer Lo-100 mit 10 Metern Spannweite verbreitet. Wenig bekannt ist allerdings, daß Alfred Vogt eigentlich sein ganzes Leben in den Dienst der Fliegerei gestellt hat, daß sein erstes Flugzeug bereits im Jahre 1935 entstanden ist und viele Konstruktionen von seiner Mitarbeit beeinflußt sind. Dabei ist dem seit dem Jahre 1960 in Villingen am Rande des Schwarzwaldes lebende Alfred Vogt nie der ganz große Durchbruch gelungen.

Alfred Vogt wurde am 12. August 1917 in Lundenburg im Sudetengau, einem Grenzort zwischen der heutigen CSSR und Österreich, geboren. Seine Ingenieurprüfung legte er 1940 an der Technischen Hochschule in Brünn ab. Bereits im Jahre 1935 baute Alfred Vogt zusammen mit seinem 1938 verstorbenen Bruder Lothar sein erstes Segelflugzeug mit der Bezeichnung Lo-105. Dieses Flugzeug, das schon einige Ähnlichkeit mit der späteren Lo-100 hat, leitet seinen Namen von der Spannweite von 10,50 m her sowie von den Anfangsbuchstaben des Vornamens des Bruders von Alfred Vogt, dem zu Ehren er die Bezeichnung beibehält. Nach dem Krieg zieht Alfred Vogt zusammen mit einem Kriegskameraden nach Peißenberg in Oberbayern, wo in den Jahren von 1948 bis 1952 in einem eigenen Betrieb die erste Lo-100 entsteht. 1955 bis 1959 ist Vogt bei Schempp-Hirth in Kirchheim, anschließend bei Binder-Aviatik in Donaueschingen, wo ein interessantes Ringflügelflugzeug entsteht, danach wieder bis 1962 bei Schempp-Hirth. In dieser Zeit entsteht unter Vogts

Konstrukteur der Lo-Flugzeuge ist Alfred Vogt

Leitung die Standard-Austria S, ein Segelflugzeug M-1 mit 15 Metern Spannweite für den Amerikaner Matteson, die viersitzige Motormaschine Milan, ferner Teile eines Luftschiffes (Trumpf) sowie abmontierbare Attrappen von Kampflugzeugen für die Amerikaner, Teile militärischer Flugzeuge und vieles mehr. Aus dieser Zeit stammt auch der Entwurf der Lo-170, die dann allerdings erst 1968 zum Fliegen kommt. Von 1962 bis 1971 ist Vogt bei Wagner-Helikopter in Friedrichshafen beschäftigt. Anschließend arbeitet Vogt freiberuflich an der Motorisierung von Segelflugzeugen (Blanik, Lo-170, GFK-Motorsegler in Jugoslawien), dann drei Jahre an der Entwicklung eines 26sitzigen Verkehrsflugzeuges in Landshut. Seit 1977 ist Vogt wieder freiberuflich tätig.

Lo-100

Die Lo-100 war mindestens für 20 Jahre das Spezialflugzeug für Segelkunstflug in Deutschland. Obwohl es kaum mehr als 50 Flugzeuge dieses Typs auf der ganzen Welt gegeben hat, tauchte die kleine Maschine mit nur 10 Metern Spannweite immer wieder auf Flugtagen und bei der Kunstflugschulung auf. Um das Einsatzspektrum der Lo-100 zu erhöhen, gab es für Rumpf und Leitwerk der Lo-100 einen zweiten Flügel mit 15 Metern Spannweite, wobei diese Version dann die Bezeichnung Lo-150 hat. Offensichtlich war die Auslegung der Lo-100 für den Bereich des Segelkunstfluges sehr gelungen, denn 24 Jahre nach dem Erstflug der Lo-100 wurde zur Beteiligung an Wettbewerben von Fritz Steinlehner in Neuötting noch einmal ein Exemplar nachgebaut. Die Lo-100 hat einen einteiligen Flügel ohne V-Form mit einem Spezialprofil, das wegen seiner geraden Unterseite für den Rückenflug ausgewählt wurde. Für die Landung stehen nur Wölbklappen zur Verfügung, dafür läßt sich das Flugzeug aber sehr gut slippen. Auch damals gab es schon Querruder, die den Wölbklappen überlagert waren. Bei einem Maximalausschlag der Wölbklappen von 58 Grad gingen die Querruder bis auf 12 Grad mit. Das Flugzeug ist in konventioneller Holzbauweise gefertigt. Den Prototyp mit dem Kennzeichen D-1016, der seinen Erstflug im August 1952 anläßlich eines von Wolf Hirth veranstalteten Treffens auf dem Klippeneck durchführte, bekam der unvergeßliche Albert Falderbaum. Später ging der Prototyp nach Innsbruck. Herbert Tiling erhielt seinerzeit das zweite Flugzeug. Die ersten 22 Flugzeuge baute Alfred Vogt in seinem eigenen Betrieb in Peißenberg selbst. Der Preis lag damals unter 7000,— DM. Eine Anzahl Flugzeuge, hauptsächlich aber Lo-150 sind neben einigen Amateurbauten bei Wolf Hirth in Nabern in Lizenz hergestellt worden.

Muster:	Lo-100
Konstrukteur:	Alfred Vogt
Hersteller:	Vogt, Wolf Hirth, Amateurbau
Erstflug:	2. August 1952
Serienbau:	1952 bis 1955
Hergestellt insgesamt:	etwa 45
Zugelassen in Deutschland:	17
Anzahl der Sitze:	1
Spannweite:	10,00 m
Flügelfläche:	10,90 m²
Streckung:	9,17
Flügelprofil:	Clark Y, Dicke 11,6 %
Rumpflänge:	6,15 m
Leitwerk:	gedämpftes Kreuzleitwerk
Bauweise:	Holz
Rüstgewicht:	143 kp
Maximales Fluggewicht:	265 kp
Flächenbelastung:	24,3 kp/m²

Flugleistungen (Herstellerangaben):

Geringstes Sinken:	0,80 m/s bei 72 km/h
Bestes Gleiten:	25 bei 85 km/h

Lo-150/Lo-150 b

Im Jahre 1953 entwickelte Alfred Vogt aus der Lo-100 das 15-m-Wölbklappenflugzeug Lo-150. Die Grundidee war, zum Rumpf des Kunstflug-Segelflugzeuges einen zweiten Flügel für den Leistungsflug zu bauen. Leider läßt sich heute nur noch schwer feststellen, wieviel Lo-150 tatsächlich gebaut worden sind. Bei Hirth jedenfalls sind in den Jahren von 1953 bis 1959 etwa 15 Lo-150 hergestellt worden, die hauptsächlich ins Ausland geliefert wurden. Eine Lo-150 war lange in Freiburg (Victor de Beauclair), der wegen des kurzen Rumpfes der Lo-100 die Seitenflosse auf die doppelte Fläche vergrößerte, was diesem Einzelstück die Baureihenbezeichnung Lo-150 b einbrachte. 1977 wurde diese Seitenflosse wieder verkleinert, um das Flugzeug voll im Kunstflug fliegen zu können und »Salzmann« Düerkop hat diese Lo mit dem Kennzeichen D-8849 seit Frühjahr 1978 auf dem Klippeneck. Dann gibt es wohl nur noch eine zweite Lo-150 mit dem Kennzeichen D-5624 von Aribert Klaue aus Wuppertal. Der Flügel der Lo-150 hat interessanterweise dieselbe Flügelfläche wie die Lo-100 trotz der fünf Meter größeren Spannweite. Auch das Profil wurde übernommen. Wegen der we-

D-1016

FLUGGRUPPE ALT-NEUÖTTING E.V.

Kiebitz D-4433

Muster:	Lo-150
Konstrukteur:	Alfred Vogt
Hersteller:	Wolf Hirth + Amateurbau
Erstflug:	1953 in Nabern
Serienbau:	1953 bis 1959
Hergestellt insgesamt:	etwa 20
Zugelassen in Deutschland:	etwa 2
Anzahl der Sitze:	1
Spannweite:	15,00 m
Flügelfläche:	10,90 m²
Streckung:	20,64
Flügelprofil:	Clark Y, Dicke 11,6 %
Rumpflänge:	6,15 m
Leitwerk:	gedämpftes Kreuzleitwerk
Bauweise:	Holz
Rüstgewicht:	200 kp
Maximales Fluggewicht:	310 kp
Flächenbelastung:	28,4 kp/m²

Flugleistungen (Herstellerangaben):

Geringstes Sinken:	0,68 m/s bei 86 km/h
Bestes Gleiten:	34 bei 105 km/h

sentlich geringeren Flügeltiefe mußte der Flügel zum Rumpf hin stark ausgerundet werden. Wegen der geringen Profildicke ist der Flügel auch ziemlich weich und im Schnellflug biegen sich die Flügelenden deutlich nach unten. Die Wölbklappen gehen von −6 Grad bis +45 Grad und zur Landung befinden sich auf der Flügeloberseite zusätzlich Störklappen. Die meisten Lo-100/150 haben die DFS-Seitenwandkupplung und eine schmale Kufe mit einem kleinen festen Rad. Eine Lo-150 war es übrigens auch, mit der Wolf Hirth am 25. Juli 1959 in Nabern tödlich abstürzte.

Lo-170

Die Lo-170 ist für ihre Entstehungszeit um 1960 ein sehr fortschrittliches Leistungsflugzeug von 17 Metern Spannweite. Ursprünglich war eine Serienproduktion bei Schempp-Hirth geplant, wo Alfred Vogt zu jener Zeit arbeitete, und wo man sich aber dann für die Standard-Austria-S und später für die SHK ent-

Linke Seite:
Oben: Der Prototyp der Lo-100 wurde beim Klippeneck-Treffen 1952 eingeflogen
Unten: Ein Lo-100-Neubau des Jahres 1976 von Fritz Steinlehner mit einigen Modifikationen

Die Lo-150 ist eine Leistungsflug-Variante mit 15 Metern Spannweite

schied. So wurde also in langwieriger Freizeitarbeit in den Jahren 1961 bis 1968 ein Prototyp für Bodo Stähle in Schwenningen fertiggestellt. Das Profil des eleganten Trapezflügels stammt aus der berühmten Profilschar FX 61-184, die heute noch bei der DG-100 und der ASW-19 verwendet wird. Die Lo-170 mit Einziehfahrwerk und gepfeiltem Seitenleitwerk ist in Gemischtbauweise gefertigt. Der Flügel ist in Sperrholzschalenbauweise in einer Negativform hergestellt und mit GFK überzogen. Die Rumpfröhre ist aus Sperrholz und ebenfalls mit Kunststoff vergütet. Das Rumpfvorderteil ist eine Stahlrohrkonstruktion, welche mit einer GFK-Schale verkleidet ist. Wölbklappen haben einen Bereich von + 10 Grad bis – 5 Grad. Auf der Flügeloberseite befinden sich Schempp-Hirth-Bremsklappen. Der Erstflug der Lo-170 als Segelflugzeug mit dem Kennzeichen D-0117 fand am 20. 11. 1968 in Friedrichshafen statt. Im Jahre 1972 bekam die Lo-170 zwei Aufsteckmotoren (Lloyd mit je 23 PS bei 5500 Umdrehungen) und Bodo Stähle führte den Erstflug als Motorsegler (D-KAVV) mit beachtlicher Geräuschentwicklung am 20. 8. 1972 auf dem Klippeneck durch. Derzeit wird die Spannweite des Flugzeuges mit zwei Aufsteckflügeln auf 20 Meter vergrößert, wobei die Hauptarbeiten bei Neukom in Schaffhausen durchgeführt wurden. Die neue Typenbezeichnung wird dann Lo-200 M heißen.

Muster:	Lo-170
Konstrukteur:	Alfred Vogt
Hersteller:	Alfred Vogt
Erstflug:	1968
Hergestellt insgesamt:	1
Zugelassen in Deutschland:	1 (D-0117)
Anzahl der Sitze:	1
Spannweite:	17,00 m
Flügelfläche:	13,15 m²
Streckung:	21,98
Flügelprofil:	FX 61-184, 61-163, 61-148
Rumpflänge:	7,08 m
Leitwerk:	Pendel-Kreuzleitwerk
Bauweise:	Holz, GFK, Stahlrohr
Rüstgewicht:	326 kp
Maximales Fluggewicht:	440 kp
Flächenbelastung:	31,6 kp/m² bis 33,5 kp/m²

Flugleistungen (Herstellerangaben):

Geringstes Sinken:	0,58 m/s bei 70 km/h
Bestes Gleiten:	36 bei 92 km/h

17 Meter Spannweite hat das Leistungsflugzeug Lo-170

Lom-57 Libelle

Die Lom-57 Libelle stammt aus der DDR

Die Lom-57 Libelle, ein konventioneller Holzeinsitzer mit 16,50 Meter Spannweite, hat wie bereits bei der L-10 Libelle erwähnt, nichts mit der berühmten und weit verbreiteten Kunststoff-Libelle von Glasflügel zu tun. Sie ist vielmehr das wohl einzige DDR-Segelflugzeug, welches in der Bundesrepublik zugelassen ist. Dabei ist der Weg dieser Lom-57 Libelle mit dem Kennzeichen D-5813 wohl etwas abenteuerlich. Das Flugzeug hat nämlich bereits in der DDR etwa 40 Starts geflogen, kam dann mit einem Vertreter, der das Flugzeug in der Bundesrepublik verkaufen wollte, nach Schmallenberg im Sauerland, stand dort einige Zeit verwaist herum und wurde dann dem Vernehmen nach von dem dortigen Verein unmittelbar von der DDR gekauft. Das hier vertretene Exemplar mit der Werk-Nr. 015 ist Baujahr 1959 und hat 603 Flugstunden bei 728 Starts (Anfang 1978). Seit einigen Jahren ist diese Maschine in Nordenham in der Gegend von Bremen stationiert, wo jetzt auch eine Grundüberholung durchgeführt wurde. Bei dieser Gelegenheit bekam das Flugzeug auch eine längere neue Haube, die von der LS-1 übernommen wurde. Der Rumpf hat eine seitliche Klapphaube mit einem festen verkleideten Rad. Das gedämpfte Höhenleitwerk hat leichte V-Form. Der Trapeztragflügel ist konventionell gebaut und hat Schempp-Hirth-Bremsklappen. Dieses Flugzeug hat ein »altes« Normalprofil (Gö 549), während es auch für denselben Rumpf einen weiteren Tragflügel mit Laminarprofil und Wölbklappen gab. Ferner war auch für die Standard-Klasse ein 15-Meter-Flügel lieferbar. Das Flugzeug soll sehr angenehm zu fliegen sein, mit gut ausgeglichenen Rudern und geringen Steuerdrücken. In der Typenbezeichnung steht das Entwurfsjahr von 1957, während der Prototyp der Lom-57 Libelle seinen Erstflug im Frühjahr 1958 durchführte.

Muster:	Lom-57 Libelle
Hersteller:	VEB Apparatebau Lommatzsch/DDR
Erstflug:	1958
Hergestellt insgesamt:	nicht bekannt
Zugelassen in Deutschland:	1 (D-5813)
Anzahl der Sitze:	1
Spannweite:	16,50 m
Flügelfläche:	14,85 m²
Streckung:	18,33
Flügelprofil:	Gö 549
Rumpflänge:	6,60 m
Leitwerk:	normales Kreuzleitwerk mit Flettnertrimmung
Bauweise:	Holz
Rüstgewicht:	230 kp
Maximales Fluggewicht:	330 kp
Flächenbelastung:	22,2 kp/m²

Flugleistungen (Herstellerangaben):

Geringstes Sinken:	0,66 m/s bei 68 km/h
Bestes Gleiten:	31,5 bei 78 km/h

Rolladen-Schneider (LS-1 bis LS-4)

Die Firma Rolladen-Schneider aus Egelsbach bei Frankfurt stellt seit dem Jahre 1967 Segelflugzeuge her. Es sind dies bis Anfang 1978 insgesamt fast 600 Kunststoffsegler, die bis auf eine Ausnahme alle eine Spannweite von 15 Metern haben. Die Firmengründung geht zurück auf Kontakte von Walter Schneider zur Akademischen Fliegergruppe Darmstadt, wo sich der Firmeninhaber und begeisterte Segelflieger unter Anleitung und Aufsicht der Akaflieg einen zweiten Prototyp der berühmten D-36 baute, die heute noch fliegt. Von der Erfindermannschaft der D-36 geht Wolf Lemke nach Abschluß seines Studiums zu Schneider, und im Mai 1967 fliegt in Egelsbach die erste LS-1 (LS = Lemke/Schneider). Zur besseren Übersicht sind auch hier die einzelnen Baureihen mit Erstflugdaten und Stückzahlen bis Anfang 1978 kurz aufgeführt.

LS-1 o		1967	16	Hinterkanten-Bremsklappen
LS-1 a		1968	2	Schempp-Hirth-Klappen beidseitig
LS-1 b		1968	5	Schempp-Hirth-Klappen nur oben
LS-1 c		1968	146	Seitenruder vergrößert
LS-1 d		1971	47	Wasserballast
LS-1 e	D-1210	1973	1	wie LS-1 c mit Höhenleitwerk der LS-1 f
LS-1 ef	D-0837	1973	1	wie LS-1 c mit Rumpf der LS-2
LS-1 f		1974	226	Rumpfnase der LS-2 geändert
LS-2	D-2971	1973	1	Wölbklappen nicht überlagert
LS-3		1976	140	durchgehende Wölbklappen/Querruder
LSD-Ornith	D-0740	1972	1	Doppelsitzer-Einzelstück

Ab Werk-Nr. 145 wird die LS-3 als Baureihe LS-3 a gefertigt, deren wesentliche Änderung wieder die Teilung von Wölbklappen und Querrudern ist, wobei sich zusammen mit anderen Maßnahmen eine Gewichtserleichterung von 30 kp ergibt. Diese LS-3 a soll dann mit aufsteckbaren Flügelenden mit einer Spannweite von 17 Metern zu haben sein. Geplant ist ebenfalls eine LS-1-Club. Diese hat den Rumpf der LS-3 mit festem Rad und den Flügel der LS-1 f. Als neues Flugzeug der Standard-Klasse wird es dann die LS-4 geben, die auch wieder Rumpf und Leitwerke der LS-3 a haben wird, aber einen neuen Einfachtrapezflügel bekommt und die Nachfolge der LS-1 f antreten wird.

LS-1 d

Mit der LS-1 d wird im Grunde eine Entwicklung abgeschlossen, die mehr als 200 Kunststoff-Standard-Flugzeuge umfaßt, die sich hauptsächlich durch Bremsklappen und spätere Änderungen der Standard-Klasse wie Fahrwerk und Wasserballast unterscheiden. Der Tragflügel bleibt dann eigentlich bis zur LS-1 f erhalten, die sich aber durch Rumpf und Leitwerke gänzlich von den ersten vier Baureihen unterscheidet.

Die 16 Flugzeuge der LS-1 o hatten ursprünglich eine Hinterkanten-Drehbremsklappe nach Art einiger Elfe-Prototypen und ein festes Rad. Nachträglich wurde dann teilweise ein Einziehfahrwerk eingebaut.

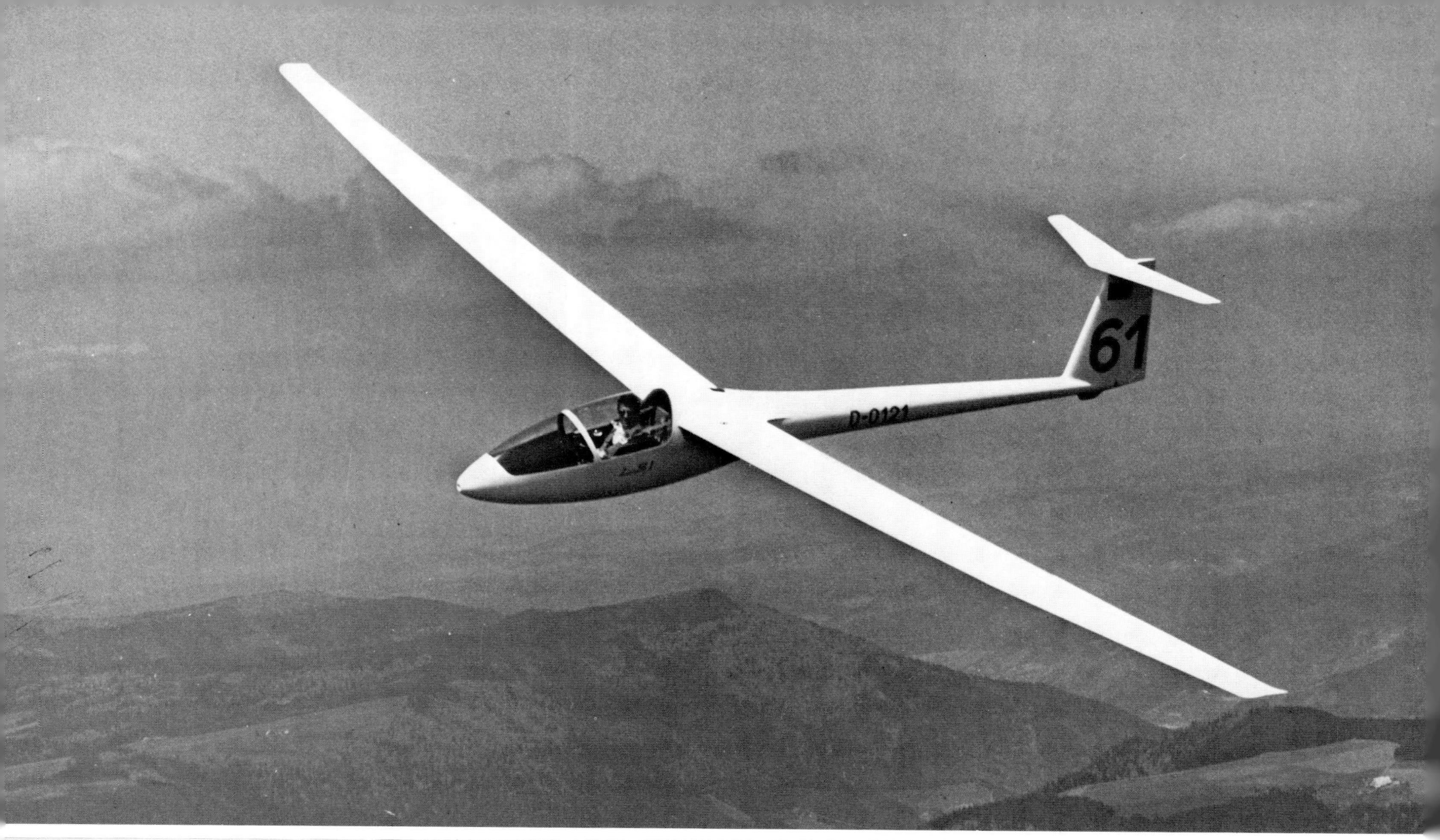
61
D-0121

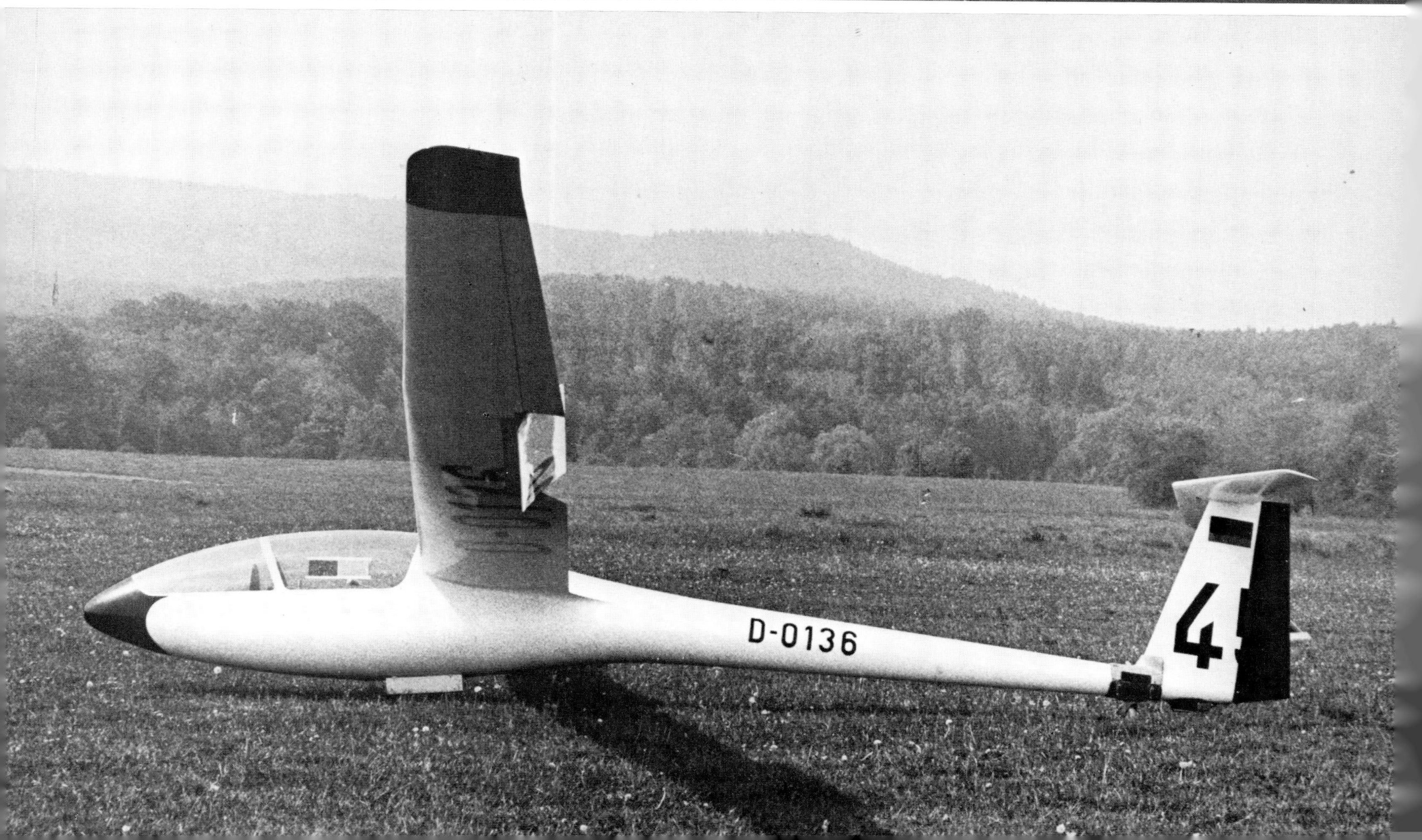
D-0136
4

Die LS-1 f hat ein gedämpftes Höhenleitwerk
Linke Seite: Oben: Eine LS-1 über dem Schwarzwald. Unten: Die 16 Exemplare der LS-10 hatten Hinterkanten-Bremsklappen

Muster:	LS-1 d
Konstrukteur:	Wolf Lemke
Hersteller:	Rolladen-Schneider
Serienbau:	1967 bis 1974 (LS-1 o bis LS-1 d)
Hergestellt insgesamt:	216 (LS-1 o bis LS-1 d)
Zugelassen in Deutschland:	127 (LS-1 o bis LS-1 d)
Anzahl der Sitze:	1
Spannweite:	15,00 m (Standard-Klasse)
Flügelfläche:	9,74 m^2
Streckung:	23,10
Flügelprofil:	FX 66-S-196 modifiziert
Rumpflänge:	7,20 m
Leitwerk:	ungedämpftes T-Leitwerk
Bauweise:	GFK
Rüstgewicht:	210 kp
Maximales Fluggewicht:	341 kp
Flächenbelastung:	30,8 kp/m^2 bis 35,0 kp/m^2

Flugleistungen (DFVLR-Messung 1971 einer LS-1 C):

Geringstes Sinken:	0,63 m/s bei 78 km/h
Bestes Gleiten:	36 bei 90 km/h

Diese Hinterkantenbremsklappen bewährten sich in der Praxis nicht so recht, so daß der Flügel auf beidseitig wirkende Schempp-Hirth-Bremsklappen umgerüstet wurde, wobei dann später wie bei vielen anderen Flugzeugen der Standardklasse diese Schempp-Hirth-Klappen nur noch nach oben ausfahrbar gebaut wurden. Trotz des langen Rumpfes der LS-1 war dann die Seitenruderwirkung noch verbesserungfähig, so daß die Fläche des Seitenruders um 10 Prozent vergrößert wurde. Die LS-1 d brachte dann Wassertanks von 60 Litern und ein Maximales Fluggewicht von 341 kp.

LS-1 f

In den ersten Jahren war es sehr schwierig, an eine LS-1 heranzukommen. Die Lieferkapazität war nicht allzu groß, so daß Lieferzeiten von mehr als einem Jahr üblich waren, obwohl eigentlich immer nur ein bestimmter Flugzeugtyp hergestellt wurde. Bei der LS-1 f ab dem Jahre 1974 wurde es dann besser, nachdem in gut drei Jahren mehr LS-1 f hergestellt wurden als von den ersten Baureihen in den ersten sieben Jahren.

Cockpit und Haube der LS-1 f

Muster:	LS-1 f
Konstrukteur:	Wolf Lemke
Hersteller:	Rolladen-Schneider
Serienbau:	1974 bis 1977
Hergestellt insgesamt:	226
Zugelassen in Deutschland:	etwa 140
Anzahl der Sitze:	1
Spannweite:	15,00 m (Standard-Klasse)
Flügelfläche:	9,75 m²
Streckung:	23,08
Flügelprofil:	FX 66-S-196 modifiziert
Rumpflänge:	6,80 m
Leitwerk:	gedämpftes T-Leitwerk
Bauweise:	GFK
Rüstgewicht:	200 kp
Maximales Fluggewicht:	390 kp
Flächenbelastung:	29,7 kp/m² bis 40,0 kp/m²

Flugleistungen (DFVLR-Messung 1976):

Geringstes Sinken:	0,62 m/s bei 72 km/h
Bestes Gleiten:	37 bei 93 km/h

Bei der LS-1 f wurden Erfahrungen der LS-2 berücksichtigt. Vorläufer des Serienflugzeuges LS-1 f waren die LS-1 e und die LS-1 ef, wobei zuerst das Höhenleitwerk der LS-2 und später der Rumpf der LS-2 übernommen wurde. Der Doppeltrapezflügel, der für die LS-1 eigentlich charakteristisch ist und der in der LS-1-Club weiterleben soll, blieb von Anfang an erhalten. Das Rumpfvorderteil der LS-1 f wurde gegenüber der LS-2 etwas abgeändert und zum ersten Mal taucht die nach vorne oben öffnende einteilige Haube auf. Im Cockpit geht es etwas eng zu, so daß ab der LS-3 das Rumpfvorderteil wieder etwas geräumiger gestaltet wird.

Den Erstflug der LS-1 f mit dem Kennzeichen D-3252 führte Wolf Lemke am 5. März 1974 in Egelsbach durch.

LS-2

Die LS-2 ist ein Experimental-Einzelstück, das seinen Erstflug am 10. März 1973 durchführte. Das 15-

Muster:	LS-2
Konstrukteur:	Wolf Lemke
Hersteller:	Rolladen-Schneider
Erstflug:	1973
Hergestellt insgesamt:	1
Zugelassen in Deutschland:	1 (D-2971)
Anzahl der Sitze:	1
Spannweite:	15,00 m
Flügelfläche:	10,29 m²
Streckung:	21,87
Flügelprofil:	FX 67-K-170
Rumpflänge:	6,80 m
Leitwerk:	gedämpftes T-Leitwerk
Bauweise:	GFK
Rüstgewicht:	240 kp
Maximales Fluggewicht:	360 kp
Flächenbelastung:	32,1 kp/m² bis 34,99 kp/m²

Flugleistungen (Angaben Schneider):

Geringstes Sinken:	0,65 m/s bei 80 km/h
Bestes Gleiten:	40 bei 100 km/h

Rechte Seite:

Oben: Der Prototyp der LS-2 mit dem negativ gepfeilten Tragflügel
Unten: Die LS-3 war das erste Rennklasse-Flugzeug in Deutschland

D-2971

D-2817
LS3

m-Wölbklappenflugzeug entstand unter dem Einfluß der damaligen Regel für die Standard-Klasse, die keine den Querrudern überlagerte Wölbklappen gestattete. Das führte dazu, daß die Querruder sehr kurz und tief ausfielen, um möglichst viel Fläche für die Wölbklappen zur Verfügung zu haben. Aus Schwerpunktgründen hatte der Flügel eine negative Pfeilung von drei Grad. Als Profil fand wieder das berühmte Nimbus-Profil FX 67-K-170 Verwendung. Weil zur Wölbklappe keine zusätzlichen Lande- oder Bremsklappen zugelassen waren, mußte mit einer Landestellung der Wölbklappen von 70 Grad gelandet werden, was einige Schwierigkeiten bereitete. Das war wohl auch der Grund, warum die LS-2 im Gegensatz zur PIK-20 B, die in der Auslegung sehr ähnlich war, nicht in Serie ging. Helmut Reichmann gewann mit der LS-2 im Jahre 1974 die Weltmeisterschaft der Standard-Klasse in Waikerie in Australien.

LS-3

Mit der LS-3 flog im Februar 1976 das erste neue Flugzeug der 15-m-Klasse. Zwei Dinge fallen an dieser Maschine besonders auf. Es sind einmal die durchgehenden Wölbklappen, die gleichzeitig als Querruder über die ganze Spannweite wirken, und zum anderen hat die LS-3 die größte Flügelfläche aller LS-Einsitzer. Diese einteiligen Klappen brachten in der Flugerprobung einige Probleme, nachdem im Hochgeschwindigkeitsbereich Flattererscheinungen aufgetreten waren. Der Massenausgleich pro Flügel erforderte 6,5 kg, so daß die insgesamt 13 kg Blei des Tragflügels ganz schön zu Buch schlugen. Auch sonst fiel die LS-3 nicht gerade leicht aus, wobei das Rüstgewicht von etwa 270 kp die dichterische Umwandlung von LS-3 in LS-Blei geradezu nahelegte. Im Laufe der Flugerprobung kam man auch einer Leistungseinbuße auf die Spur, welche durch eine Durchströmung des langen Klappenspaltes auf der ganzen Spannweite verursacht wurde. Hier konnte mit einer s-förmig verklebten speziellen Kunststoff-Folie Abhilfe geschaffen werden. Die LS-3 fand gleich ein gutes Echo in den Kreisen der Leistungssegelflieger und führt heute die Liste der Stückzahlen in Deutschland an. Der Prototyp hat das Kennzeichen D-8941.

Wie bereits erwähnt wird ab Frühjahr 1978 die LS-3 als LS-3 a gebaut. Querruder und Wölbklappen werden wieder geteilt und zusammen mit anderen Maßnahmen läßt sich das Rüstgewicht auf etwa 250 kp senken. Die Seitenruderflosse wird um 20 % Fläche vergrößert, ferner werden die Profile von Seiten- und Höhenleitwerk geändert (neue Wortmann-Leitwerksprofile), und das Höhenleitwerk erhält auch eine etwas größere Streckung.

Muster:	LS-3
Konstrukteur:	Wolf Lemke
Hersteller:	Rolladen-Schneider
Erstflug:	4. Februar 1976
Serienbau:	1976 bis heute
Hergestellt insgesamt:	140
Zugelassen in Deutschland:	etwa 100
Anzahl der Sitze:	1
Spannweite:	15,00 m (FAI-15-m-Klasse)
Flügelfläche:	10,50 m^2
Streckung:	21,43
Flügelprofil:	Wortmann modifiziert
Rumpflänge:	6,86 m
Leitwerk:	gedämpftes T-Leitwerk
Bauweise:	GFK
Rüstgewicht:	270 kp
Maximales Fluggewicht:	470 kp
Flächenbelastung:	34,3 kp/m^2 bis 44,8 kp/m^2

Flugleistungen (Herstellerangaben):

Geringstes Sinken:	0,60 m/s bei 70 km/h
Bestes Gleiten:	40 bei 100 km/h

LSD Ornith

Der Doppelsitzer LSD Ornith (D für Doppelsitzer) ist ein eher privat entstandenes Segelflugzeug hoher Leistungsfähigkeit, das sich Wolf Lemke zusammen mit Karl Pummer in den Werkstätten von Schneider selbst erbaut hat. Die LSD Ornith mit dem Kennzeichen D-0740 flog zum ersten Mal am 3. Mai 1972, einige Wochen vor der Braunschweiger SB-10, und darf so die Ehre auf sich nehmen, der erste Doppelsitzer in Kunststoff-Bauweise zu sein. So weit als möglich wurden Teile aus der Einsitzer-Produktion

Der aus der LS-1 abgeleitete Doppelsitzer LSD-Ornith

der LS-1 verwendet. Der Rumpf wurde fast unverändert von der LS-1 übernommen, was zur Folge hat, daß es sehr eng zugeht. Die Pedale des hinteren Sitzes sind beinahe auf der Höhe des vorderen Steuerknüppels. Die Haube ist zweiteilig und geht etwa zurück bis zur Höhe des Holmes. Der Rumpf hat ein festes Rad und eine kleine Kufe. Auffallend ist das mehr als doppelt so große Seitenruder. Die Flügel sind an der Wurzel um je 1,50 m verlängert, so daß sich eine Spannweite von 18 m ergibt. Die negative Pfeilung beträgt zwei Grad. Als Landehilfe dienen Schempp-Hirth-Bremsen auf der Flügeloberseite. Der Doppelsitzer hat für Windenstart und F-Schlepp zwei getrennte Kupplungen und stellt fliegerisch keine besonderen Probleme. Interessant ist angesichts der heutige Doppelsitzer von gewichtigen Ausmaßen das Rüstgewicht der LSD von 287 kp, das man aber wegen der geschilderten Einzelheiten nicht ohne weiteres mit einem regulären Doppelsitzer vergleichen kann.

In Samedan/Schweiz und in Südafrika wurden mit der LSD Ornith einige beachtliche Rekordflüge absolviert.

Muster:	LSD Ornith
Konstrukteur:	Wolf Lemke
Hersteller:	Lemke/Pummer in Fa. Schneider
Erstflug:	3. Mai 1972
Hergestellt insgesamt:	1
Zugelassen in Deutschland:	1 (D-0740)
Anzahl der Sitze:	2
Spannweite:	18,00 m
Flügelfläche:	12,40 m²
Streckung:	26,13
Flügelprofil:	FX 66-S-196 modifiziert
Rumpflänge:	7,50 m
Leitwerk:	Pendel-T-Leitwerk
Bauweise:	GFK
Rüstgewicht:	287 kp
Maximales Fluggewicht:	450 kp
Flächenbelastung:	30,4 kp/m² bis 36,3 kp/m²

Flugleistungen (Herstellerangaben):

Geringstes Sinken:	0,60 m/s bei 75 km/h
Bestes Gleiten:	40 bei 90 km/h

Ly-542 K Stösser

Vorläufer der Ly-542 K war der nicht kunstflugtaugliche Doppelsitzer Ly-532

Die Ly-542 K ist der einzig voll kunstflugtaugliche Segelflugzeug-Doppelsitzer in Deutschland

Die Ly-542 K Stösser ist ein doppelsitziges Spezialflugzeug für den Kunstflug. Sie ist bis heute wohl das einzige Segelflugzeug, mit dem außer dem Looping nach vorne alle üblichen Kunstflugfiguren für die Schulung auch doppelsitzig geflogen werden können. Die Bezeichnung erklärt sich aus der Abkürzung für den Konstrukteur Paul Lüty, der auf wahrhaft tragische Weise sein Leben lassen mußte, dem 54 für das Konstruktionsjahr und der 2 für den Doppelsitzer. Das K steht für Kunstflug, wobei die Ly-542 K einen nicht kunstflugtauglichen Vorgänger mit der Bezeichnung Ly-532 hat. Dieses Flugzeug trug früher das Kennzeichen D-5325, ist aber nicht mehr zugelassen, nachdem eigenmächtig das Rumpfvorderteil verlängert wurde. Beide Flugzeuge wurden bei Atze Ahrens in Krefeld gebaut. Die Ly-542 K hat eine Spannweite von nur 12,80 Metern und dennoch ein Rüstgewicht von über 300 kp. Eine Hälfte des zweiteiligen Flügels wiegt um 80 kp, der Rumpf etwa 125 kp und das Höhenleitwerk 11 kp. Alle Ruder sind massenausgeglichen und die Höchstgeschwindigkeit bei ruhigem Wetter beträgt 300 km/h. Der auf der Oberseite voll mit Sperrholz beplankte Flügel hat Schempp-Hirth-Bremsklappen und an der Flügelnase eine negative Pfeilung von 5 Grad. Die V-Form ist mit 1,5 Grad relativ gering. Der Rumpf ist eine Holzkonstruktion mit einer festen, unverkleideten und mit Gummi gedämpften Kufe. Zum Bodentransport wird ein Zwillingsfahrwerk verwendet. Für Winden- und Flugzeugschlepp sind Seitenwandkupplungen eingebaut. Eine Besonderheit des Flugzeuges ist die Grenzschichtabsaugung im Bereich der Querruder. Dadurch ergibt sich auch eine gute Rollwendigkeit in allen Geschwindigkeitsbereichen mit sehr geringen Steuerdrücken, obwohl die Querruder selbst nur eine Tiefe von 8 cm haben. Das heute noch existierende einzige Muster wird von der Interessengemeinschaft Kunstflug (IGK) in Kerpen eingesetzt (Fluglehrer Heinz Clasen) und ist hauptsächlich in Genk in Belgien stationiert. Seit ihrem Erstflug im Jahre 1955 hatte die Ly-542 K verschiedene Kennzeichen und Besitzer. Anfangs hatte sie das Kennzeichen D-5440, 1961 war sie mit D-0026 in St. Wendel und 1965 mit D-7128 in Mainz zugelassen, bevor sie 1977 mit D-5500 nach Kerpen kam.

Muster:	Ly-542 K Stösser
Konstrukteur:	Ing. Paul Lüty, Krefeld
Hersteller:	Atze Ahrens, Krefeld
Erstflug:	11. August 1955
Hergestellt insgesamt:	1
Zugelassen in Deutschland:	1 (D-5500)
Anzahl der Sitze:	2
Spannweite:	12,80 m
Flügelfläche:	14,00 m^2
Streckung:	11,70
Flügelprofil:	Gö 549 geändert
Rumpflänge:	7,80 m
Leitwerk:	normales Kreuzleitwerk
Bauweise:	Holz
Rüstgewicht:	307 kp
Maximales Fluggewicht:	475 kp
Flächenbelastung:	28,4 kp/m^2 bis 33,9 kp/m^2

Flugleistungen (geschätzt):

Geringstes Sinken:	0,90 m/s bei 65 km/h
Bestes Gleiten:	26 bei 75 km/h

Mistral

Die Geschichte des Mistral geht zurück auf den Ankauf der D-34 c der Akaflieg Darmstadt durch Horst Gaber, Hartmut Frommhold und Alois Fries im Jahre 1968. Nach zunehmender Flugerfahrung mit diesem Flugzeug und einigem Ärger mit dem Straßentransport des einteiligen Flügels von 12,65 Metern Spannweite entstand der Wunsch, für die D-34 einen neuen zweiteiligen Flügel aus Kunststoff zu bauen. Für diese Idee konnte noch Manfred Strauber, Dozent an der TH Darmstadt, gewonnen werden, und das Projekt nahm langsam Gestalt an. Zuerst mußte für das LBA ein Bruchflügel gebaut werden. Nach dessen Fertigstellung, und weil alles so gut lief, wurde man sich einig, gleich auch noch einen neuen Rumpf für diesen Tragflügel ebenfalls in GFK zu bauen. Damit war der Mistral-a, wie er später genannt wurde, geboren. In einer reinen Privatinitiative von vier Segelfliegern entstand dann in den Jahren von 1970 bis 1975 das neue Flugzeug der Standard-Klasse. Der Doppeltrapezflügel mit hoher Streckung bekam eine V-Form von nur 0,5 Grad und Schempp-Hirth-Bremsklappen. Als Profil wurde das FX 66-S-196 (D-37, großer Cirrus, LS-1) ausgewählt. Der Rumpf erhielt eine geteilte Haube ebenfalls nach Darmstädter Muster mit einer ziemlich geraden Kontur der Rumpfoberseite und einer stärkeren Einschnürung an der Unterseite. Die Leitwerke fielen relativ klein aus. Im heißen Sommer 1975 (9.7.75) konnte Hartmut Frommhold den Erstflug in Worms durchführen.

Vom Konstruktionsteam der Mistral-a blieben Manfred Strauber und Hartmut Frommhold übrig, die aus dem Standardklasse-Flugzeug einen Segler der Club-Klasse weiterentwickeln wollten. Zusammen mit einem weiteren Fliegerkameraden, H. O. Bauer, der die kaufmännische Seite vertrat, wurde die Firma ISF (Ingenieur-Büro Strauber/Frommhold) in Bens-

Muster:	Mistral-a
Konstrukteur:	Strauber/Frommhold
Hersteller:	Strauber/Frommhold/ Gaber/Fries
Erstflug:	1975
Hergestellt insgesamt:	1
Zugelassen in Deutschland:	1 (D-4998)
Anzahl der Sitze:	1
Spannweite:	15,00 m (Standard-Klasse)
Flügelfläche:	9,40 m²
Streckung:	23,94
Flügelprofil:	FX 66-S-196 innen FX 66-S-161 außen
Rumpflänge:	6,67 m
Leitwerk:	Pendel-T-Leitwerk
Bauweise:	GFK
Rüstgewicht:	213 kp
Maximales Fluggewicht:	310 kp
Flächenbelastung:	32,9 kp/m²

Flugleistungen (gerechnet):

Geringstes Sinken:	0,59 m/s bei 83 km/h
Bestes Gleiten:	39 bei 98 km/h

Rechte Seite:

Oben: Der Prototyp des Mistral-a
Unten: Der Mistral-C ist ein Segelflugzeug der Club-Klasse

D-4998

D-4905
ZC
D-7241
VY

heim an der Bergstraße gegründet. Der Entwurf der Mistral-a wurde vollkommen überarbeitet, vom ursprünglichen Mistral-a blieb nicht mehr viel übrig. Die Flügelfläche stieg auf konventionelle 10,90 m², das neue Profil war das FX 61-163. Der neuen Club-Klasse entsprach außer dem Preis auch das feste Rad und der Verzicht auf Wassertanks. Auch das Leitwerk wurde nun gedämpft. Der Mistral-c entstand von Ende 1975 bis Oktober 1976, wobei der Erstflug am 26. 10. 1976 stattfinden konnte. Im Jahre 1977 wurden dann die ersten 11 Flugzeuge gebaut, wobei das Interesse an dem neuen Club-Klasse-Flugzeug recht groß war. Die Musterzulassung wurde im Januar 1978 erteilt. Da die Lieferkapazitäten des kleinen Werkes nicht ausreichend waren, entschloß man sich bei ISF zur Lizenzvergabe, um sich in Zukunft ausschließlich der Entwicklungsarbeit widmen zu können. In der Planung befinden sich ein neues Flugzeug der Standard-Klasse sowie ein Doppelsitzer. Aus den geschilderten Gründen wurde im Frühjahr 1978 die Produktion des Mistral-c in Bensheim nach 15 Exemplaren eingestellt. Es wurde ein Lizenzvertrag mit einem amerikanischen Hersteller in Mojave geschlossen, der die Herstellung von 196 Flugzeugen vorsieht; im ersten Jahr 36 Flugzeuge und dann vier Jahre je 40 Mistral-c.

Der Prototyp des Mistral-c trug das Kennzeichen D-4994, der allerdings im Frühjahr 1977 beim Probeflug eines Kunden in Mannheim-Neuostheim durch eine mißglückte Landung verloren ging.

Muster:	Mistral-c
Konstrukteur:	Strauber/Frommhold
Hersteller:	ISF, Bensheim/Bergstraße
Erstflug:	1976
Serienbau:	1976 bis 1978
Hergestellt insgesamt:	15
Zugelassen in Deutschland:	10
Anzahl der Sitze:	1
Spannweite:	15,00 m (Club-Klasse)
Flügelfläche:	10,90 m²
Streckung:	20,64
Flügelprofil:	FX 61-163 innen
	FX 60-126 außen
Rumpflänge:	6,73 m
Leitwerk:	gedämpftes T-Leitwerk
Bauweise:	GFK
Rüstgewicht:	235 kp
Maximales Fluggewicht:	350 kp
Flächenbelastung:	29,8 kp/m² bis 32,1 kp/m²

Flugleistungen (Herstellerangaben):

Geringstes Sinken:	0,65 m/s bei 70 km/h
Bestes Gleiten:	35 bei 88 km/h

Milomei M1

Ein nicht gerade konventionelles Segelflugzeug ist die Milomei M1. Hinter der Bezeichnung des 13-Meter-Vogels aus Metall verbirgt sich der Konstrukteur und Erbauer Michael-Lorenz Meier aus Hamburg. Der Entwurf der Milomei M1 stammt aus dem Jahre 1963, als die Schaffung einer neuen Mini-Klasse mit einer Spannweite um 13 Meter im Gespräch war (Kria, D-34 d, H-30-GFK). Nach etwa 2000 Arbeitsstunden des Flugzeugbauingenieurs und gelernten Karosserieschlossers Meier sowie der Mithilfe einiger Freunde konnte das außergewöhnliche Flugzeug am 8. Juni 1966 auf dem Flugplatz in Lübeck seinen Erstflug machen. Drei Tage später wurde die Milomei auf der gleichzeitig stattfindenden Deutschen Meisterschaft in Roth vorgeführt. Dort wurde das Flugzeug natürlich eng umlagert, und von Eugen Hänle stammt der Ausspruch: »Wenn das Ding fliegt, haben wir bisher alle falsch gebaut.« Immerhin gelang dort Michael-Lorenz Meier ein Thermikflug von über zwei Stunden. Heute hat die in Hamburg-Boberg stationierte Milomei M1 mit 170 Starts in zwölf Jahren nur 113 Flugstunden geflogen, ist aber seit der Flugerprobung ohne größere Schwierigkeiten geblieben. Einmal gab es einen Schaden wegen des sich während eines Starts öffnenden Bremsschirms und zum anderen wurde später das Pendelseitenruder vergrößert. Die Milomei M1 hat einen Rechteckflügel aus Metall mit einer durchgehenden Flügeltiefe von 0,50 Metern. Das 14 % dicke Wölbklappenprofil hat die Bezeichnung Eppler 303. Bremsklappen sind nicht vorhanden, dafür gibt es eine Landestellung der Wölbklappen von 90 Grad. Die Flügelfläche beträgt nur 6,50 m^2, so daß sich bei der maximalen Zuladung von 85 kp bereits die beachtliche Flächenbelastung von über 40 kp/m^2 ergibt. Dementsprechend hoch sind auch die Geschwindigkeiten für das geringste Sinken und die Landung. Der relativ kurze Rumpf hat ein Einziehfahrwerk und eine aufgesetzte Plexiglashaube. Eine weitere Besonderheit der Milomei M1 ist das ungedämpfte Seitenruder, auf dem das ebenfalls ungedämpfte Höhenleitwerk sitzt. Michael-Lorenz Meier sorgt derzeit für eine weitere Überraschung. Es handelt sich um die Milomei M2, einem 22-Meter-Vogel

Muster:	Milomei M1
Konstrukteur + Hersteller:	Michael-Lorenz Meier
Erstflug:	8. Juni 1966
Hergestellt insgesamt:	1
Zugelassen in Deutschland:	1 (D-3231)
Anzahl der Sitze:	1
Spannweite:	13,00 m
Flügelfläche:	6,50 m^2
Streckung:	26,00
Flügelprofil:	Eppler 303
Rumpflänge:	5,86 m
Leitwerk:	Pendel-T-Leitwerk
Bauweise:	Metall, teilweise Kunststoff
Rüstgewicht:	180 kp
Maximales Fluggewicht:	265 kp
Flächenbelastung:	40,77 kp/m^2

Flugleistungen (Meßflüge des Konstrukteurs):

Geringstes Sinken:	0,80 m/s bei 90 km/h
Bestes Gleiten:	37,5 bei 104 km/h

Ein exotisches Segelflugzeug ist die Milomei M1

ebenfalls aus Metall mit Variabler Geometrie. Es findet ein Wortmann-Profil mit 40 % Flächenvergrößerung Anwendung. Unterstützt wird Michael-Lorenz Meier von seinen Freunden Klaus Tesch und Herbert Löhner, der auch Halter der Milomei M1 ist.

Akaflieg München (Mü-13 D bis Mü-27)

Vorläufer des Doppelsitzers Mü-13 E ist der Einsitzer Mü-13 D, der vor 1945 in größerer Stückzahl gebaut wurde

Die Akaflieg München mit ihrer erfolgreichen Vorkriegsgeschichte hat auch nach der Wiederzulassung des Segelfluges in Deutschland eine ganze Reihe hervorragender Segelflugzeuge konstruiert, die ganz zu Unrecht weniger bekannt sind. Die verschiedenen Baureihen der Mü-22 und die daraus entwickelte Mü-26 sind sehr leistungsfähige Segelflugzeuge, und die vor ihrem Erstflug stehende Mü-27 mit variabler Geometrie kann die neuere Entwicklung nachhaltig beeinflussen. Aber auch die älteren Entwürfe haben sich teilweise bis in unsere Tage gehalten. Von der im Jahre 1935 entstandenen Mü-13 D fliegen heute noch in Deutschland drei Flugzeuge. Ein Jahr älter ist gar der Doppelsitzer Mü-10 Milan mit seinen wahrlich abenteuerlichen Flugeigenschaften, den die Münchner im Jahre 1950 wieder aus dem Deutschen Museum holten, um ihn als erstes Flugzeug der Gruppe über viele Jahre wieder einzusetzen, bevor er dort endgültig seinen Ruhesitz fand.

Vielen Segelfliegern wird die Bezeichnung Mü-13 E als erstem Doppelsitzer des Scheibe-Flugzeugbaus bekannt sein. Diese Mü-13 E ist teilweise aus dem Einsitzer Mü-13 D abgeleitet, wobei Egon Scheibe selbst über lange Jahre vor dem Krieg der führende Kopf der Akaflieg München war. Näheres hierzu ist in dem Kapitel über den Scheibe-Flugzeugbau beschrieben.

Mü-13 D

Die Mü-13 D ist ein sehr traditionsreiches Flugzeug mit 16 m Spannweite, welches aus dem oben erwähnten Doppelsitzer Mü-10 Milan entwickelt wurde. Die in den Jahren 1935/36 entstandenen ersten beiden Flugzeuge mit den Bezeichnungen Merlin und Atalante konnten sich auf verschiedenen Wettbewerben hervorragend plazieren. Beim Schwarzwald-Flugzeugbau (Jehle) in Donaueschingen wurde vor und während des Krieges eine größere Serie der Mü-13 D gebaut. Mit diesem Flugzeug gelang der Durchbruch der »Münchner Schule«, die sich durch einen freitragenden Trapeztragflügel und vor allen Dingen durch den stoffbespannten Stahlrohrrumpf auszeichnete. Rainer Karch aus München hatte bis vor einigen Jahren die einzige alte Mü-13 D mit Baujahr 1943 (D-1488), die er aber nach England verkaufte, weil in Deutschland das Flugzeug niemand mehr flugfähig halten wollte. Die anderen noch existierenden Flugzeuge sind Nachbauten nach dem Krieg, von denen zwei zumindestens noch alte Rümpfe aus Donaueschinger Fertigung haben, und die Flügel dann mit Teilen aus der Mü-13-E-Fertigung von Scheibe um 1955 fertiggestellt wurden. Von den derzeit noch fliegenden Mü-13 D ist eine mit einer eigenwilligen Haube von Ernst Walter aus Sandstedt (D-6293), eine weitere mit dem Kennzeichen D-1305 hat die Altherrengruppe der Akaflieg München, und die jüngste Maschine (D-8876) allerdings auch mit dem Seitenleitwerk der Mü-13 E hat die Fliegergruppe in Donaueschingen. Flugeigenschaften und Flugleistungen liegen etwas schlechter als bei der Ka 8.

Muster:	Mü-13 D
Konstrukteur:	Akaflieg München
Hersteller:	Akaflieg bzw. Amateurbau
Erstflug:	1936
Serienbau:	ab 1937
Zugelassen in Deutschland:	3
Anzahl der Sitze:	1
Spannweite:	16,00 m
Flügelfläche:	16,16 m²
Streckung:	15,84
Flügelprofil:	Mü-Profil 15 %
Rumpflänge:	5,90 m
Leitwerk:	normales Kreuzleitwerk
Bauweise:	Holz, Rumpf aus Stahlrohr
Rüstgewicht:	185 kp
Maximales Fluggewicht:	275 kp
Flächenbelastung:	17,0 kp/m²

Flugleistungen:

Geringstes Sinken:	0,60 m/s bei 55 km/h
Bestes Gleiten:	28 bei 66 km/h

Mü-17

Die Mü-17 entstand unter der Ausschreibung eines internationalen Konstruktionswettbewerbes im Jahre 1938 für das Einheits-Segelflugzeug der geplan-

Rechte Seite:

Oben: Die SB-5 wurde in mehreren Baureihen hergestellt
Unten: Die SB-5 B hat eine Spannweite von 15 Metern

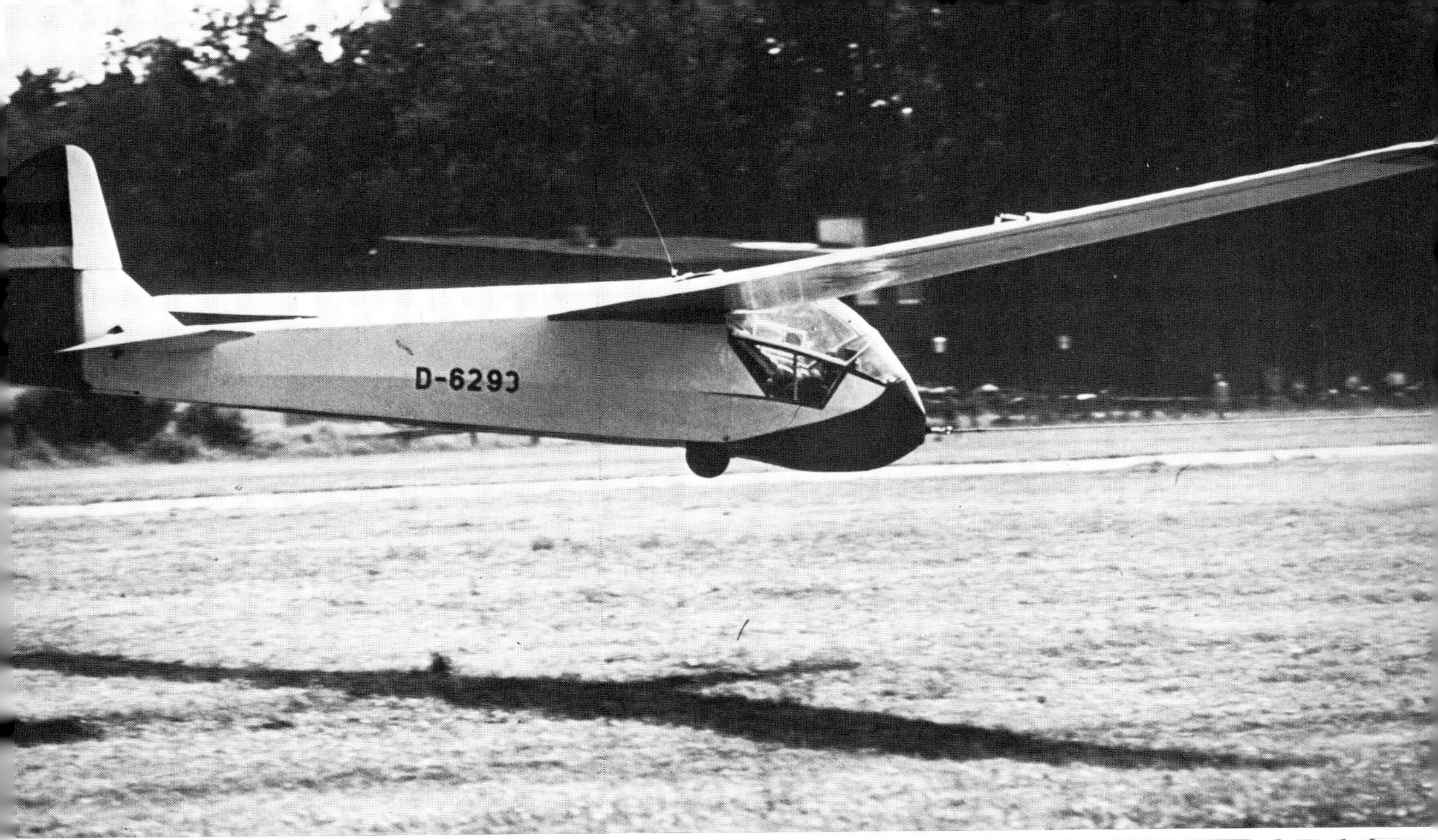
D-6293

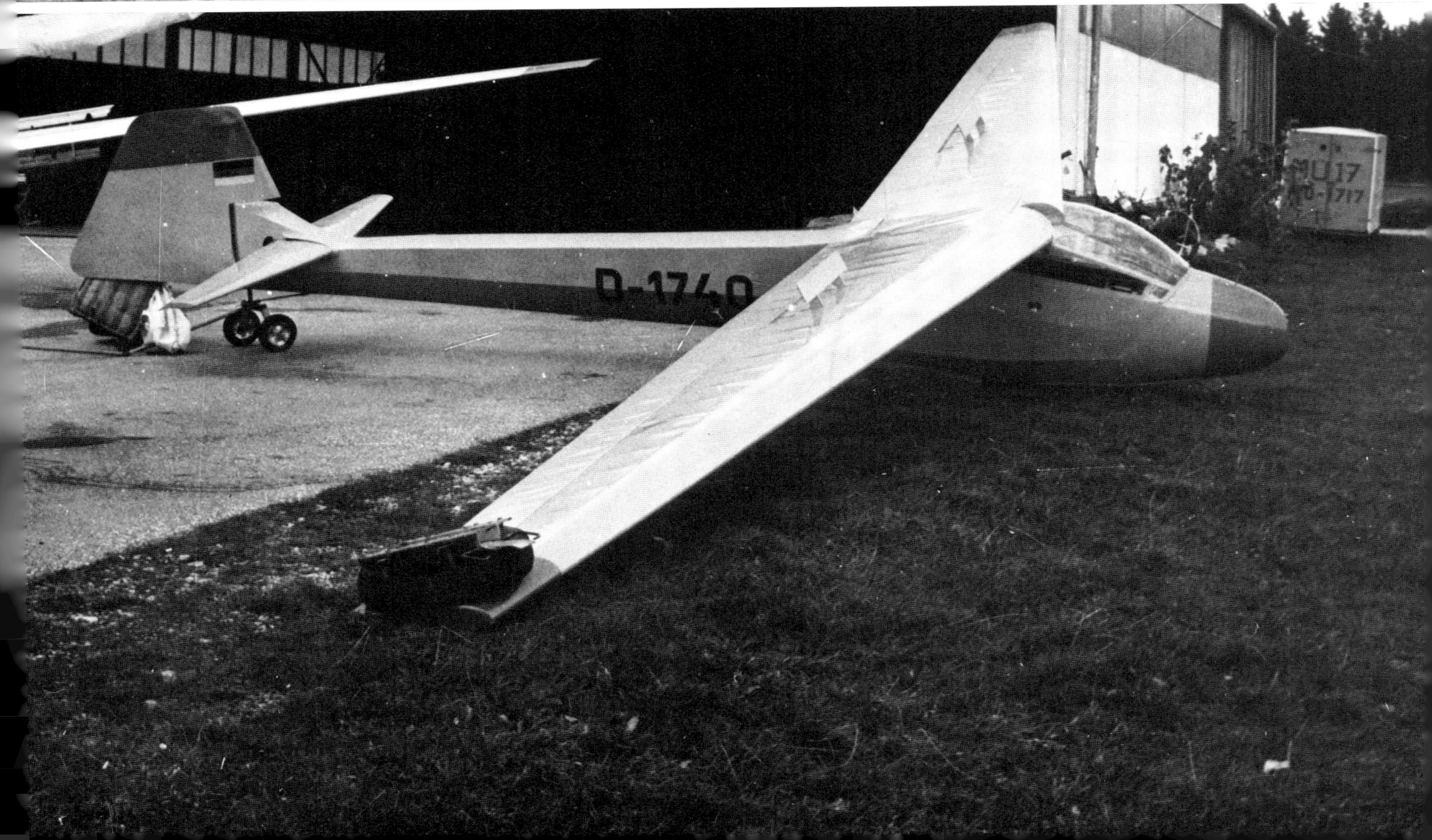
D-1740
MU17

ten Olympischen Spiele des Jahres 1940. Bei der Endausscheidung in Rom Mitte Februar 1939 belegte dann die Mü-17 den zweiten Platz hinter der Olympia-Meise. Der Erstflug fand zuvor am 23. 12. 1938 statt. Von 1941 bis 1944 wurde die Mü-17 in Serie gebaut, man spricht von etwa 60 Exemplaren, von denen allerdings keines in Deutschland den Krieg überlebt hat. Nach 1960 sind noch zwei Mü-17 von der Akaflieg München gebaut worden, die D-1717 von Rainer Karch und die D-1740, die ebenfalls noch im Gruppenbetrieb der Akaflieg eingesetzt wird. Charakteristisch und auf den Fotos gut zu erkennen ist die eigenwillige Form des Trapezflügels mit der nach hinten gepfeilten Nase und der geraden Endleiste. Der Flügel hat auf der Ober- und Unterseite DFS-Bremsklappen, und in der ursprünglichen Version hatte das Flugzeug wie die Mü-13 D ein Einziehfahrwerk. Das Höhenleitwerk hat eine recht große Streckung, während das Seitenleitwerk noch stärker als bei der Mü-13 als Pendelruder ausgeführt ist.

Muster:	Mü-17
Konstrukteur:	Akaflieg München
Erstflug:	1938
Hergestellt vor 1945:	etwa 60
Hergestellt nach 1960:	2
Zugelassen in Deutschland:	2 (D-1717 + D-1740)
Anzahl der Sitze:	1
Spannweite:	15,00 m
Flügelfläche:	13,30 m²
Streckung:	16,91
Flügelprofil:	Mü-Profil
Rumpflänge:	7,50 m
Leitwerk:	normales Kreuzleitwerk
Bauweise:	Holz, Rumpf aus Stahlrohr
Rüstgewicht:	194 kp
Maximales Fluggewicht:	310 kp
Flächenbelastung:	23,30 kp/m²
Flugleistungen:	
Geringstes Sinken:	0,65 m/s bei 60 km/h
Bestes Gleiten:	26 bei 75 km/h

Mü-22

Mit der Mü-22 in verschiedenen Baureihen sind interessante Konstruktionsvarianten erprobt worden. Das Flugzeug ist die erste Nachkriegskonstruktion der

Rechte Seite:

Oben: Die Mü-22 a aus dem Jahre 1954
Mitte: Die Mü-22 b ist heute noch im Flugbetrieb der Akaflieg München
Unten: Abschluß der Mü-22-Baureihe ist die Mü-26 (Mü-22 d)

Akaflieg, wobei auch zum ersten Mal (allerdings zeitlich vor der Ka 6) das nachher weit verbreitete Laminarprofil NACA 633-618 verwendet wurde. Die Mü-22 a entstand in den Jahren 1953 bis 1955 in den Werkstätten der Akaflieg in Prien. Der Doppeltrapeztragflügel hatte an der Nase eine negative Pfeilung von etwa 4 Grad und als Landehilfe Spreizklappen auf der Flügelunterseite. Der Rumpf war wie bei der Mü-22 b aus Stahlrohr mit einer eckigen Haube und einem Einziehfahrwerk. Als besonderen Clou konnte das gedämpfte V-Leitwerk am Boden mit Öffnungswinkeln von 60 Grad, 75 Grad, 90 Grad, 105 Grad und 120 Grad eingestellt werden. Später wurde sogar noch ein konventionelles Kreuzleitwerk erprobt. Der Erstflug der Mü-22 a fand im November 1954 statt, während das Flugzeug leider im Jahre 1959 durch einen Absturz verloren ging. Ein Fabrikant aus Nürnberg, der diesen Absturz von seinem Wochenendhaus in Prien beobachtet hatte, nahm dies zum Anlaß, der Akaflieg als Ersatz einen neuen Bocian zu schenken. (Auszug aus einem Brief: »Herr R. beobachtet

Muster:	Mü-22 b
Konstrukteur:	Akaflieg München
Hersteller:	Akaflieg München
Erstflug:	1963
Hergestellt insgesamt:	1
Zugelassen in Deutschland:	1 (D-1848)
Anzahl der Sitze:	1
Spannweite:	16,60 m
Flügelfläche:	13,54 m²
Streckung:	21,09
Flügelprofil:	NACA 633-618
Rumpflänge:	6,95 m
Leitwerk:	Pendel-V-Leitwerk
Bauweise:	Tragflügel in Holz vollbeplankt Rumpf als Stahlrohrkonstruktion
Rüstgewicht:	280 kp
Maximales Fluggewicht:	360 kp
Flächenbelastung:	26,6 kp/m²
Flugleistungen:	
Geringstes Sinken:	0,56 m/s bei 69 km/h
Bestes Gleiten:	36 bei 80 km/h

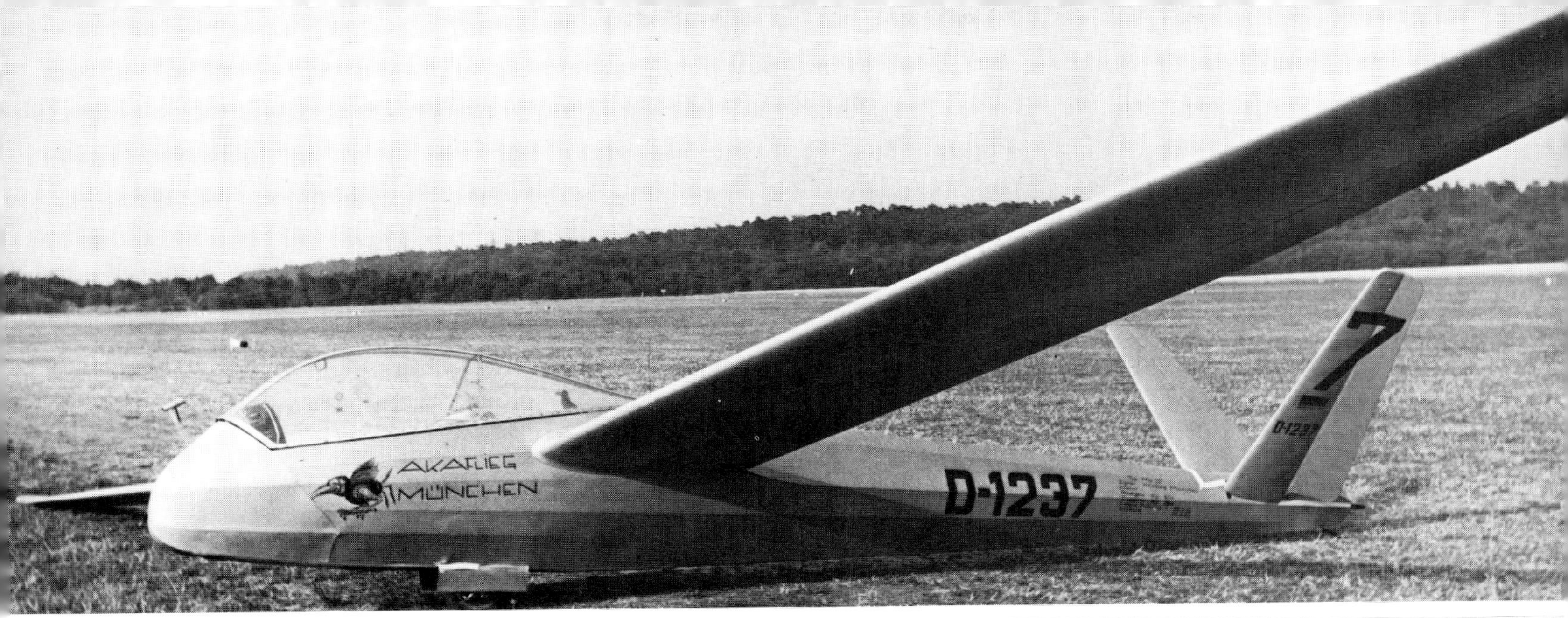
7
AKAFLIEG
MÜNCHEN
D-1237

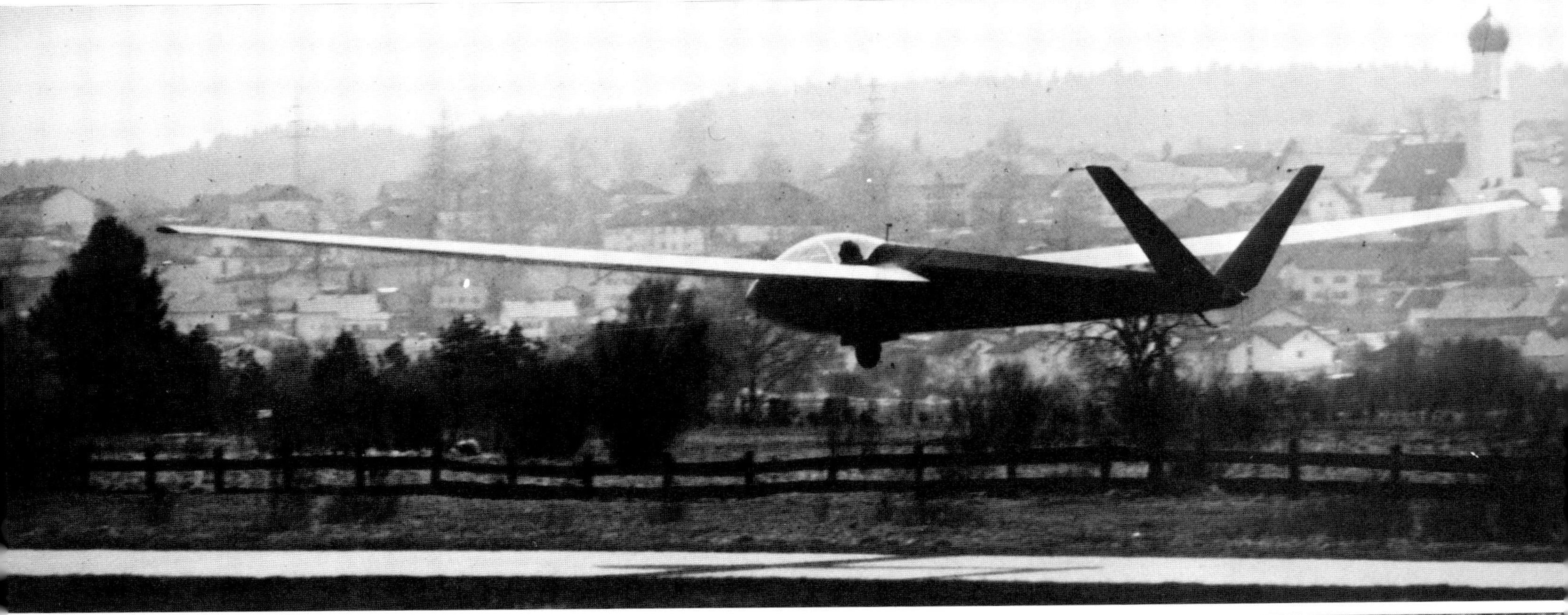

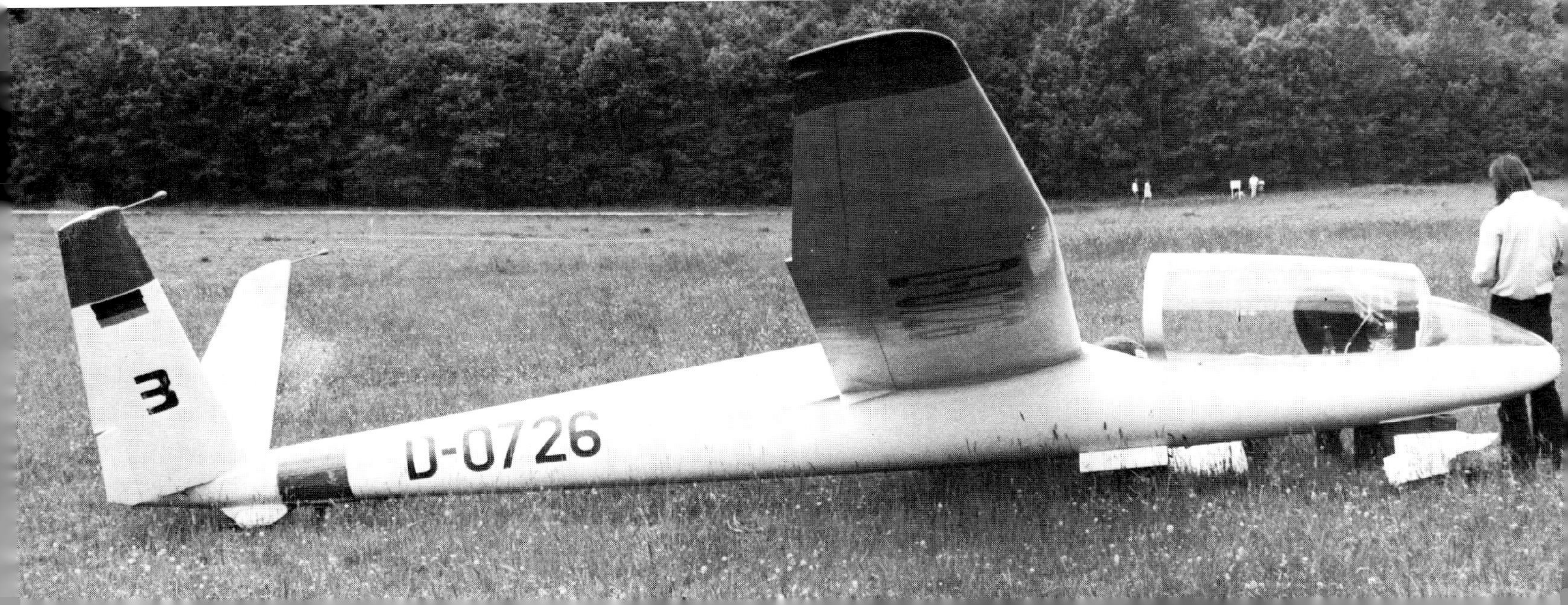
3
D-0726

immer mit Freude das rege Treiben und hervorragende Können der Mitglieder Ihrer Fluggruppe am Chiemsee. Das hat in ihm den Wunsch gereift, Ihre Fluggruppe helfend zu unterstützen...«) Diese kleine Episode sollte festgehalten werden, um zu demonstrieren, wie zu allen Zeiten der Segelflug gerade auch von der Flugbegeisterung von Nichtfliegern entscheidende Hilfe erfahren hat.

Die Mü-22 b hat einen leicht vergrößerten Tragflügel und das V-Leitwerk als Pendelruder mit einem Öffnungswinkel von 90 Grad. Der Stahlrohrrumpf ist bis zum Tragflügel mit einer GFK-Schale verkleidet. Die Mü-22 b führte ihren Erstflug im Jahre 1963 durch und im Frühjahr 1964 endete ein Erprobungsflug mit einem Fallschirmabsprung des Piloten, nachdem Leitwerksflattern aufgetreten war. Der Bruch konnte bald wieder aufgebaut werden, und die Ursache für das Flattern war bald gefunden. Heute noch wird die Mü-22 b mit dem Kennzeichen D-1848 gerne für Überland- und Leistungsflüge eingesetzt.

Mü-26

Die Mü-26 ist der Abschluß der Mü-22-Baureihe. Ursprünglich wurde sie auch als Mü-22 d bezeichnet. Für den Tragflügel der Mü-22 b wurde nämlich zuerst noch ein neuer Rumpf aus GFK gebaut (der spätere Rumpf der Mü-26), wobei sich allerdings herausstellte, daß diese Mü-22 c kaum meßbare Leistungssteigerungen brachte. So wird also heute noch die ursprüngliche Mü-22 b geflogen, während der Rumpf der Mü-22 c einen neuen Wölbklappentragflügel mit dem Epplerprofil 348 (wie BS-1) erhielt. Diese Mü-26 wurde speziell auf die Verhältnisse des Alpensegelfluges zugeschnitten, wobei gute Außenlandeeigenschaften im Vordergrund standen. Im Gegensatz zur Mü-22 b mit ihrer Spreizklappe erhielt die Mü-26 beidseitig wirkende Schempp-Hirth-Klappen, und auch die Flächenbelastung wurde bewußt niedrig gehalten. Wie die Mü-22 b aber erhielt der Kunststoffrumpf der Mü-26 keinen Kunststoff-Flügel, sondern die Bauweise ist aus Holz, vollbeplankt, mit einem GFK-Überzug und sehr geringem Rippenabstand, so daß die Oberfläche der eines Kunststoff-Tragflügels kaum nachsteht. Der Erstflug der Mü-26 mit dem Kennzeichen D-0726 fand im Juni 1971 in Oberpfaffenhofen statt. In den Jahren 1971 und 1972 wurde die Mü-26 jeweils bei den Idafliegtreffen in Aalen-Elchingen vermessen, wobei sie unerklärlicherweise schlechter abschloß, als der Tragflügel mit viel Aufwand im zweiten Jahr geschliffen und poliert wurde. 1973 nahm die Mü-26 an der Deutschen Meisterschaft auf der Hahnweide teil.

Muster:	Mü-26 (Mü-22 d)
Konstrukteur:	Akaflieg München
Hersteller:	Akaflieg München
Erstflug:	1971
Hergestellt insgesamt:	1
Zugelassen in Deutschland:	1 (D-0726)
Anzahl der Sitze:	1
Spannweite:	16,60 m
Flügelfläche:	15,30 m^2
Streckung:	18,01
Flügelprofil:	Eppler 348
Rumpflänge:	7,43 m
Leitwerk:	Pendel-V-Leitwerk
Bauweise:	Rumpf in GFK, Tragflügel Holz
Rüstgewicht:	276 kp
Maximales Fluggewicht:	382 kp
Flächenbelastung:	23,9 kp/m^2 bis 25,0 kp/m^2

Flugleistungen (DFVLR-Messung 1971):

Geringstes Sinken:	0,60 m/s bei 83 km/h
Bestes Gleiten:	40 bei 97 km/h

Mü-27

Bereits seit dem Jahre 1970 beschäftigt sich die Akaflieg München mit der Konstruktion und dem Bau des Doppelsitzers Mü-27, der wie schon die englische Sigma das Fowlerklappen-Profil FX 67-VC-170/136 mit einer Flächenvergrößerung von 36 % bekommt. Der vierteilige Flügel hat Doppeltrapezform und als Landehilfe dienen sechs Meter lange Spoiler auf der Flügeloberseite. Die Flügelfläche variiert zwischen 17,60 m^2 und 23,90 m^2 bei einer Spannweite von 22 Metern. Aus konstruktiven Gründen können die Querruder nur eine Tiefe von 10 % haben, so daß sich die beachtliche Länge von 15,20 m ergibt. Das Höhenleitwerk ist gedämpft und die Flosse kann we-

Die Arbeiten am Doppelsitzer Mü-27 wurden 1970 begonnen

gen der großen Anstellwinkeländerung zwischen ein- und ausgefahrenen Klappen um 20 Grad getrimmt werden. Einige Schwierigkeiten bereitete die Herstellung der gehärteten Stahlschienen, welche die Klappen führen. Die Klappen selbst werden von einem batteriegespeisten Elektromotor angetrieben. Der Flügel hat einen genieteten Kastenholm aus Aluminiumprofilen, der in einer reinen GFK-Konstruktion nicht zu lösen war, da wegen der Klappen nur 48 % der Flügeltiefe als Biegeträger zur Verfügung steht. Ansonsten wird übliche GFK-Bauweise angewandt, teilweise unter Verwendung von Balsaholz als Stützstoff, bei den Klappen auch Kiefernholz für die Holme. Der Rumpf ist eine reine GFK-Schale ohne Stützstoff mit einigen Ringspanten. Das ganze Flugzeug ist in Negativbauweise hergestellt. Das bremsbare Einziehfahrwerk hat eine Dämpfung aus Ringfederelementen; im Seitenleitwerk ist ein Bremsschirm untergebracht. Der Bau der Mü-27 ist nunmehr ziemlich fortgeschritten, so daß der Erstflug wohl 1978 stattfinden kann, falls keine weiteren Probleme auftauchen.

Muster:	Mü-27
Konstrukteur:	Akaflieg München
Hersteller:	Akaflieg München
Erstflug:	voraussichtlich 1978
Hergestellt insgesamt:	1
Anzahl der Sitze:	2
Spannweite:	22,00 m (Fowler-Klappen)
Flügelfläche:	17,60 m^2 bzw. 23,90 m^2
Streckung:	27,50 bzw. 20,25
Flügelprofil:	FX 67-VC-170/136
Rumpflänge:	10,30 m
Leitwerk:	gedämpftes T-Leitwerk
Bauweise:	GFK, Flügel mit Aluholm
Rüstgewicht:	ca. 480 kp
Maximales Fluggewicht:	700 kp
Flächenbelastung:	23,9 kp/m^2 einsitzig Klappen ausgef. 39,8 kp/m^2 doppelsitzig Klappen eingef.

Flugleistungen (gerechnete Werte):

Geringstes Sinken:	0,57 m/s bei 87 km/h (Klappen ein) 0,56 m/s bei 60 km/h (Klappen aus)
Bestes Gleiten:	47 bei 101 km/h (Klappen ein) 39 bei 88 km/h (Klappen aus)

Olympia-Meise

Im Jahre 1940 sollte der Segelflug olympische Sportart werden. Dafür suchte man ein Einheitssegelflugzeug, für welches ein Konstruktionswettbewerb ausgeschrieben wurde. Neben einigen anderen Forderungen sollte die Spannweite 15 Meter betragen, so daß wohl hier bereits im Jahre 1938 die Standard-Klasse begründet wurde. Der Sieger dieses Wettbewerbes wurde die DFS-Meise, seither Olympia-Meise genannt. Die Meise ist im Prinzip eine verkleinerte Weihe, Profil und Flügelform der Weihe wurden sogar original übernommen. An der Wurzel wurden drei Rippen und am Flügelende zwei Rippen weggelassen, so daß sich bei einem Rippenabstand von 30 Zentimetern eine Verkürzung von 1,50 m pro Tragflügelhälfte ergibt, was wieder eine Reduzierung der Spannweite von 18 Metern der Weihe auf die 15 Meter der Meise zur Folge hat. Die Rumpflänge verkleinerte sich von 8,30 m auf 7,27 m, das Seitenleitwerk blieb fast gleich groß, während das Höhenleitwerk auch etwas kleiner wurde. Wie die Weihe hat die Meise auch kein festes Rad, sondern eine lange Kufe mit einem Abwurffahrwerk, aber keine Seitenwand- sondern eine Schwerpunktkupplung an der Rumpfunterseite. Vor 1945 wurde eine größere Anzahl von Meisen gebaut und 1951 ließ Focke-Wulf die Meise neu zu. Hier wurden aber keine fertigen Flugzeuge gebaut, sondern es wurden Pausensätze mit den entsprechenden Nachbaulizenzen vergeben. So lassen sich die entsprechenden Stückzahlen nur noch schwer feststellen, wobei es etwa 30 Nachkriegsflugzeuge gewesen sein werden. Anfang 1978 waren immerhin noch 12 Olympia-Meisen zugelassen, die in ihren Flugleistungen und Flugeigenschaften in etwa der Ka 8 entspricht. Im Ausland gab es einige Meise-Nachbauten, so die an anderer Stelle beschriebene Zlin-25 aus der CSSR oder die französische Nachbauversion Nord-2000.

Muster:	DFS Olympia-Meise
Konstrukteur:	Hans Jacobs
Hersteller:	nach 1950 nur Amateurbau
Erstflug:	1938 (Prototyp)
Hergestellt:	etwa 30 (nach 1950)
Zugelassen in Deutschland:	12
Anzahl der Sitze:	1
Spannweite:	15,00 m
Flügelfläche:	15,00 m²
Streckung:	15,00
Flügelprofil:	Gö 549/Gö 676 (wie Weihe)
Rumpflänge:	7,27 m
Leitwerk:	normales Kreuzleitwerk
Bauweise:	Holz
Rüstgewicht:	160 kp
Maximales Fluggewicht:	255 kp
Flächenbelastung:	17,0 kp/m²
Flugleistungen:	
Geringstes Sinken:	0,71 m/s bei 59 km/h
Bestes Gleiten:	25,5 bei 69 km/h

Rechte Seite:

Oben: Eine Olympia-Meise mit Original-Haube
Unten: Eine Olympia-Meise in neuerem Gewand

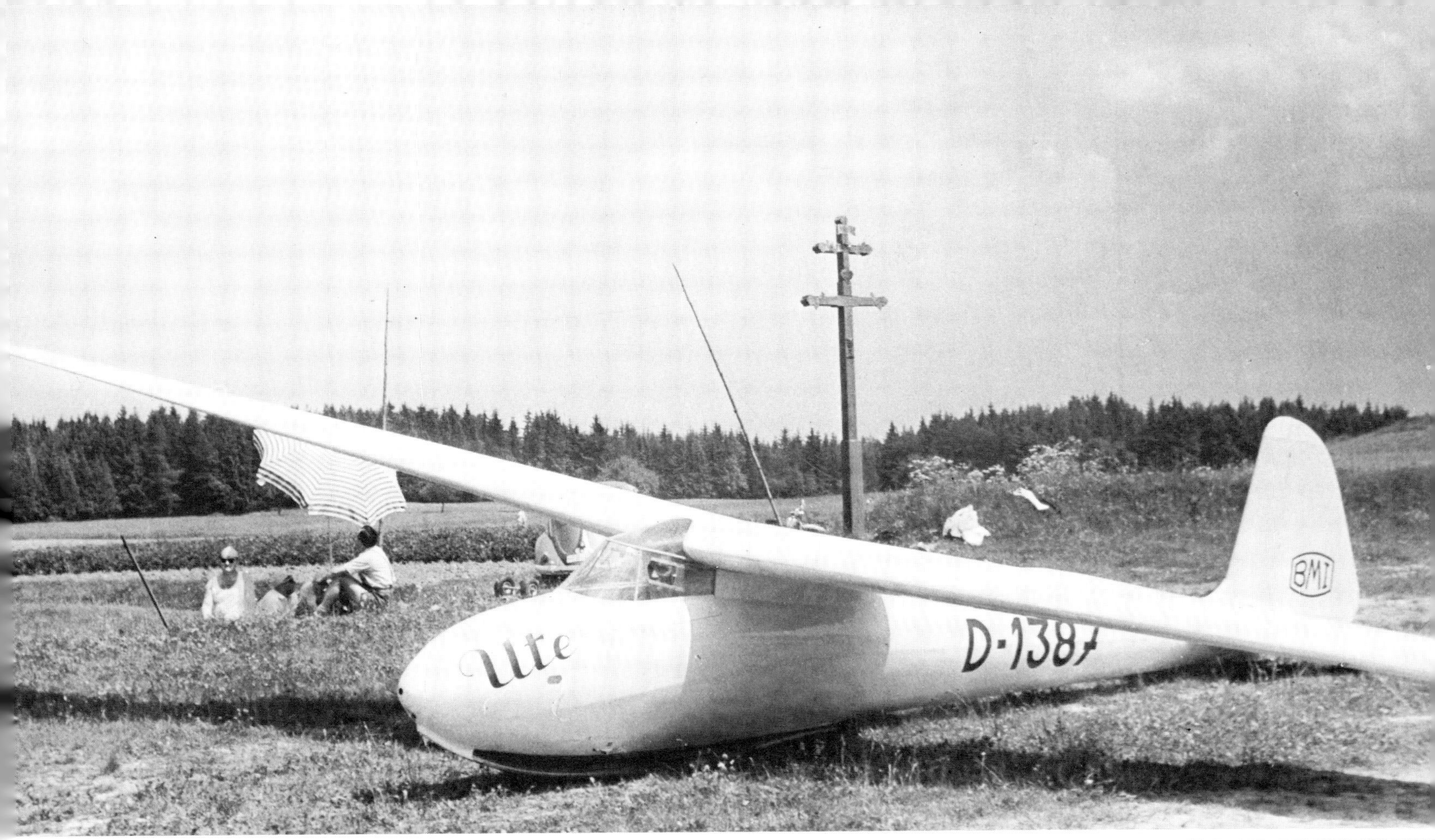
Ute
D-1387
BMI

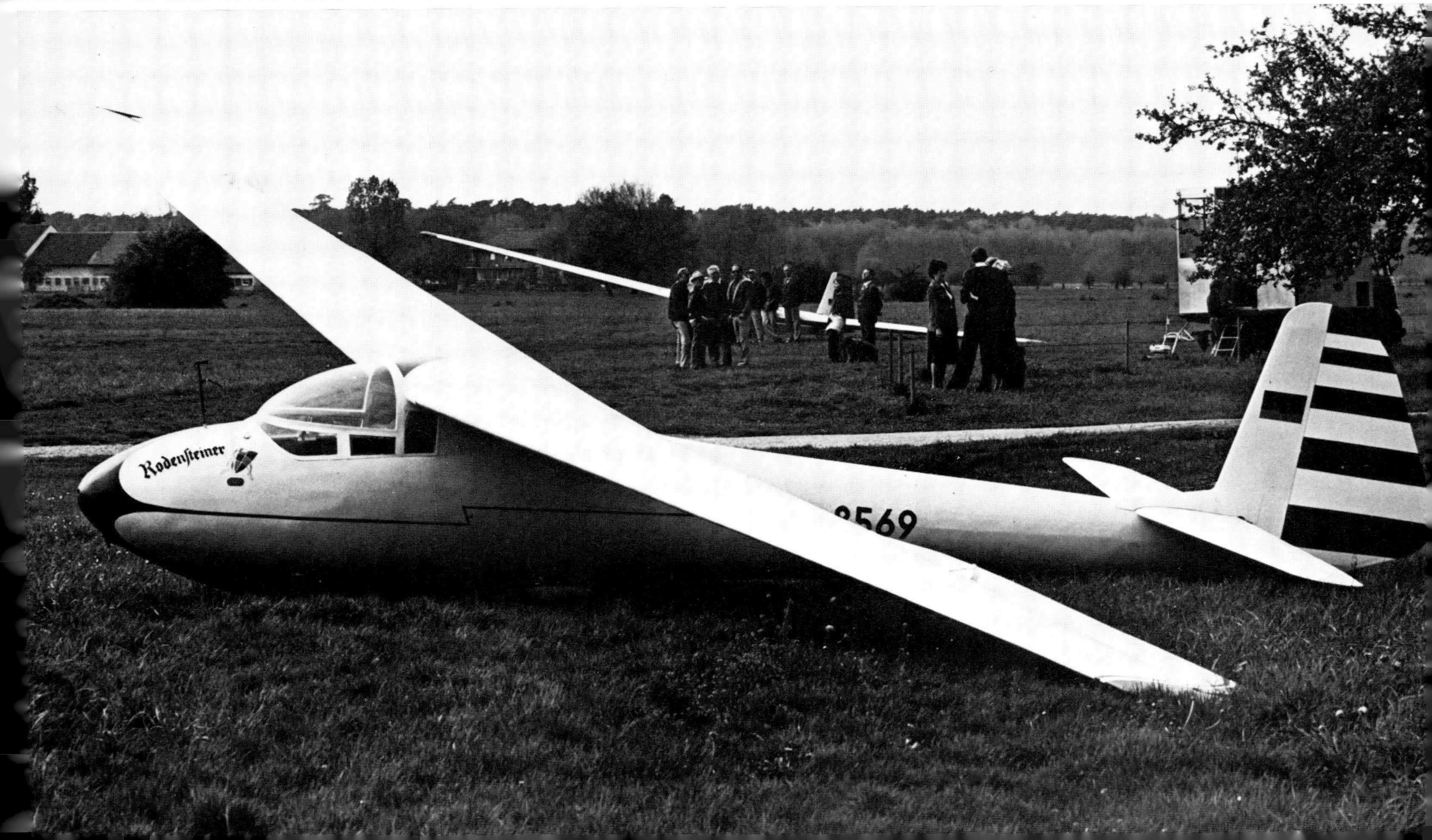
Rodensteiner
8569

Phoebus A bis C

Der Phoebus hat nicht nur vom Namen her mit dem Phönix zu tun, dem ersten Kunststoff-Segelflugzeug. Vielmehr stecken hinter dem Phoebus wieder die Konstrukteure Hermann Nägele und Richard Eppler, zu denen sich nun noch Rudi Lindner gesellt. Von der äußeren Form des Phönix bleibt aber nicht mehr viel

Rudi Lindner mit einem Modell des Phoebus

übrig. Der Rumpf wird schlanker, die Spannweite wird auf 15 Meter verringert und nur das T-Leitwerk des Phoebus erinnert noch an den großen Bruder. Auch das Tragflügelprofil zielt nun mehr in Richtung Schnellflug, allerdings bleibt es mit 13,16 m² bei einer sehr großen Flügelfläche für ein 15-Meter-Flugzeug. Der Phoebus A erhält nun auch die üblichen Schempp-Hirth-Bremsklappen und ein festes Rad. Als später die Standard-Klasse ein Einziehfahrwerk gestattet, wird diese Baureihe Phoebus B genannt. Der Phoebus A taucht zum ersten Mal bei der Deutschen Meisterschaft 1964 in Roth auf und Rudi Lindner gewinnt mit dem wenige Wochen alten Flugzeug den dritten Platz. Vier Jahre später erreicht Lindner, der heute einen Luftfahrttechnischen Betrieb bei

Muster:	Phoebus A/B
Konstrukteur:	Nägele/Eppler/Lindner
Hersteller:	Bölkow, Laupheim
Erstflug:	11. 4. 1964
Serienbau:	1964 bis 1970
Hergestellt insgesamt:	120
Zugelassen in Deutschland:	48
Anzahl der Sitze:	1
Spannweite:	15,00 m (Standard-Klasse)
Flügelfläche:	13,16 m²
Streckung:	17,10
Flügelprofil:	Eppler 403
Rumpflänge:	6,98 m
Leitwerk:	Pendel-T-Leitwerk
Bauweise:	GFK
Rüstgewicht:	210 kp
Maximales Fluggewicht:	350 kp
Flächenbelastung:	22,5 kp/m² bis 26,5 kp/m²

Flugleistungen (Angaben Bölkow):

Geringstes Sinken:	0,65 m/s bei 80 km/h
Bestes Gleiten:	37 bei 90 km/h

Laupheim führt, bei der Weltmeisterschaft in Polen ebenfalls einen dritten Rang. Wie beim Phoenix wird auch für den Phoebus Balsaholz als Stützstoff des GFK-Sandwich verwendet, auch für den Rumpf. Die Fertigung erfolgt bei Bölkow in Laupheim. Außergewöhnlich ist beim Phoebus, daß die Rumpfhälften nicht wie üblich in der Senkrechten geteilt sind. Eine untere Hälfte mit dem Cockpit und der Flügelauflage wird mit einem oberen Deckel zusammen mit der Seitenflosse verklebt. Angesichts der heutigen Astir-Produktionszahlen nimmt sich das zwar recht bescheiden aus, aber immerhin sind in den Jahren 1964 bis 1970 insgesamt mehr als 250 Exemplare des Phoebus gebaut worden.

Phoebus C

Der Phoebus C ist eine Weiterentwicklung des Phoebus A für die Offene Klasse. Dabei konnten der Rumpf und die Leitwerke unverändert beibehalten werden. Lediglich die Flügel des Phoebus A wurden außen um je einen Meter verlängert, so daß sich eine Spannweite von 17 Metern ergibt. Die Flügelfläche wächst dabei um nicht ganz einen Quadratmeter, während sich die Streckung auf über 20 erhöht. Der Phoebus C wurde nur noch mit Einziehfahrwerk ausgeliefert und hatte zusätzlich zu den Schempp-Hirth-Klappen einen Bremsschirm von 1,3 m Durchmesser im Seitenleitwerk. Der Phoebus-C hat ebenfalls ein

Der Phoebus A hat ein festes Rad

Ein Phoebus C mit 17 m Spannweite und Einziehfahrwerk

Muster:	Phoebus C
Konstrukteur:	Nägele/Eppler/Lindner
Hersteller:	Bölkow, Laupheim
Erstflug:	18. 4. 1967
Serienbau:	1967 bis 1970
Hergestellt insgesamt:	133
Zugelassen in Deutschland:	36
Anzahl der Sitze:	1
Spannweite:	17,00 m
Flügelfläche:	14,06 m²
Streckung:	20,55
Flügelprofil:	Eppler 403
Rumpflänge:	6,98 m
Leitwerk:	Pendel-T-Leitwerk
Bauweise:	GFK
Rüstgewicht:	243 kp
Maximales Fluggewicht:	459 kp
Flächenbelastung:	23,0 kp/m² bis 32,6 kp/m²

Flugleistungen (DFVLR-Messung 1972):

Geringstes Sinken:	0,63 m/s bei 83 km/h
Bestes Gleiten:	39 bei 93 km/h

Pendel-T-Höhenleitwerk mit außenliegendem Massenausgleich. Charakteristisch ist die einfache Trapezform des Tragflügels mit der gerade durchgehenden Flügelvorderkante. Anfänglich gab es nur mit dem Phoebus C einige Schwierigkeiten beim Windenstart, da sich das Flugzeug bei einer kräftigen Beschleunigung stark aufbäumte, was zu einigen schweren Unfällen führte. Als Folge davon wurde die Kupplung weiter nach vorn versetzt und Gewicht in der Rumpfspitze angebracht, so daß das Übel abgestellt werden konnte. Man mußte allerdings dafür eine geringere Höhe im Windenstart in Kauf nehmen. Seinen größten fliegerischen Erfolg feierte der Phoebus C durch seinen zweiten Platz in der Offenen Klasse bei den Segelflugweltmeisterschaften 1968 in Polen durch den Schweden Göran Ax.

Im Oktober 1977 fand in Laupheim der Erstflug des Phoebus B3 statt. Bei dem Flugzeug mit dem Kennzeichen D-7397 handelt es sich um ein bei Rudi Lindner gebautes Einzelstück mit der Werk-Nr. 1003. (Die bei Lindner gebauten Exemplare des Phoebus nach der früheren Bölkow-Fertigung tragen die Werk-Nummern über 1000.) Das Besondere an diesem Phoebus B3 ist ein spaltloser Wölb-Klappenflügel nach Art des Speed-Astir. Allerdings geht Professor Eppler bei diesem Flugzeug noch einen Schritt weiter. Ähnlich wie bei der Kunstflug-Motormaschine Acrostar, deren Steuerungskinematik ebenfalls von Richard Eppler stammt, sind die Wölbklappen unmittelbar mit dem Steuerknüppel gekoppelt. Bei einem Höhenruderausschlag in Richtung Ziehen macht also die Wölbklappe automatisch einen positiven Ausschlag, bei hohen Geschwindigkeiten weniger als im langsamen Bereich. Rumpf und Leitwerke des Phoebus B3 stammen original vom üblichen Phoebus B mit Einziehfahrwerk, auch der 15-Meter-Flügel hat die gleiche Flügelfläche und -form. Das Wölbklappenprofil wird als Eppler 604 bezeichnet. Der Bau des Phoebus B3 zog sich von 1974 bis 1977 hin, und mit einem Rüstgewicht von 272 kp fiel der Prototyp auch etwas schwer aus. Derzeit ist das Flugzeug auf der Hahnweide stationiert.

PIK-16 Vasama, PIK-20 D

Segelflugzeuge aus Finnland konnten sich bis zum Erscheinen der PIK-20 D, die aber wegen des relativ hohen Preises auch nur eine begrenzte Zahl von Abnehmern findet, in Deutschland eigentlich nicht so recht verbreiten. In den Jahren nach 1962 kamen einige Vasama in unsere Breiten, dann wurde es wieder still um die PIK's, bis die Finnen zur Weltmeisterschaft 1974 in Australien mit der PIK-20 B auftauchten. Bei der darauffolgenden Weltmeisterschaft in ihrem Heimatland konnte sich dann die PIK endgültig durchsetzen.

PIK-16 Vasama

Der Entwurf der Vasama datiert aus dem Jahre 1960. Das Flugzeug entstammt der Ka-6-Ära und ist wie diese eine Holzkonstruktion. Der Doppeltrapezflügel hat beidseitige Schempp-Hirth-Klappen und ist in Mitteldecker-Anordnung recht tief am Rumpf angesetzt. Der Rumpf selbst hat ein festes Rad mit einer kleinen Kufe und ein leicht gepfeiltes Seitenleitwerk. Das gedämpfte Höhenleitwerk ist etwas hochgesetzt. Teilweise wurde bei der Vasama auch schon GFK verwendet. Der Prototyp flog im Jahre 1961 und trug noch ein V-Leitwerk. Mit einer Vasama konnten die Finnen bei der Weltmeisterschaft des Jahres 1963 in Argentinien einen 3. Platz in der Standard-Klasse belegen.

Muster:	PIK-16 Vasama
Konstrukteur:	K. K. Lehtovaara
Herstellungsland:	Finnland
Erstflug:	1961
Hergestellt insgesamt:	etwa 35
Zugelassen in Deutschland:	4
Anzahl der Sitze:	1
Spannweite:	15,00 m
Flügelfläche:	11,75 m^2
Streckung:	19,15
Flügelprofil:	FX 05-188 modifiziert
Rumpflänge:	6,60 m
Leitwerk:	gedämpftes Kreuzleitwerk
Bauweise:	Holz, teilweise GFK
Rüstgewicht:	210 kp
Maximales Fluggewicht:	315 kp
Flächenbelastung:	26,8 kp/m^2

Flugleistungen (Herstellerangaben):

Geringstes Sinken:	0,59 m/s bei 73 km/h
Bestes Gleiten:	34,5 bei 86 km/h

PIK-20 D

Die PIK-20 B hat einige Ähnlichkeit mit der LS-2, was die grundsätzliche Auslegung angeht. Beide Flugzeuge entstammen der damaligen CIVV-Regel, die nur eine nicht mit den Querrudern verbundene Wölbklappe als Bremsklappe gestattete. Wie bei der LS-2 wurde die Landestellung der Wölbklappe mit einem Kurbelgriff bedient. Während die LS-2 ein Einzel-

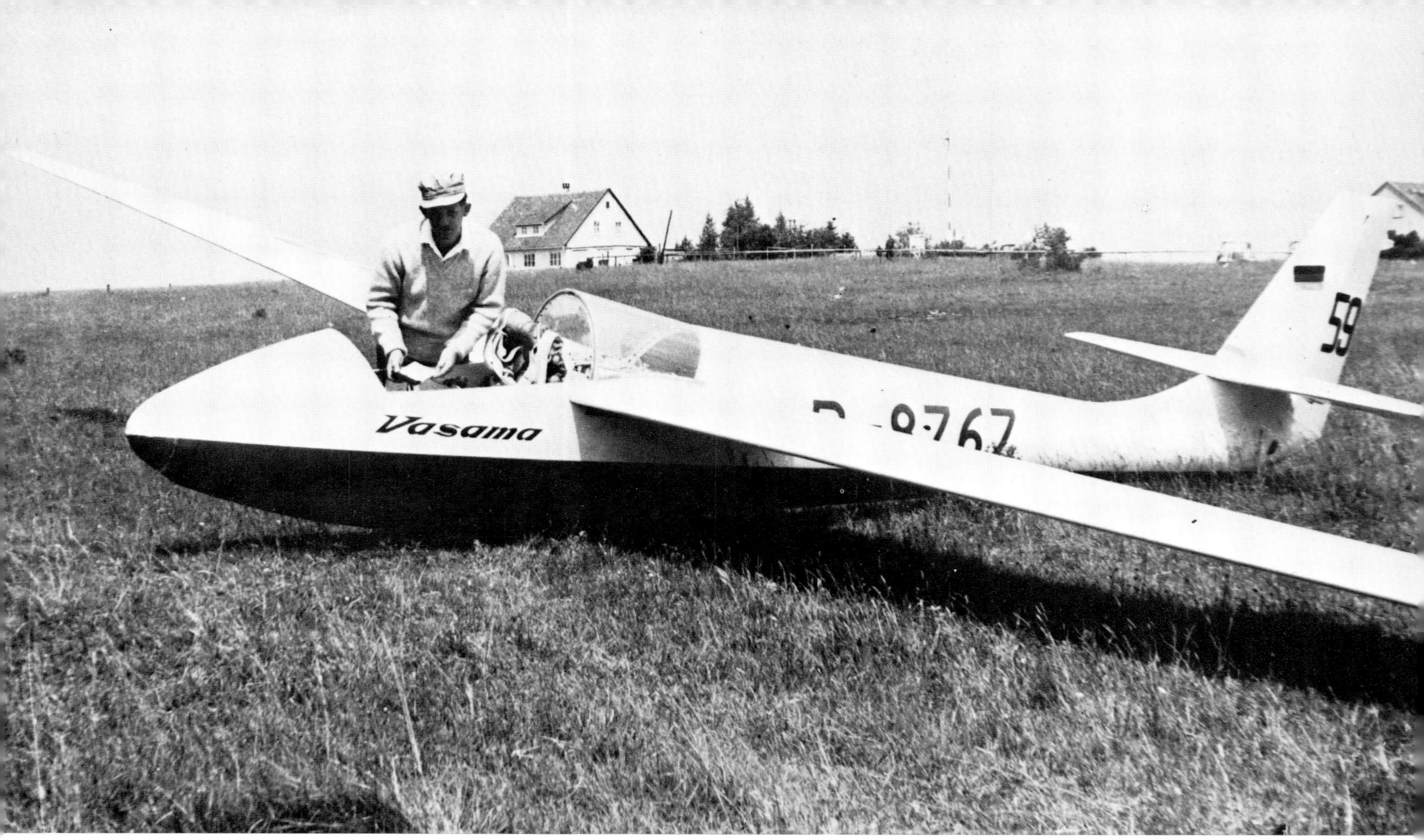
Vasama
59

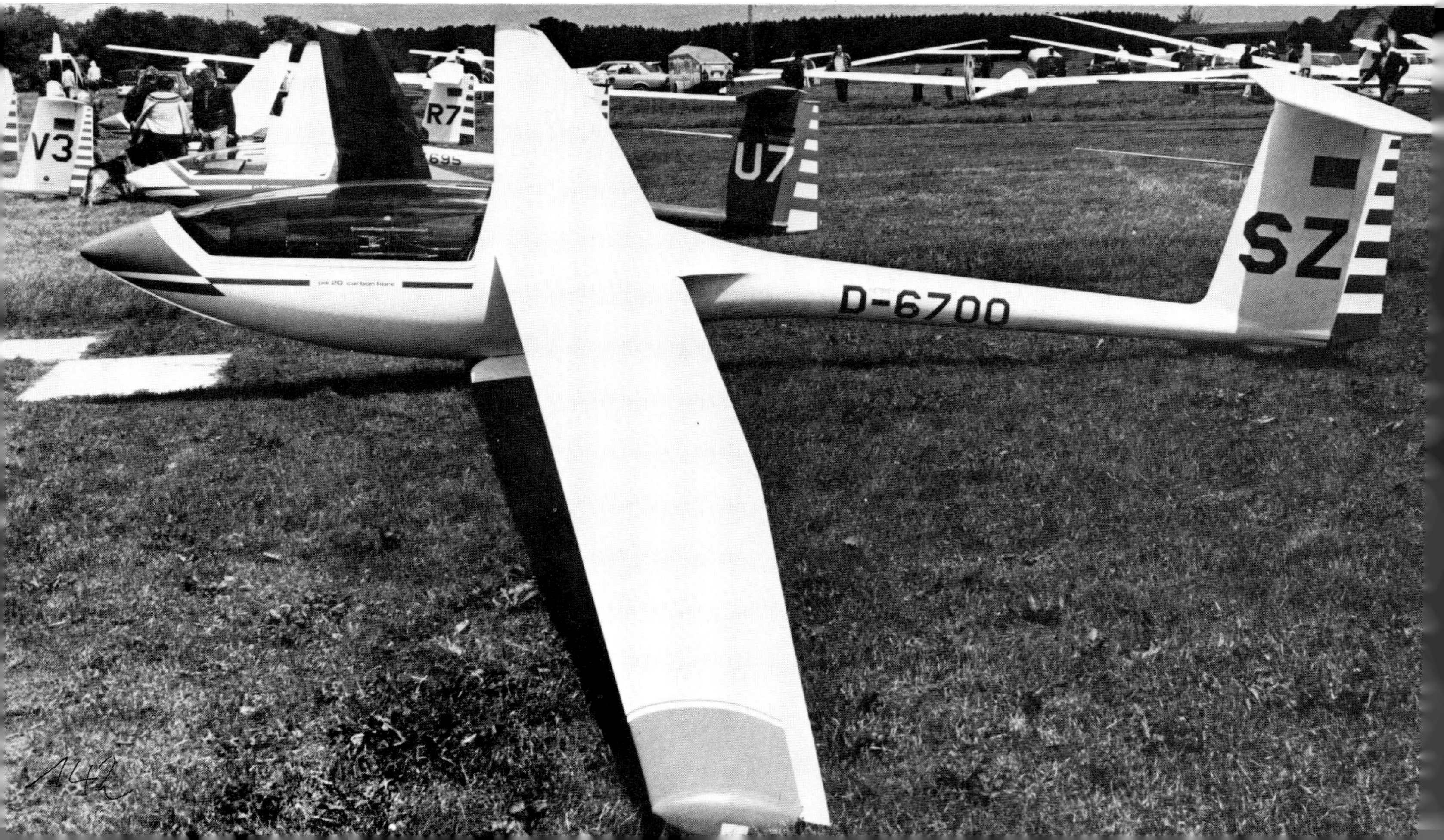
V3
R7
U7
SZ
D-6700
pik 20 carbon fibre

stück blieb, wurden von der PIK-20 B etwa 100 Exemplare gebaut, wobei aber kein Flugzeug nach Deutschland kam. Zwei PIK-20 B fliegen aber in der Schweiz. Der Erstflug fand am 10. 10. 1973 statt. Nachfolgemuster der PIK-20 B wurde die PIK-20 D, welche 1976 erschien. Sie gehört der 15-m-Klasse an, hat das Wölbklappenprofil FX 67-K-170 und zusätzliche Schempp-Hirth-Bremsklappen. Die PIK-20 D hat Holme aus Kohlestoff-Fasern und gehört deshalb mit einem Rüstgewicht von etwa 230 kp zu den leichtesten Flugzeugen der Rennklasse. Besonderheiten an der PIK-20 D sind ferner ein pneumatisch abgedichteter Haubenrahmen sowie ein spezieller Harztyp, der ein Einfärben der Deckschicht gestattet. So kann man gelegentlich leuchtend gelbe oder rote PIK's in der Luft bewundern. Von der PIK-20 D wurden bis Anfang 1978 118 Flugzeuge gebaut, wovon 32 in Deutschland, 8 in Österreich und 2 in der Schweiz fliegen. Einiges Interesse findet eine Motorseglerversion mit der Bezeichnung PIK-20 E. Gut eingeführt hat sich auch ein spezieller PIK-Hänger, der zum überwiegenden Teil aus zwei verklebten GFK-Schalen besteht.

Muster:	PIK-20 D
Konstrukteur:	Tammi, Korhonen, Hiedanpaa
Hersteller:	Eiriavion, Finnland
Erstflug:	19. 4. 1976
Serienbau:	1976 bis heute
Hergestellt insgesamt:	118
Zugelassen in Deutschland:	32
Anzahl der Sitze:	1
Spannweite:	15,00 m (15-m-Klasse)
Flügelfläche:	10,00 m^2
Streckung:	22,50
Flügelprofil:	FX 67-K-170, FX 67-K-150
Rumpflänge:	6,65 m
Bauweise:	GFK, KFK
Rüstgewicht:	230 kp
Maximales Fluggewicht:	450 kp
Flächenbelastung:	32,0 kp/m^2 bis 45,0 kp/m^2
Flugleistungen (Angaben Eiriavion):	
Geringstes Sinken:	0,56 m/s bei 73 km/h
Bestes Gleiten:	42 bei 117 km/h

Linke Seite:

Oben: Fritz Rueb mit der Vasama im Jahre 1967 auf dem Klippeneck
Unten: Einige PIK-20 D beim 11. Oberschwäbischen Wettbewerb in Tannheim

Akaflieg Braunschweig (SB-5 bis SB-11)

SB-5

Die SB-5 ist die erste Nachkriegskonstruktion der Akaflieg Braunschweig, nachdem zuvor in den Werkstätten nach der Wiederzulassung des Segelfluges zwei Grunau-Baby III, eine SG-38 und eine Weihe gebaut wurden. Die Konstruktionsarbeiten begannen im Jahr 1957 und am 3. Juni 1959 konnte die erste SB-5 ihren Erstflug mit Georg Raddatz durchführen. Sie wurde allerdings nur zwei Jahre alt, denn am 6. Juni 1961 ging sie in einer Gewitterwolke zu Bruch, wobei sich der Pilot mit dem Fallschirm retten konnte.

Die SB-5 ist in konventioneller Holzbauweise hergestellt, hat einen Sperrholzrumpf mit einem festen Rad und ein charakteristisches V-Leitwerk mit einem relativ großen Öffnungswinkel von 110 Grad. Die Flügelfläche ist mit 13,0 m² recht groß, die V-Form mit 1,5 Grad verhältnismäßig gering. Das Flügelprofil ist dasselbe NACA-Laminarprofil wie bei der Ka 6 und als Landehilfe dienen Schempp-Hirth-Bremsen.

Nach einer Überarbeitung des Entwurfes wurde das Flugzeug als SB-5 B zum Nachbau zugelassen. Insgesamt sind etwa 60 Flugzeuge gebaut worden einschließlich der Version SB-5 E mit einer Spannweite von 16 Metern. Davon wurden 20 Flugzeuge bei der Firma Eichelsdörfer in Bamberg hergestellt, wo seit dem Jahre 1953 unter anderem 110 Ka 8 b in Lizenz der Firma Schleicher gefertigt wurden. Amateurbauten der SB-5 werden 39 gezählt, davon drei in Brasilien und zwei in Belgien. Über 40 Flugzeuge fliegen heute noch in Deutschland. Gelobt werden die guten Flugeigenschaften. Die Leistungen liegen etwas höher als bei der Ka 6 CR.

Muster:	SB-5 B
Konstrukteur:	Akaflieg Braunschweig
Hersteller:	Eichelsdörfer und Amateurbau
Erstflug:	1963 (SB-5 B)
Serienbau:	1963 bis 1968
Hergestellt insgesamt:	etwa 50
Zugelassen in Deutschland:	etwa 36
Anzahl der Sitze:	1
Spannweite:	15,00 m (Standard-Klasse)
Flügelfläche:	13,00 m²
Streckung:	17,31
Flügelprofil:	NACA 633-618 durchgehend
Rumpflänge:	6,60 m
Leitwerk:	gedämpftes V-Leitwerk
Bauweise:	Holz
Rüstgewicht:	225 kp
Maximales Fluggewicht:	325 kp
Flächenbelastung:	25,00 kp/m²

Flugleistungen (DFVLR-Messung):

Geringstes Sinken:	0,63 m/s bei 72 km/h
Bestes Gleiten:	32 bei 84 km/h

SB-5 E

Nach dem Verlust ihrer SB-5 bauten sich Braun-

Rechte Seite:

Oben: Die SB-5 wurde in mehreren Baureihen hergestellt
Unten: Die SB-5 B hat eine Spannweite von 15 Metern

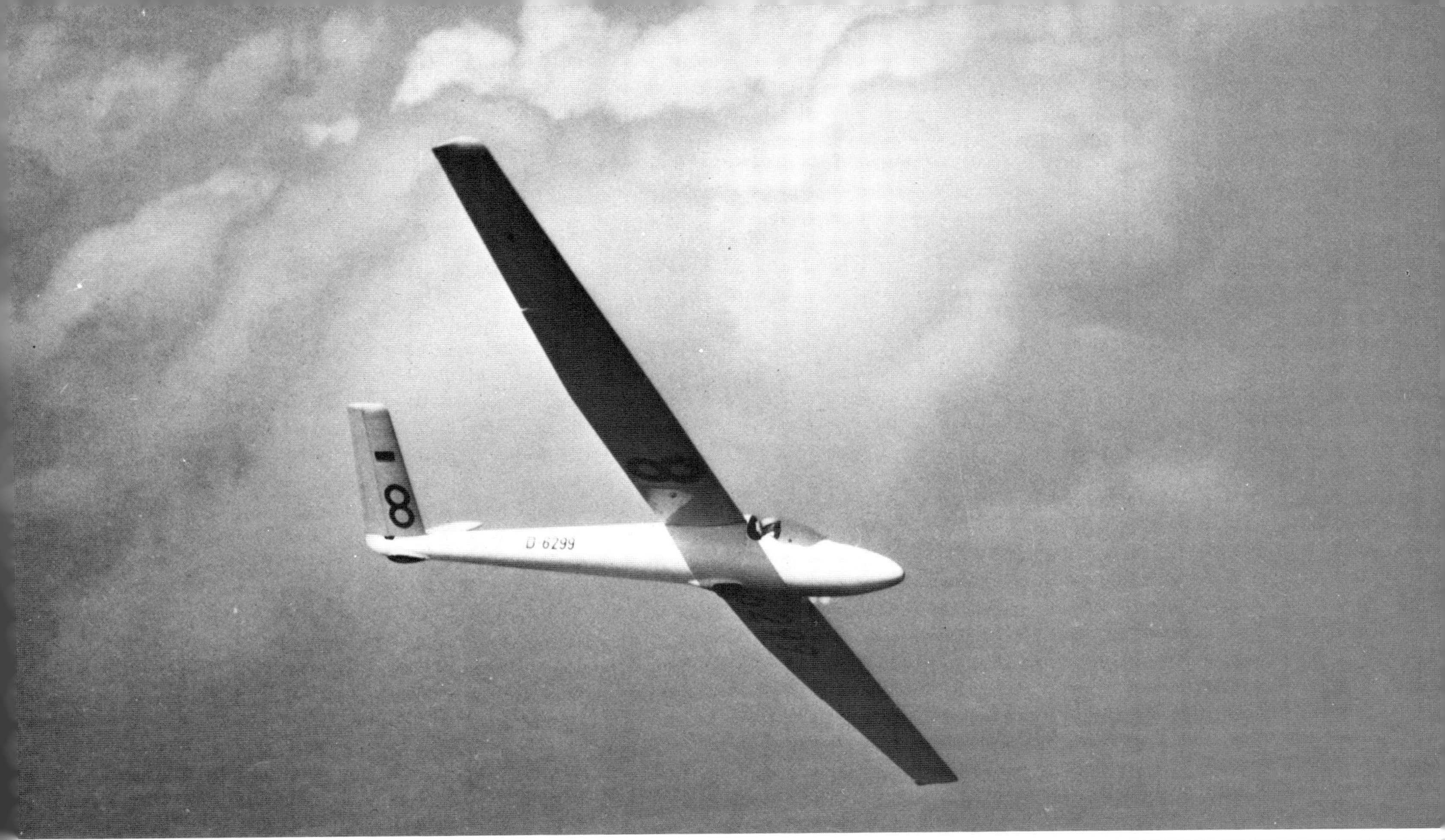
8
D-6299

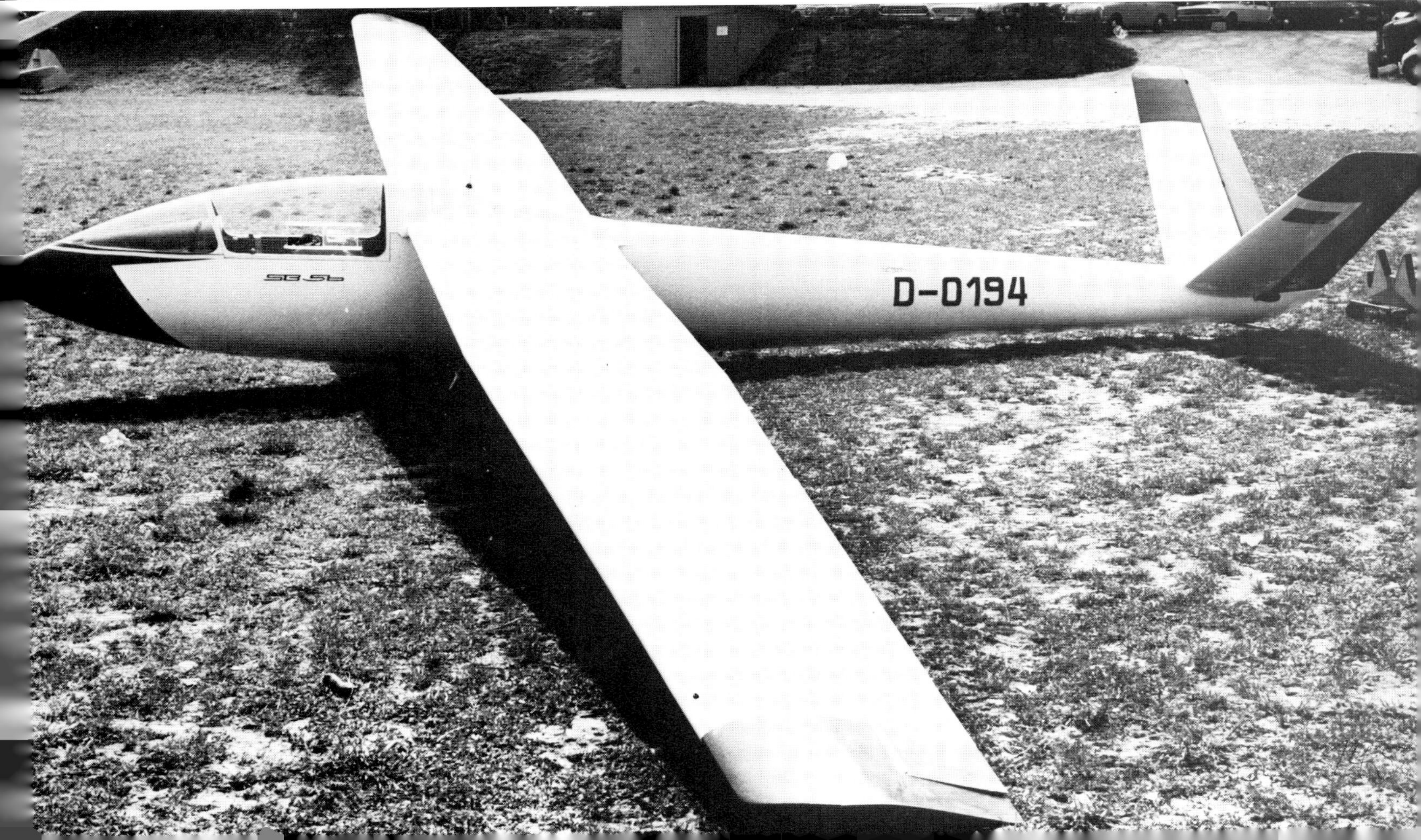
D-0194

schweiger Akaflieger teilweise in den Formen bei Eichelsdörfer eine weitere SB-5, die sich hauptsächlich durch ein Rumpfvorderteil aus GFK unterschied und eine nicht eingestrakte Haube nach Art der späteren SB-8. Diese Baureihe wurde SB-5 C genannt und führte ihren Erstflug am 30. April 1965 durch. Anfang 1968 wurde sie dann wieder von der Akaflieg verkauft.

Die SB-5 E leitet sich aus dem Grundmuster SB-5 B ab und ist gekennzeichnet durch eine Erhöhung der Spannweite auf 16 Meter. Die erste SB-5 E flog am 22. Juli 1972. Wie die anderen SB-5 hat sie einen Rechteck-Trapezflügel.

Muster:	SB-5 E
Konstrukteur:	Akaflieg Braunschweig
Hersteller:	Eichelsdörfer + Amateurbau
Erstflug:	1972
Hergestellt insgesamt:	etwa 10
Zugelassen in Deutschland:	etwa 8
Anzahl der Sitze:	1
Spannweite:	16,00 m
Flügelfläche:	13,47 m²
Streckung:	19,01
Flügelprofil:	NACA 633-618
Rumpflänge:	6,57 m
Leitwerk:	gedämpftes V-Leitwerk
Bauweise:	Holz
Rüstgewicht:	240 kp
Maximales Fluggewicht:	325 kp
Flächenbelastung:	24,2 kp/m²
Flugleistungen:	
Geringstes Sinken:	0,65 m/s bei 75 km/h
Bestes Gleiten:	34,5 bei 87 km/h

SB-6

Der Vollständigkeit halber soll kurz auf die SB-6 eingegangen werden, die als erstes Kunststoff-Segelflugzeug der Akaflieg Braunschweig im Jahre 1960 unter der Leitung von Björn Stender entstand, und die ihren Erstflug am 2. Februar 1961 durchführte. Leider ging dieses Flugzeug bereits beim Idafliegtreffen des Jahres 1964 in Braunschweig durch einen Totalschaden wieder verloren. Das Kennzeichen D-6299 trug dann später die SB-5 C der Akaflieg.

SB-7

Eine recht wechselvolle Geschichte hat die SB-7, die heute noch mit gutem Erfolg beim Flugbetrieb der Akaflieg Braunschweig eingesetzt wird. Sie war anfangs alles andere als ein harmloses Flugzeug und stellte besonders durch ihr temperamentvolles Langsamflugverhalten ihre Piloten immer wieder vor Überraschungen. Die Spannweite betrug ursprünglich 15 Meter und das nur 12 % dicke Laminarprofil trug die Bezeichnung Eppler 306. Der Flügel mit einer Fläche von 11,85 m² hatte vierteilige Schempp-Hirth-Bremsen. In der ersten Version war ein festes Rad eingebaut. Besonders charakteristisch ist die Rumpfform. Die Rumpfoberseite hat nämlich einen richtigen Buckel im Bereich des Tragflügels und läuft ohne jede Einschnürung bis zum Leitwerk aus.

Der Erstflug fand am 25. Oktober 1962 in Braunschweig statt. Rolf Kuntz flog noch die »scharfe« SB-7 bei den Segelflug-Weltmeisterschaften 1963 in Argentinien und konnte sich nur in der zweiten Hälfte des Feldes plazieren. Ab dem Jahr 1967 wurde dann das Flugzeug nach und nach zur SB-7 B umgebaut. Die Spannweite wurde auf 17 Meter erhöht und das Profil durch Aufspachteln in ein modifiziertes FX 61-163 geändert. Zuvor war schon ein Einziehfahrwerk

Muster:	SB-7 B
Konstrukteur:	Akaflieg Braunschweig
Hersteller:	Akaflieg Braunschweig
Erstflug:	1962
Hergestellt insgesamt:	3 (davon zwei in der Schweiz)
Zugelassen in Deutschland:	1 (D-6103)
Anzahl der Sitze:	1
Spannweite:	17,00 m
Flügelfläche:	12,66 m²
Streckung:	22,83
Flügelprofil:	FX 61-163 modifiziert
Rumpflänge:	7,08 m
Leitwerk:	Pendel-T-Leitwerk
Bauweise:	GFK
Rüstgewicht:	283 kp
Maximales Fluggewicht:	390 kp
Flächenbelastung:	29,5 kp/m² bis 30,8 kp/m²
Flugleistungen:	
Geringstes Sinken:	0,60 m/s bei 75 km/h
Bestes Gleiten:	37 bei 85 km/h

Die SB-7 B in ihrer heutigen Form

eingebaut worden. Auch die Rumpfhöhe wurde im Bereich der nunmehr zweiteiligen Haube um 5 cm vergrößert. Neue Schempp-Hirth-Bremsklappen und ein Bremsschirm wurden eingebaut und schließlich erhielt das Pendel-T-Leitwerk noch ein Flettnerruder. Die nunmehr entschärfte SB-7 wird seither viel und gerne im Leistungsflug eingesetzt und konnte auch in der Offenen Klasse trotz fehlender Wölbklappen ein Wörtchen mitreden.

Beim Entwurf der SB-7 war ursprünglich ein Nachbau vorgesehen, was allerdings in Deutschland nicht genehmigt wurde. Dafür entstanden im Amateurbau in der Schweiz zwei SB-7 (HB-723 und HB-857). Allerdings gleich mit einer Spannweite von 16,5 m und einem neuen Eppler-Profil Nr. 417 mit einer Dicke von 14 %. Diese beiden Flugzeuge haben als Landehilfe ebenfalls einen Bremsschirm und vierteilige Endkanten-Drehbremsklappen.

SB-8

Nach der SB-7 waren neben anderen Kunststoff-Segelflugzeugen die BS-1 und die D-36 mit ihrer Serienversion ASW-12 entstanden, so daß die Braunschweiger ebenfalls ein Klappenflugzeug der Offenen Klasse entwarfen, das allerdings speziell für den Gruppenbetrieb konzipiert wurde. Harmlose Flugeigenschaften standen im Vordergrund, eine niedere Flächenbelastung wurde angestrebt. Als Profil wurde wie bei der D-36 das FX 62-K-131 gewählt. Der Doppeltrapezflügel bekam Schempp-Hirth-Klappen. Das Flugzeug ist recht gut an seinem Rumpfvorderteil zu erkennen, das eine nicht eingestrakte Haube und eine heruntergezogene Nase hat. Das T-Leitwerk wurde gedämpft ausgeführt mit dem Profil NACA 63-006. Die SB-8 V1 mit dem Kennzeichen D-6015 führte den Erstflug am 25. April 1967 durch. Die Flugerprobung der ersten SB-8 zeigte so gute Ergebnisse, daß sich die Akaflieg entschloß, einen zweiten Pro-

Muster:	SB-8
Konstrukteur:	Akaflieg Braunschweig
Hersteller:	Akaflieg Braunschweig
Erstflug:	1967 + 1968
Hergestellt insgesamt:	2
Zugelassen in Deutschland:	1 (D-6015)
Anzahl der Sitze:	1
Spannweite:	18,00 m
Flügelfläche:	14,10 m²
Streckung:	22,98
Flügelprofil:	FX 62-K-153 innen
	FX 62-K-131 Mitte
	FX 60-126 Querruder
Rumpflänge:	7,80 m
Leitwerk:	gedämpftes T-Leitwerk
Bauweise:	GFK
Rüstgewicht:	260 kp
Maximales Fluggewicht:	365 kp
Flächenbelastung:	24,8 kp/m² bis 25,9 kp/m²

Flugleistungen (DFVLR-Messung 1968):

Geringstes Sinken:	0,62 m/s bei 86 km/h
Bestes Gleiten:	40 bei 97 km/h

Die SB-8 hat eine Spannweite von 18 Metern

totyp zu bauen, der weniger als ein Jahr nach der V1 bereits flog. Dieses Flugzeug mit dem Kennzeichen D-6085 wurde dann über die SB-9 bis zur SB-10 weiterentwickelt, wobei dieses Kennzeichen dann jeweils beibehalten wurde.

SB-9

SB-8, SB-9 und SB-10 sind untereinander sehr verwandte Muster. Aus der SB-8 entstand die SB-9 durch aufsteckbare Flügelenden von jeweils zwei Metern Spannweite. Rumpf und Leitwerke blieben genau gleich. Weiterhin konnte man die SB-9 auch ohne die aufsteckbaren Flügel fliegen und hatte dann praktisch die zweite Version der SB-8. Auch die SB-10 verwendet mit einem zusätzlichen Mittelstück die Flügel der SB-8 bzw. der SB-9 und kann so entweder mit 26 Metern oder mit 29 Metern Spannweite geflogen werden. Die nunmehr drei Meter Differenz ergeben sich dadurch, daß zu einem späteren Zeitpunkt die Aufsteckflügel der SB-9 um einen Meter verkürzt wurden, um die Maximalgeschwindigkeit von 180 km/h auf 200 km/h zu erhöhen.

Diese Aufsteckflügel boten sich an, weil der Flügel der SB-8 V2 aus Steifigkeitsgründen und zur Aufnahme von Wasserballast wesentlich schwerer als bei der V1 gebaut wurde. Festigkeitsmäßig wäre sogar eine Spannweite von 23 Metern möglich gewesen. Nun war man gespannt, welche Leistungssteigerungen der größere Tragflügel bringen würde. Wiederum

weniger als ein Jahr nach dem Erstflug der SB-8 V2 flog die SB-9 am 23. Januar 1969 zum ersten Mal, wenige Tage vor dem Erstflug des 22-m-Flugzeuges Nimbus-I von Klaus Holighaus.

Muster:	SB-9
Konstrukteur:	Akaflieg Braunschweig
Hersteller:	Akaflieg Braunschweig
Erstflug:	1969
Hergestellt insgesamt:	1
Zugelassen in Deutschland:	1 (D-6085)
Anzahl der Sitze:	1
Spannweite:	22,00 m
Flügelfläche:	15,48 m²
Streckung:	31,27
Flügelprofil:	wie SB-8
Rumpflänge:	7,50 m
Leitwerk:	gedämpftes T-Leitwerk
Bauweise:	GFK
Rüstgewicht:	321 kp
Maximales Fluggewicht:	412 kp
Flächenbelastung:	26,6 kp/m²

Flugleistungen (DFVLR-Messung 1972 mit dem Flügel von 21 m Spannweite und einer Flächenbelastung von 27,3 kp/m²)

Geringstes Sinken:	0,51 m/s bei 81 km/h
Bestes Gleiten:	46 bei 88 km/h

SB-10

Nach der geglückten Spannweitenvergrößerung von der SB-8 zur SB-9 sollte die Grundidee noch einmal durch die SB-10 erprobt werden. Dazu wurde ein zusätzliches einteiliges Rechteckmittelstück mit einer

Bei der SB-9 wurde der Flügel auf 22 Meter vergrößert

Eines der eindrucksvollsten Segelflugzeuge unserer Tage ist der Doppelsitzer SB-10

Spannweite von 8 Metern konstruiert. Diese gewaltige Spannweite konnte natürlich nicht in der herkömmlichen Kunststoff-Bauweise realisiert werden. Für den Kastenholm und die Schale des 160 kp schweren Mittelstücks wurden deshalb vorwiegend Kohlenstoff-Fasern verwendet. Die negative Pfeilung des Mittelstücks beträgt ein Grad, und die Wölbklappen können zur Landung auf 75 Grad ausgefahren werden. Zusätzlich sind noch die Schempp-Hirth-Klappen des SB-9-Flügels vorhanden. Durch das große Trägheitsmoment des Tragflügels war ein mächtiges Seitenleitwerk mit einem langen Leitwerksarm notwendig. So mußte der Pilot weit vor dem Schwerpunkt sitzen, was die Unterbringung eines zweiten Piloten ermöglichte. Der Doppelsitzer war also zwangsläufig eine Folge des großspannigen Tragflügels. Der Rumpf wurde mit einer VFW-Aluröhre und einem GFK-verkleideten Stahlrohrvorderteil gebaut. Er hat die gewaltige Länge von 10,36 Metern. Auch das Seitenleitwerk hat mit einer Höhe von 2,32 Metern ungewohnte Dimensionen, während sich das gedämpfte Kreuzhöhenleitwerk eher zierlich ausnimmt. Auch das Rüstgewicht von über 600 kp sprengt die übliche Größenordnung. Helmut Treiber führte am 27. Juli 1972 den Erstflug zuerst mit 26 Metern und dann mit 29 Metern Spannweite im Schlepp einer Do 27 in Braunschweig durch. Die Leistungsvermessung der SB-10 brachte dann doch nicht ganz die erwarteten Ergebnisse, nachdem mit der 26-m-Version die beste Gleitzahl deutlich unter 50, und damit unter Nimbus-II und ASW-17 blieb.

Muster:	SB-10
Konstrukteur:	Akaflieg Braunschweig
Hersteller:	Akaflieg Braunschweig
Erstflug:	1972
Hergestellt insgesamt:	1
Zugelassen in Deutschland:	1 (D-6085)
Anzahl der Sitze:	2
Spannweite:	29,00 m (26,00 m)
Flügelfläche:	22,95 m² (21,81 m²)
Streckung:	36,64 (30,99)
Flügelprofil:	FX 62-K-153 innen
	FX 62-K-131 Mitte
	FX 60-126 Querruder
Rumpflänge:	10,36 m
Leitwerk:	gedämpftes Kreuzleitwerk
Bauweise:	GFK, KFK, Metall
Rüstgewicht:	608 kp
Maximales Fluggewicht:	889 kp
Flächenbelastung:	32,0 kp/m² bis 40,8 kp/m²

Flugleistungen (DFVLR-Messung 1976 mit 26 m Spannweite):

Geringstes Sinken:	0,53 m/s bei 85 km/h
Bestes Gleiten:	48,5 bei 101 km/h

SB-11

Mit der SB-11 hat die Akaflieg Braunschweig wieder einen sehr interessanten Einsitzer mit 15 Meter Spannweite herausgebracht. Das Besondere an die-

Rechte Seite:

Das Wesentliche an der SB-11 sind die über die ganze Spannweite reichenden Fowler- und Wölbklappen

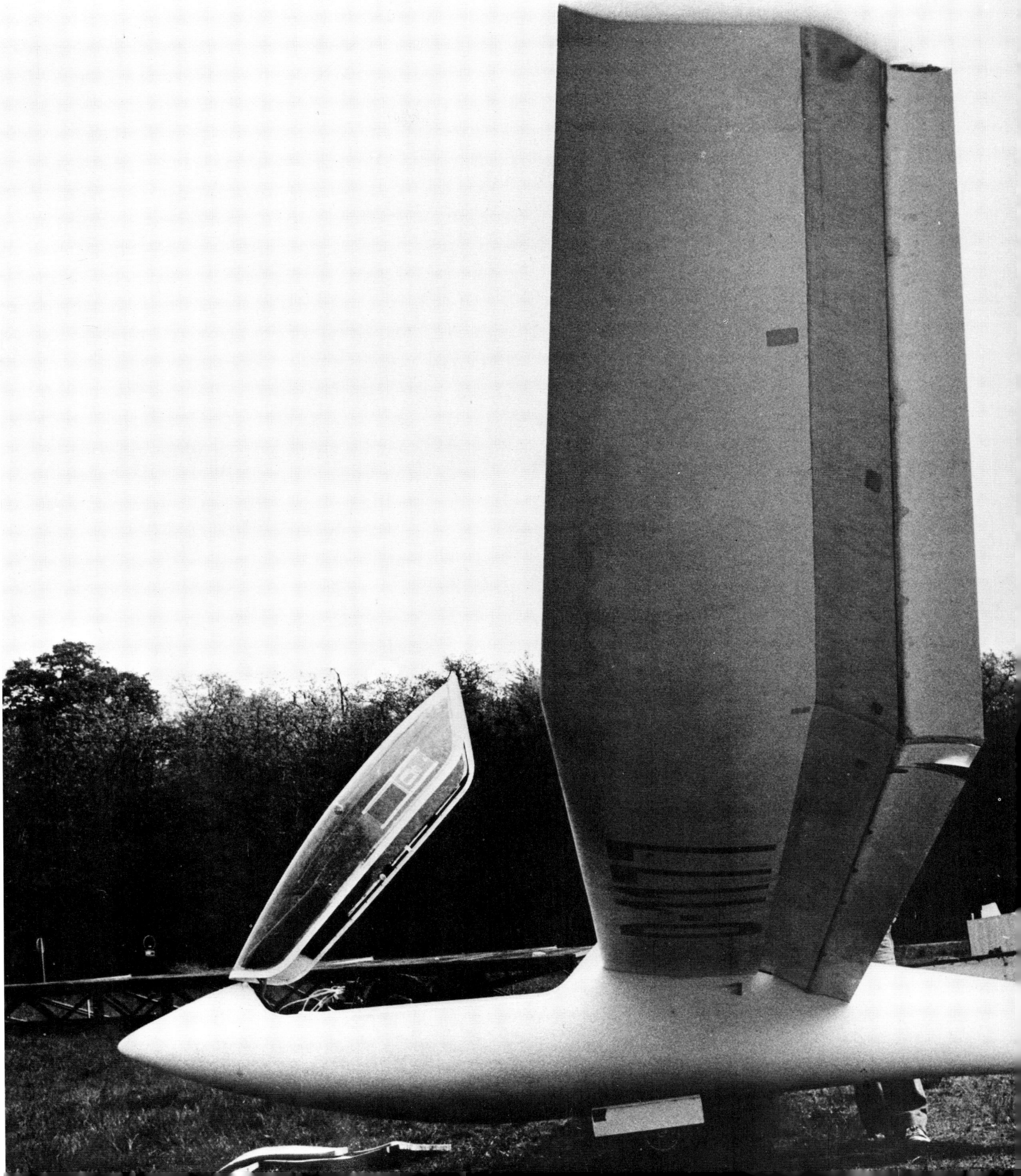

Die SB-11 mit dem DFVLR-Kalibrierflugzeug Cirrus

sem Flugzeug sind Fowler-Klappen, die die Flügelfläche um 25 % erhöhen. Solche Klappen hat der Schweizer Mahrer bei seinem Delphin ebenfalls mit 15 Meter Spannweite bereits verwirklicht, aber die Flächenvergrößerung ist wesentlich geringer als bei der SB-11 und außerdem gehen die Fowler-Klappen nur bis zu den Querrudern. Die SB-11 ist vorwiegend aus KFK gebaut. Wie bei der Stuttgarter fs-29 wurden für Rumpf und Leitwerke möglichst Teile aus der Serienproduktion von Industriebauten verwendet. Bei der SB-11 stammen das Höhenleitwerk und das Seitenleitwerk, allerdings in KFK gebaut, aus den Formen des Janus bei Schempp-Hirth, und der Rumpf, mit einer konischen Röhre aus KFK verlängert, aus den Formen der ASW-19 von Schleicher. Der Flügel selbst ist bei der Akaflieg voll negativ gebaut worden. Die SB-11 hat das Kennzeichen D-1177, wobei die 11 für das Flugzeug und die 77 für den geplanten Erstflug steht, der allerdings erst am Pfingstsonntag, den 14. Mai 1978 durch Jürgen Klenner in Braunschweig stattfand. Mit dem Prototyp der SB-11 errang Helmut Reichmann seinen dritten Weltmeistertitel bei den 16. Segelflugweltmeisterschaften im Juli 1978 in Chateauroux/Frankreich.

Muster:	SB-11
Konstrukteur:	Akaflieg Braunschweig
Hersteller:	Akaflieg Braunschweig
Erstflug:	1978
Hergestellt insgesamt:	1
Zugelassen in Deutschland:	1 (D-1177)
Anzahl der Sitze:	1
Spannweite:	15,00 m (FAI-15-m-Klasse)
Flügelfläche:	10,56 m² bzw. 13,20 m²
Streckung:	21,31 bzw. 17,05
Flügelprofil:	neues Wortmann-Wölbklappen-Profil modifiziert
Rumpflänge:	7,40 m
Leitwerk:	Pendel-T-Leitwerk (Janus)
Bauweise:	KFK, GFK
Rüstgewicht:	265 kp
Maximales Fluggewicht:	470 kp
Flächenbelastung:	26,7 kp/m² bis 44,5 kp/m²

Flugleistungen (gerechnete Daten):

Geringstes Sinken:	0,62 m/s bei 70 km/h
Bestes Gleiten:	41 bei 104 km/h

Scheibe-Flugzeugbau (Mü-13 E bis SF-34)

Über Dipl.-Ing. Egon Scheibe und seine Flugzeuge ließe sich allein eine recht ausführliche Abhandlung schreiben. Die Typenliste umfaßt nämlich eine lange Reihe von ein- und doppelsitzigen Segelflugzeugen und Motorseglern sowie auch Motorflugzeugen. Im Rahmen dieser Arbeit wird jedoch nur über die Segelflugzeuge berichtet, wobei zuerst die Doppelsitzer und dann die Einsitzer näher beschrieben werden, obwohl die Entwicklung der einzelnen Flugzeugmuster teilweise parallel lief.

Egon Scheibe im Motorsegler SF-25 B

Egon Scheibe wurde am 28. September 1908 in München geboren. Durch die Beschäftigung mit dem Modellflug während der Schulzeit hatte er seinen ersten Kontakt mit der Fliegerei. 1927 schloß sich ein sechsmonatiges Praktikum bei der Deutschen Verkehrsfliegerschule in Schleißheim an. Aktives Mitglied der Akaflieg München war Egon Scheibe von 1928 bis 1936. In dieser Zeit war Scheibe mehrfach zu Segelflugkursen und Wettbewerben auf der Wasserkuppe und arbeitete 1932 fast ein Jahr als Konstrukteur bei Lippisch. Im Krieg war Scheibe in der Flugzeugentwicklung tätig. Nach der Wiederzulassung des Segelfluges wurde dann 1951 die Scheibe-Flugzeugbau GmbH in Dachau gegründet. Seither sind dort vorwiegend erfolgreiche Segelflugzeuge und Motorsegler für die Bedürfnisse des Vereinsflugbetriebes hergestellt worden.

Mü-13 E = Bergfalke-I

Schon 1932 konstruierte der Akaflieger Scheibe, zeitweise unter der Mitarbeit von Lippisch auf der Wasserkuppe, den Doppelsitzer Mü-10 Milan, der 1934 zum Fliegen kam. Dieser Milan hatte als eines der ersten Segelflugzeuge einen Stahlrohr-Rumpf, der für viele Jahre zum Kennzeichen der Münchner Schule wurde. Aus dem Milan wurden die Einsitzer Merlin und Atalante weiterentwickelt, später dann die Mü-13 C und D, von der vor und während des Krieges mehr als 100 Exemplare gebaut wurden. Nach dem Kriege konstruierte Scheibe aus der Mü-13 D den Doppelsitzer Mü-13 E, der später auch Bergfalke-I genannt wurde. Von der Mü-13 D wurden das Flügelprofil und die Leitwerke übernommen. Der Rumpf des Prototyps der Mü-13 E entstand in Dachau, während der Flügel aus zulassungstechnischen Gründen in Innsbruck gebaut wurde. Aus diesem Grunde hat auch der Prototyp mit OE-0138 eine österreichische Immatrikulation. Bei der Mü-13 E befindet sich der hintere Sitz genau im Schwerpunkt, so daß bei dem ungepfeilten Flügel der Holm in einer sogenannten Holmbrücke um diesen Sitz herumgeführt werden mußte. Mit dieser Holmbrücke aus Stahlrohr gab es später Schwierigkeiten. Sie mußte verstärkt werden und zur Kontrolle mußten dreieckige Fenster in den Flügel eingelassen werden. Im Jahre 1977 gar wurde aus Festigkeitsgründen die Spannweite von 17,20 m auf 15,66 m verringert und alle acht noch zugelassenen Mü-13 E erhielten neue Randbogen nach Art des Motorfalken. Immerhin stand mit dem Bergfalken-I, von dem in vier Jahren etwa 170 Exemplare gebaut wurden, bereits im Jahre 1951 ein recht leistungsfähiger Doppelsitzer zur Verfügung.

Muster:	Mü-13 E (Bergfalke-I)
Konstrukteur + Hersteller:	Scheibe, Dachau
Erstflug:	1951
Serienbau:	1951 bis 1953
Hergestellt insgesamt:	etwa 170
Zugelassen in Deutschland:	8
Anzahl der Sitze:	2
Spannweite:	17,20 m (heute 15,66 m)
Flügelfläche:	18,60 m²
Streckung:	15,90
Flügelprofil:	Mü 14,5 %
Rumpflänge:	7,90 m
Leitwerk:	normales Kreuzleitwerk
Bauweise:	Holz, Rumpf aus Stahlrohr
Rüstgewicht:	250 kp
Maximales Fluggewicht:	430 kp
Flächenbelastung:	18,3 kp/m² bis 23,1 kp/m²

Flugleistungen (Werksangaben):

Geringstes Sinken:	0,64 m/s bei 70 km/h
Bestes Gleiten:	26 bei 80 km/h

Bergfalke-II und Bergfalke-II-55

Der Bergfalke-II löste 1953 die Mü-13 E ab. Wichtigste Änderung beim Bergfalken-II war die Umkonstruktion des aufwendigen Hauptbeschlages. Der hintere Sitz lag nun vor dem Holm, was zur Folge hatte, daß der Flügel mehr als fünf Grad negativ gepfeilt wurde. Außerdem wurde die Spannweite auf 16,60 m verringert. Bei der Baureihe-II-55 wurde der Doppel-T-Holm in einen Kastenholm geändert. Ferner wurden die Querruder verkleinert und die DFS-Bremsklappen um ein Rippenfeld vergrößert. Diese beiden Baureihen wurden bis 1962 in etwa 225 Exemplaren gebaut. Die Flugzeuge lassen sich erkennen an der eckigen Astralonhaube und dem flachen und relativ großen Seitenleitwerk.

Muster:	Bergfalke-II und -II-55
Konstrukteur + Hersteller:	Scheibe, Dachau
Erstflug:	Frühjahr 1953
Serienbau:	1953 bis 1962
Hergestellt insgesamt:	etwa 225
Zugelassen in Deutschland:	etwa 120
Anzahl der Sitze:	2
Spannweite:	16,60 m
Flügelfläche:	17,70 m²
Streckung:	15,57
Flügelprofil:	Mü 14,5 %
Rumpflänge:	8,00 m
Leitwerk:	normales Kreuzleitwerk
Bauweise:	Holz, Rumpf aus Stahlrohr
Rüstgewicht:	250 kp
Maximales Fluggewicht:	430 kp
Flächenbelastung:	19,2 kp/m² bis 24,3 kp/m²

Flugleistungen (Werksangaben):

Geringstes Sinken:	0,65 m/s bei 65 km/h
Bestes Gleiten:	28 bei 80 km/h

Rechte Seite:

Oben: Der Doppelsitzer Mü-13 E hat einen ungepfeilten Tragflügel
Unten: Ein Bergfalke-II-55 am Windenstart

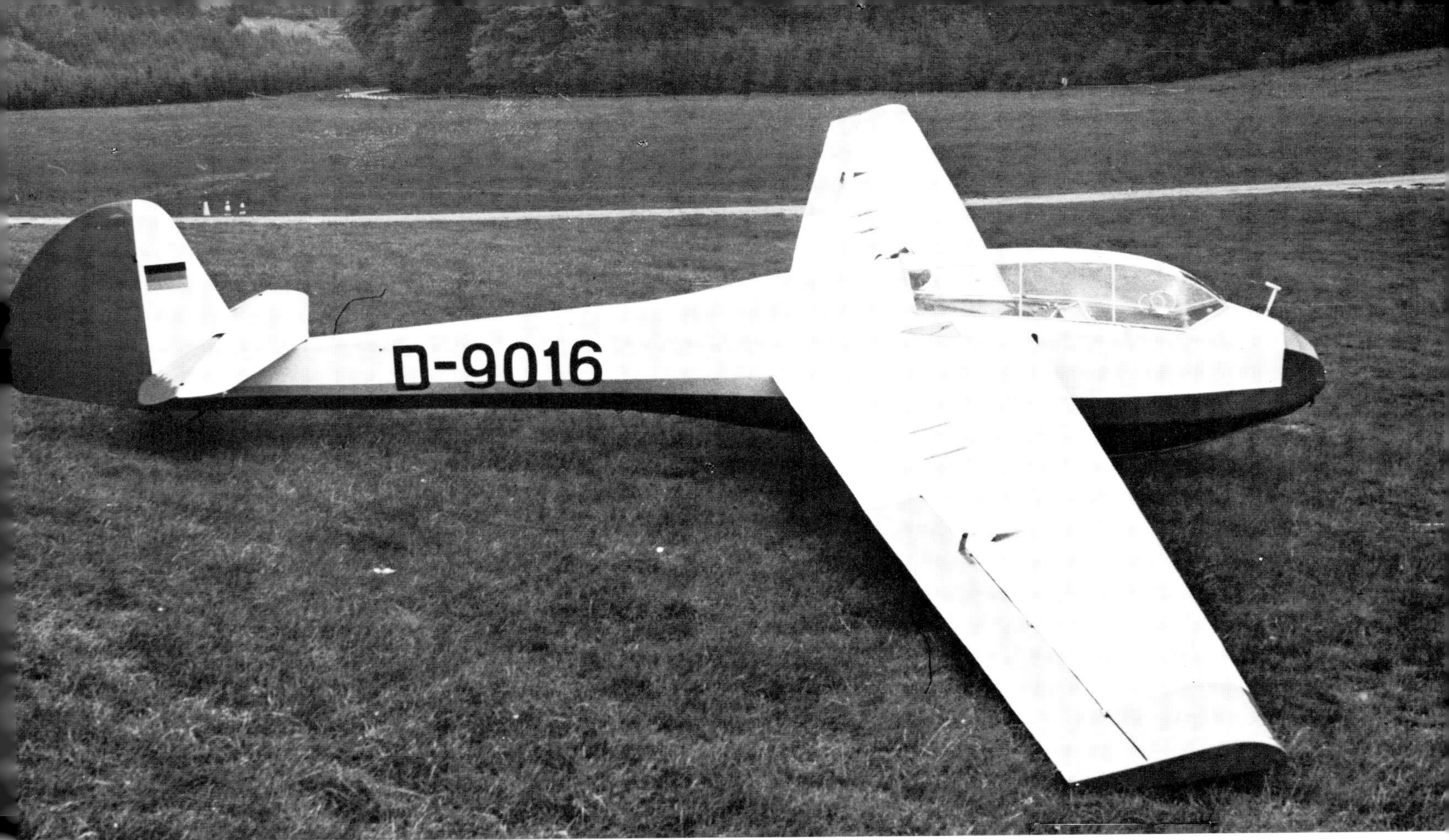
D-9016

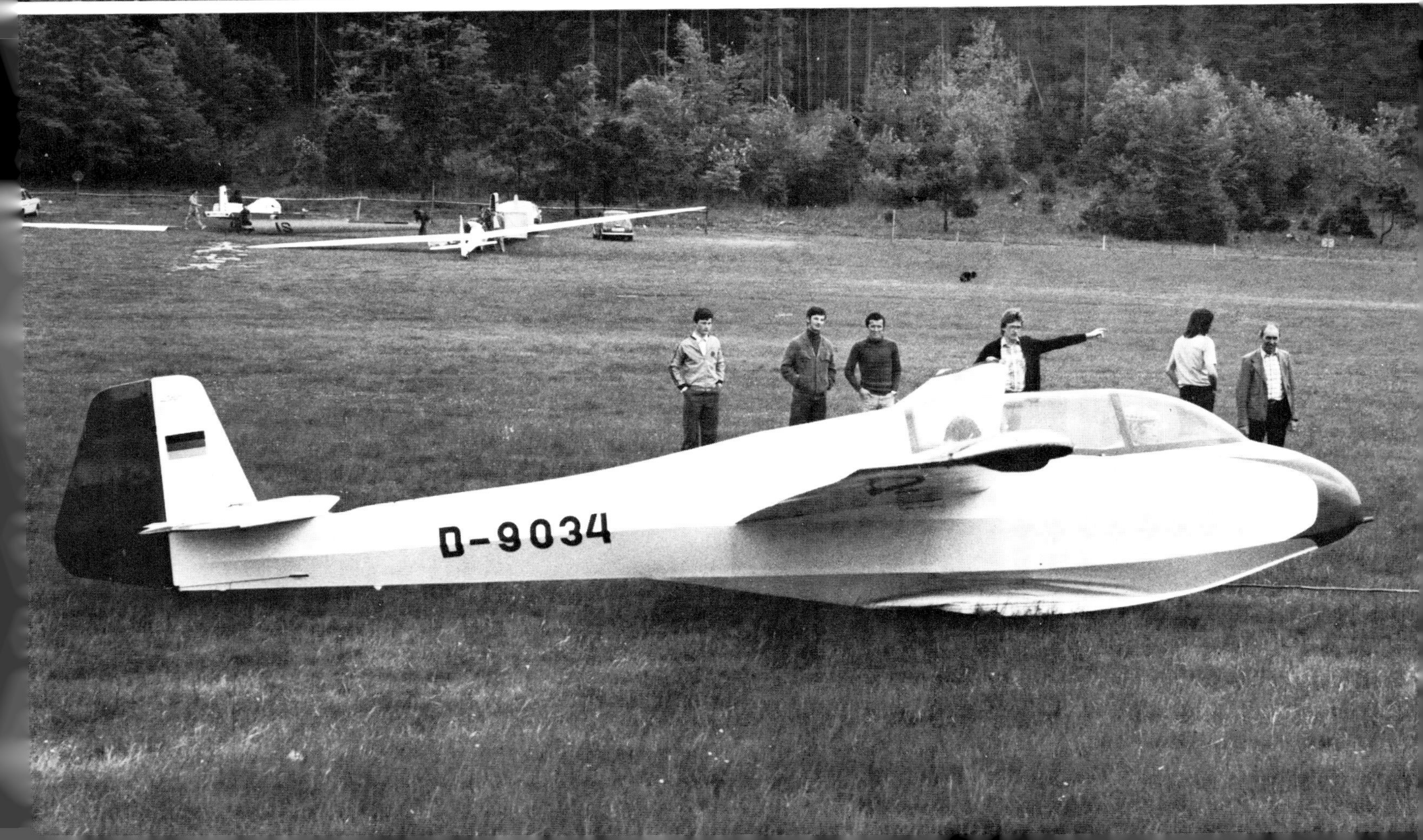
D-9034

Bergfalke-III

Im Jahre 1962 erschien der Bergfalke-III. Flügel und Höhenleitwerk wurden vom Bergfalke-II-55 übernommen, so daß sich die Änderungen auf Rumpf und Seitenleitwerk beschränken. Allerdings befinden sich strukturelle Verstärkungen im Tragflügel, denn durch eine höhere Zuladung wurde auch das Maximale Fluggewicht um 35 kp erhöht. Äußerlich ist der Dreier-Bergfalke durch ein schlankeres und höheres Seitenleitwerk und eine neue, aus zwei Teilen hergestellte geblasene Haube zu unterscheiden. Auch das Rumpfvorderteil erhielt eine runde GFK-Verkleidung. Der Prototyp des Bergfalken-III flog im Jahre 1962 und wurde auch bis zuletzt alternativ zum Bergfalken-IV hergestellt. Insgesamt sind 160 Flugzeuge dieser Baureihe gefertigt worden, von denen heute etwa 75 in der Bundesrepublik zugelassen sind.

Muster:	Bergfalke-III
Konstruktur + Hersteller:	Scheibe, Dachau
Erstflug:	1962
Serienbau:	1962 bis 1977
Hergestellt insgesamt:	160
Zugelassen in Deutschland:	76
Anzahl der Sitze:	2
Spannweite:	16,60 m
Flügelfläche:	17,90 m^2
Streckung:	15,60
Flügelprofil:	Mü 14,5 %
Rumpflänge:	8,00 m
Leitwerk:	normales Kreuzleitwerk
Bauweise:	Holz, Rumpf aus Stahlrohr
Rüstgewicht:	275 kp
Maximales Fluggewicht:	465 kp
Flächenbelastung:	20,4 kp/m^2 bis 26,0 kp/m^2

Flugleistungen (Werksangaben):

Geringstes Sinken:	0,75 m/s bei 68 km/h
Bestes Gleiten:	28 bei 90 km/h

Bergfalke-IV

Der Bergfalke-IV tauchte im Jahre 1969 auf. Zuerst hatte er noch den Rumpf des Bergfalken-III, bekam aber dann einen neuen Rumpf mit einer großen geblasenen Haube nach Art der ASK-13. Der Rumpfrücken wurde rund gestaltet, und die Schnauze bekam eine formschöne GFK-Verkleidung. Neu war der Wegfall der Kufe, dafür gab es ein großes Bremsrad, das allerdings zum Leidwesen der Fluglehrer ungefedert ist. Ganz neu war der Tragflügel, der in Anlehnung an den eleganten Flügel der SF-27 entstand. Der Doppeltrapezflügel bekam zum ersten Mal mit dem FX S 02-196 ein Wortmann-Laminarprofil, und auch die doppelseitigen Schempp-Hirth-Bremsklappen sah man bisher noch nicht an einem Scheibe-Doppelsitzer. Wieder konnte auf eine Tragflügelpfeilung verzichtet werden. Der Pilot des hinteren Sitzes lehnt sich unmittelbar an den Hauptholm an. Leider ist gerade auch die Sitzposition auf dem hinteren Platz nicht ideal. Die Ruderabstimmung ist beim Vierer-Bergfalken besser gelungen als bei den Vorgängern. Durch die höhere Flächenbelastung und das Laminarprofil liegt aber auch die Geschwindigkeit beim Kurbeln höher. Der Landeanflug bietet keine Probleme, denn die Wirkung der Bremsklappen ist außergewöhnlich gut. Leider gab eine Leistungsvermessung beim Idafliegtreffen 1976 sehr bescheidene Werte, so daß nachfolgend die Werksangaben aufgeführt werden.

Muster:	Bergfalke-IV
Konstrukteur + Hersteller:	Scheibe, Dachau
Erstflug:	1969
Serienbau:	1969 bis 1978
Hergestellt insgesamt:	65
Zugelassen in Deutschland:	24
Anzahl der Sitze:	2
Spannweite:	17,20 m
Flügelfläche:	17,45 m^2
Streckung:	16,95
Flügelprofil:	FX S 02-196
Rumpflänge:	8,00 m
Leitwerk:	normales Kreuzleitwerk
Bauweise:	Holz, Rumpf aus Stahlrohr
Rüstgewicht:	300 kp
Maximales Fluggewicht:	500 kp
Flächenbelastung:	22,4 kp/m^2 bis 29,4 kp/m^2

Flugleistungen (Werksangaben):

Geringstes Sinken:	0,68 m/s bei 75 km/h
Bestes Gleiten:	34 bei 95 km/h

Rechte Seite:

Oben: Der Bergfalke-III hat ein höheres Seitenleitwerk
Unten: Der Bergfalke-IV mit neuem Rumpf und Laminarprofil

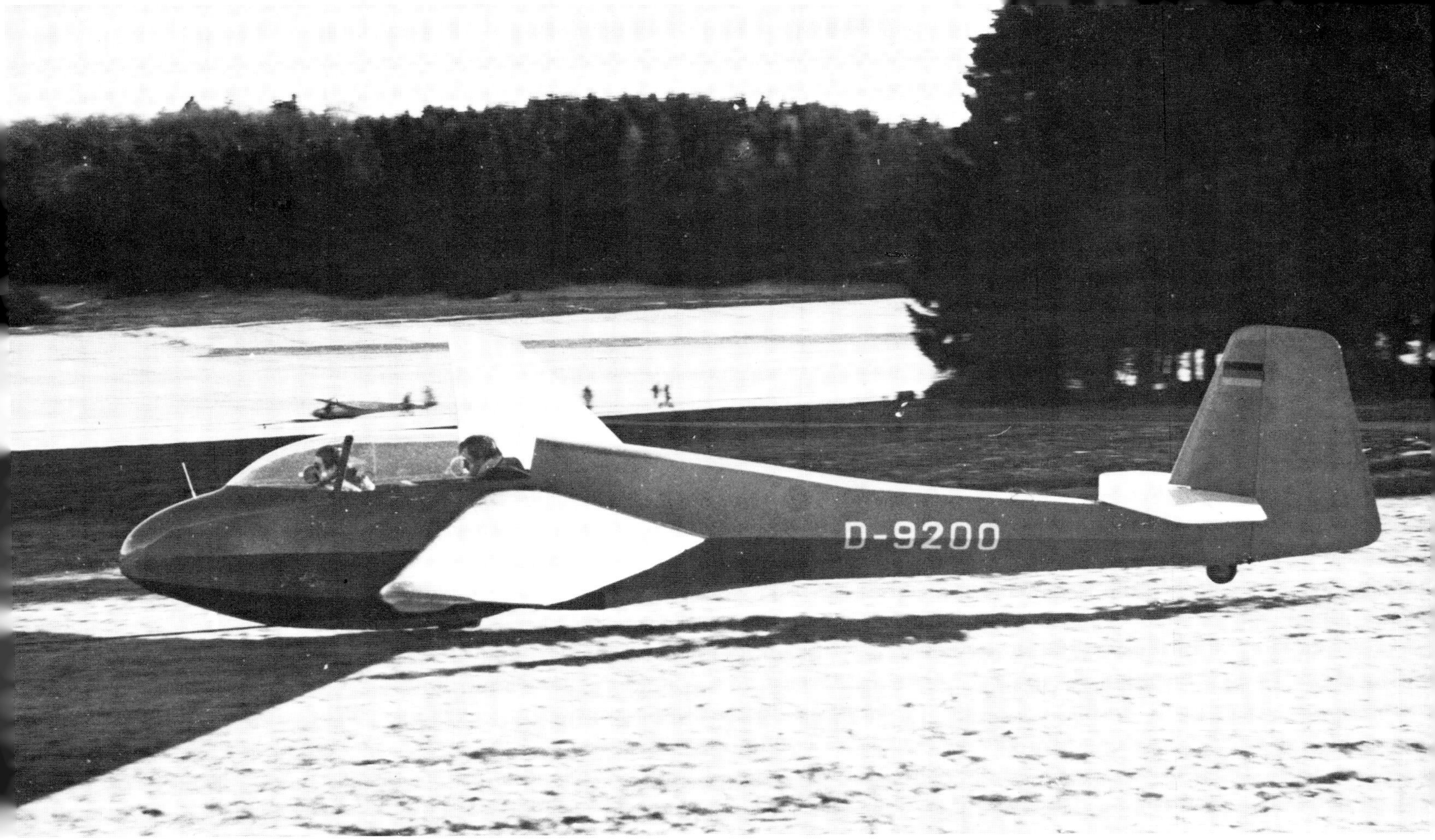
D-9200

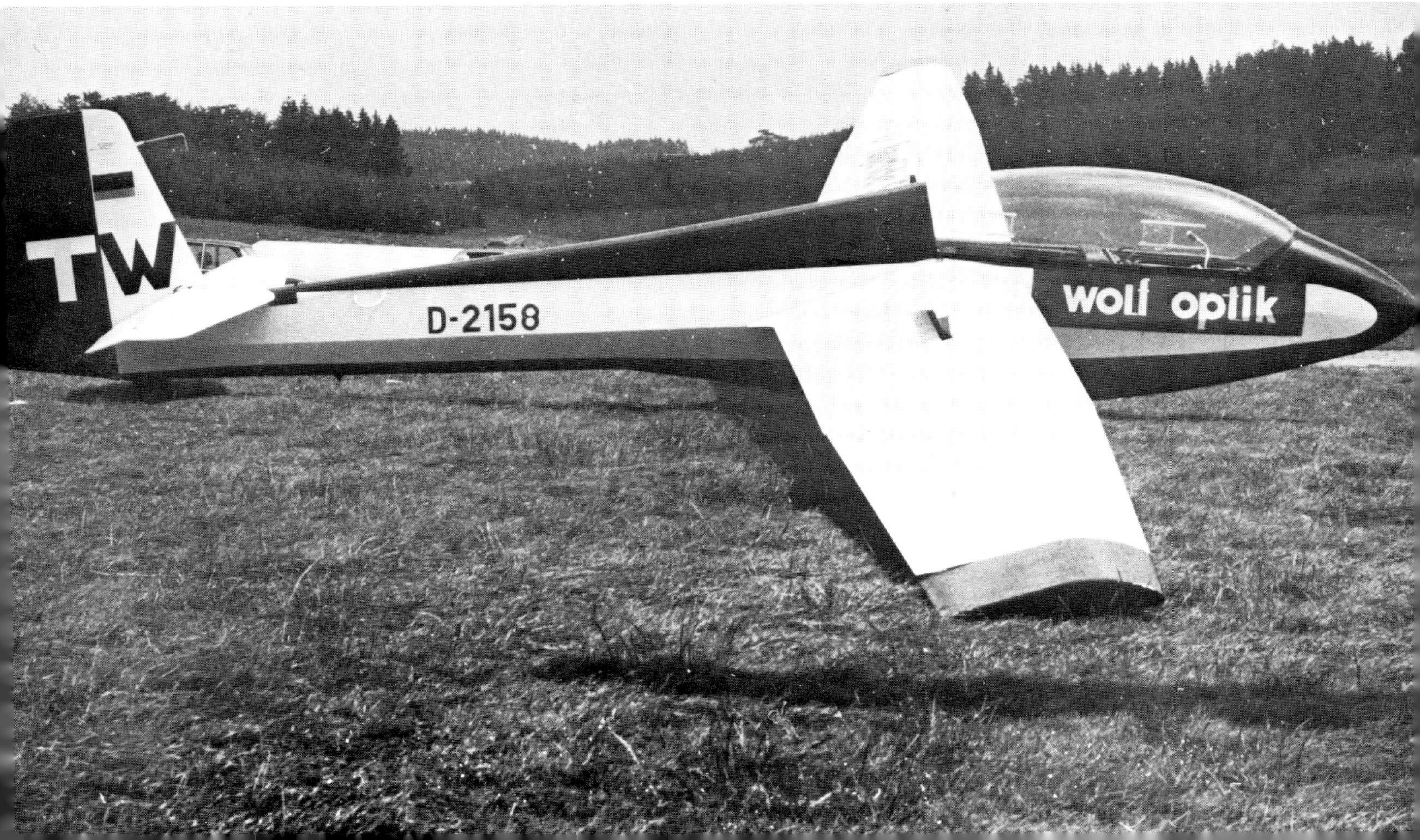
TW
D-2158
wolf optik

SF-34

Bevor auf die beiden Übungsdoppelsitzer Specht und Sperber eingegangen wird, soll noch kurz die SF-34 als Kunststoff-Leistungsdoppelsitzer erwähnt werden. Dieses Flugzeug, mit dem sich Scheibe als fünfter deutscher Hersteller nach Schempp-Hirth (Janus), Grob (Twin-Astir), Start + Flug (Globetrotter) und Schleicher (ASK-21) am GFK-Doppelsitzer-Markt beteiligt, soll bereits im September 1978 fliegen. Die SF-34 hat eine Spannweite von 15,80 m. Der starre Flügel hat ein Wortmann-Profil. Die Sitze im Rumpf haben übliche Tandemanordnung. Das Hauptrad ist fest und gefedert, und wie beim Janus ist ein kleines Bugrad vorgesehen. Das gedämpfte Leitwerk ist als Kreuzleitwerk ausgeführt. Der Scheibe-Kunststoff-Doppelsitzer soll relativ leicht werden, das Rüstgewicht soll nicht viel über 300 kp betragen.

Specht

Der Specht ist ein kleiner Übungsdoppelsitzer, den man von der Auslegung her mit der Rhönlerche vergleichen kann. In der Tat gibt es in jenen Jahren Querverbindungen zwischen Scheibe und Schleicher, da Rudolf Kaiser seinerzeit zwei Mal bei Scheibe in Dachau beschäftigt war. Der Specht hat einen Stahlrohrrumpf mit einem festen Rad und einer gefe-

Cockpit und Flügelanschluß des Specht

derten Kufe. Der Rechtecktrapezflügel ist mit einer Doppelstrebe zum Rumpf abgefangen. Die Leitwerke sind konventionell aufgebaut. Etwas lustig ist die Haube ausgeführt. Das vordere Haubenteil öffnet nach der Seite, während für den hinteren Sitz eine Klapptüre unter dem Flügel angebracht ist. Außergewöhnlich ist auch die Anordnung der Tragflügel am Rumpf. Es gibt keine Schlitzverkleidung, sondern die Wurzelrippen der beiden Tragflügel stoßen stumpf in Rumpfmitte aneinander. Der dadurch entstehende Spalt sorgt dann immer für einen kühlen Kopf des Fluglehrers. Als Landehilfe dienen beim Specht wie bei der Rhönlerche Störklappen auf der Flügeloberseite. Etwa 50 Spechte sind zum Teil auch im Amateurbau hergestellt worden, von denen immerhin 23 noch zugelassen sind.

Muster:	Specht
Konstrukteur + Hersteller:	Scheibe, Dachau
Erstflug:	1953
Serienbau:	1953 bis etwa 1960
Hergestellt insgesamt:	50
Zugelassen in Deutschland:	23
Anzahl der Sitze:	2
Spannweite:	13,50 m
Flügelfläche:	16,64 m^2
Streckung:	10,95
Flügelprofil:	Mü 14 %
Rumpflänge:	7,42 m
Leitwerk:	normales Kreuzleitwerk
Bauweise:	Holz, Rumpf aus Stahlrohr
Rüstgewicht:	210 kp
Maximales Fluggewicht	390 kp
Flächenbelastung:	18,0 kp/m^2 bis 23,4 kp/m^2

Flugleistungen (Werksangaben):

Geringstes Sinken:	0,80 m/s bei 65 km/h
Bestes Gleiten:	20 bei 75 km/h

Sperber

Beim Sperber handelt es sich hier nun nicht um den bekannten Motorsegler von Pützer, sondern um eine

Rechte Seite:

Oben: Jahrelang ein erprobtes Schulflugzeug: Der Scheibe-Specht
Unten: Beim Sperber sind die Sitze nebeneinander angeordnet

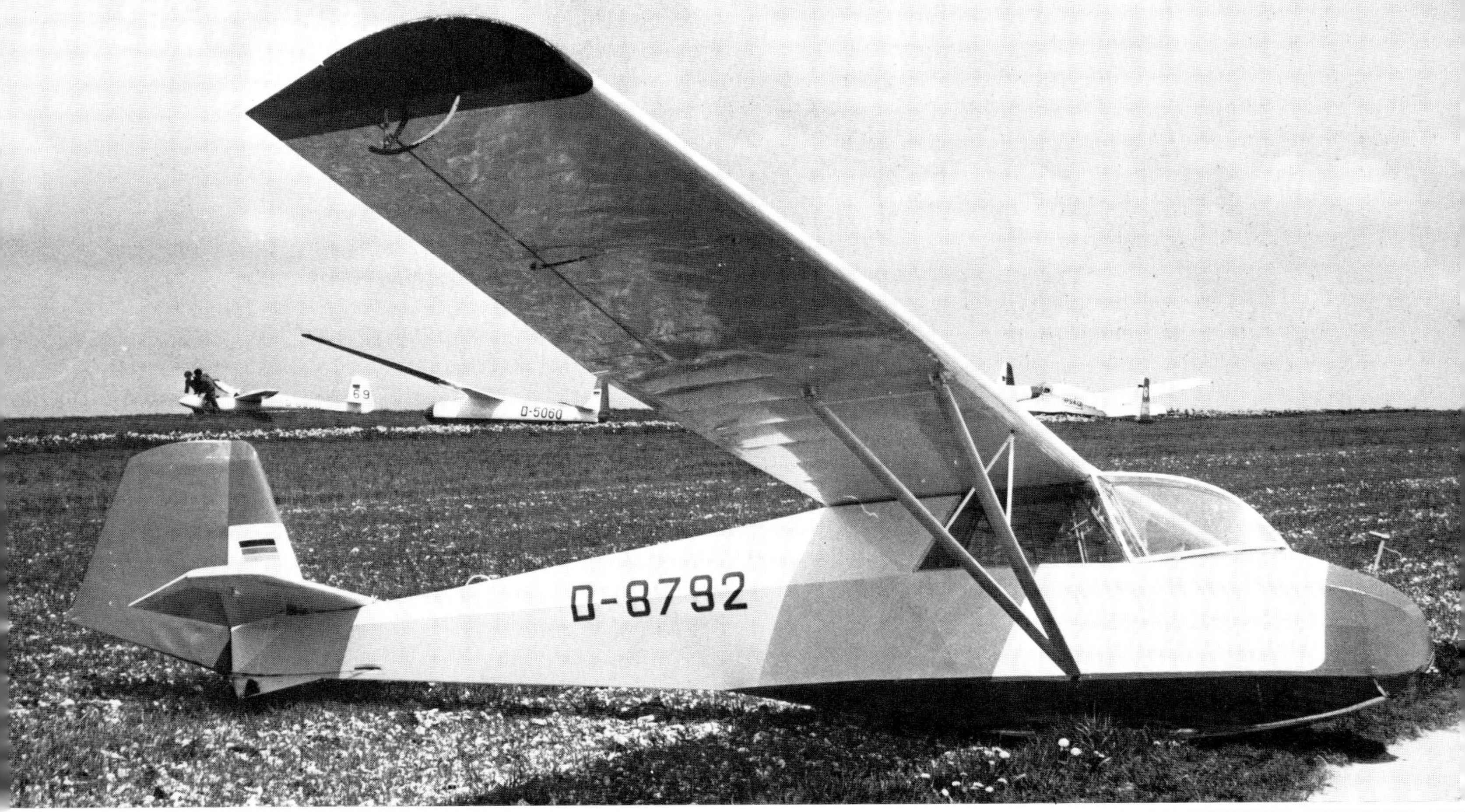
D-8792
D-5060

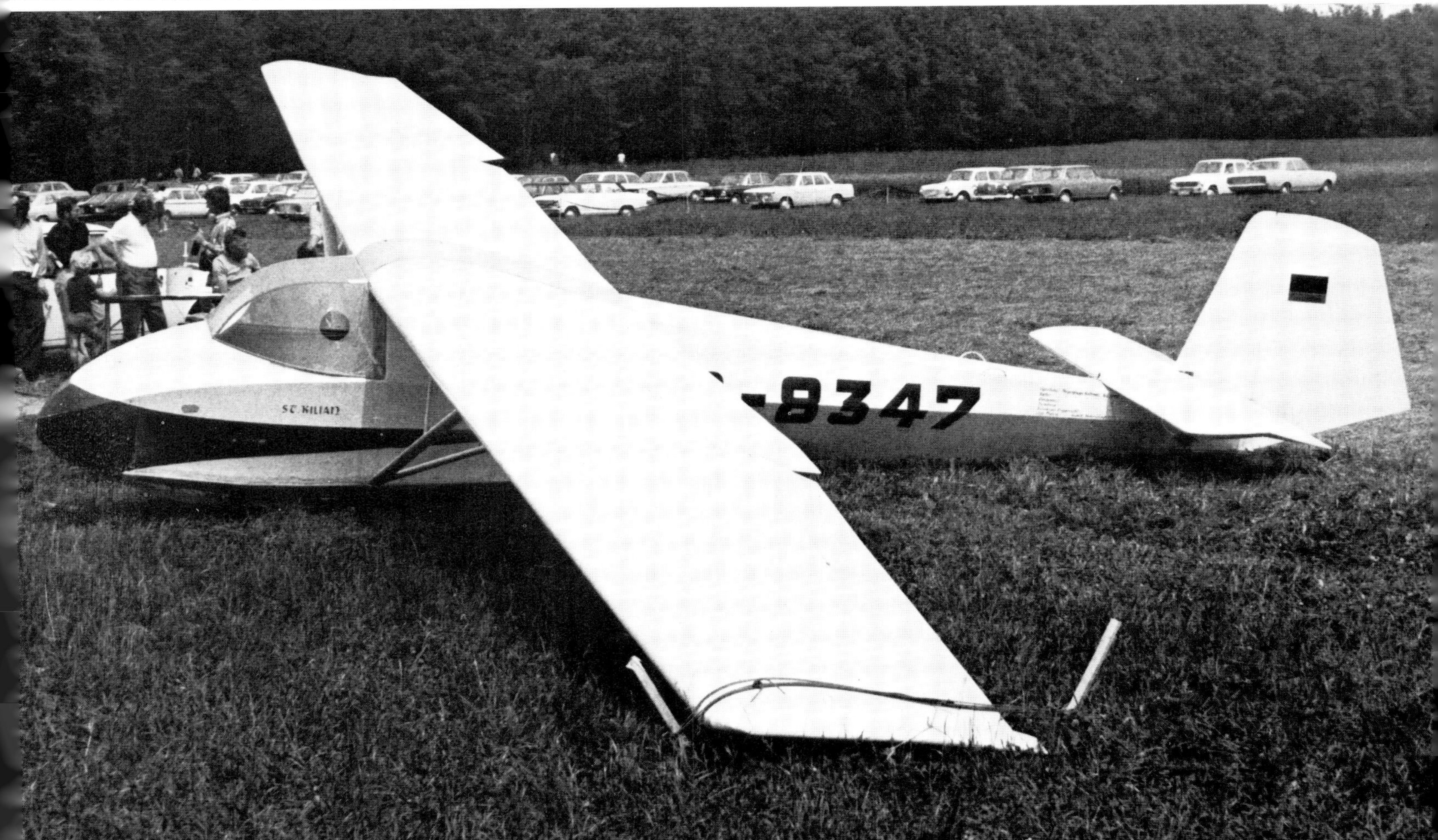
-8347

Variante des Übungsdoppelsitzers Specht. Die Flügel und die Leitwerke wurden original übernommen, während demnach nur der Rumpf geändert wurde. Markantes Merkmal sind die nebeneinander angeordneten Sitze, die diesem Flugzeug ein etwas bulliges Aussehen verleihen. Offensichtlich waren die Segelflieger auch schon zur Entstehungszeit des Sperbers im Jahre 1956 nicht von dieser Sitzanordnung für Segelflugzeuge begeistert, denn im Ganzen sind nur etwa acht Flugzeuge gebaut worden. Eine Erhöhung der Spannweite um 0,70 m gegenüber dem Specht ergibt sich dadurch, daß die Tragflügel wie bei der Rhönlerche außen am Rumpf angebracht sind, und der Rumpfrücken durch eine Schlitzverkleidung abgedeckt ist. Heute fliegen noch etwa drei Sperber in Deutschland.

Muster:	Sperber
Konstrukteur + Hersteller:	Scheibe, Dachau
Erstflug:	1956
Serienbau:	1956 bis 1958
Hergestellt insgesamt:	8
Zugelassen in Deutschland:	3
Anzahl der Sitze:	2
Spannweite:	14,20 m
Flügelfläche:	17,40 m²
Streckung:	11,60
Flügelprofil:	Mü 14 %
Rumpflänge:	7,40 m
Leitwerk:	normales Kreuzleitwerk
Bauweise:	Holz, Rumpf aus Stahlrohr
Rüstgewicht:	220 kp
Maximales Fluggewicht:	400 kp
Flächenbelastung:	17,9 kp/m² bis 23,0 kp/m²
Flugleistungen (Werksangaben):	
Geringstes Sinken:	0,85 m/s bei 65 km/h
Bestes Gleiten:	19 bei 75 km/h

A-Spatz, B-Spatz

Kurz nach der Mü-13 E wurden auch die Konstruktionsarbeiten für den ersten Scheibe-Einsitzer A-Spatz in Angriff genommen. Bereits im März 1952 konnte dann der Erstflug stattfinden. Bei den Baureihen A-Spatz, B-Spatz und Spatz-55, die zusammen in etwa 50 Exemplaren gebaut wurden, beträgt die Spannweite jeweils 13,20 Meter, weshalb diese Flugzeuge auch als 13-m-Spatz bezeichnet wurden. Alle anderen Spatzen haben dann eine Spannweite von 15 Metern. Der B-Spatz unterscheidet sich vom A-Spatz durch einen stärkeren Holm und eine höhere Zuladung. Beide Flugzeuge hatten eine Mitteldeckeranordnung des Tragflügels, wobei der Flügel durch eine aufgesetzte Abdeckung verkleidet wurde. Wie später sogar noch teilweise der L-Spatz hatten diese Flugzeuge noch kein festes Rad, sondern starteten und landeten auf der Kufe und hatten zum Bodentransport ein aufsteckbares Rad. In den Jahren 1953 und 1954 sind von diesen beiden Baureihen, wie bei den anderen Spatzen auch teilweise im Selbstbau, insgesamt etwa 30 bis 40 Exemplare gebaut worden.

Muster:	A-Spatz, B-Spatz
Konstrukteur + Hersteller:	Scheibe, Dachau
Erstflug:	März 1952
Serienbau:	1953 und 1954
Hergestellt insgesamt:	etwa 35
Zugelassen in Deutschland:	27
Anzahl der Sitze:	1
Spannweite:	13,20 m
Flügelfläche:	10,90 m²
Streckung:	15,99
Flügelprofil:	Mü 14 %
Rumpflänge:	6,00 m
Leitwerk:	normales Kreuzleitwerk
Bauweise:	Holz, Rumpf aus Stahlrohr
Rüstgewicht:	120 kp
Maximales Fluggewicht:	220 kp
Flächenbelastung:	20,2 kp/m²
Flugleistungen (Werksangaben):	
Geringstes Sinken:	0,67 m/s bei 58 km/h
Bestes Gleiten:	25 bei 65 km/h

Spatz-55

Beim Spatz-55 wurde zum ersten Mal wie später beim weit verbreiteten L-Spatz-55 die Schulterdeckeranordnung gewählt, allerdings noch mit einer Spannweite von 13,20 Metern. Der Erstflug fand bereits 1953 statt. In den Jahren 1953 und 1954 sind etwa 10 bis 15 Spatz-55 gebaut worden. Ende 1977

Ein B-Spatz mit Mitteldecker-Anordnung auf dem Hornberg

waren noch 7 Flugzeuge zugelassen. Außer einer Rumpfverlängerung auf 6,20 m und einer Erhöhung des Rüstgewichtes auf 130 kp entsprechen die Daten dem B-Spatz.

L-Spatz

Der L-Spatz, bei welchem das L für Leistungs-Spatz steht, hat zum ersten Mal eine Spannweite von 15 Metern. Ähnlich wie bei der Ka 6, die ja auch zuerst eine Spannweite von 14,00 m und dann 14,40 m hatte, ist hier der Einfluß der damals neuen Regel der Standard-Klasse festzustellen. Der L-Spatz hatte aber noch die Flügelanordnung als Mitteldecker. Der Erstflug fand ebenfalls im Jahre 1953 statt und das neue Flugzeug wurde bei der damaligen Deutschen Segelflugmeisterschaft in Oerlinghausen vorgeführt.

Muster:	L-Spatz
Konstrukteur + Hersteller:	Scheibe, Dachau
Erstflug:	1953
Serienbau:	1953 und 1954
Hergestellt insgesamt:	etwa 40
Zugelassen in Deutschland:	26
Anzahl der Sitze:	1
Spannweite:	15,00 m
Flügelfläche:	11,80 m²
Streckung:	19,07
Flügelprofil:	Mü 14 %
Rumpflänge:	6,20 m
Leitwerk:	normales Kreuzleitwerk
Bauweise:	Holz, Rumpf aus Stahlrohr
Rüstgewicht:	140 kp
Maximales Fluggewicht:	250 kp
Flächenbelastung:	21,2 kp/m²

Flugleistungen (Werksangaben):

Geringstes Sinken:	0,64 m/s bei 62 km/h
Bestes Gleiten:	29 bei 73 km/h

Von diesem L-Spatz sind immerhin etwa 40 Flugzeuge gebaut worden, von denen mehr als 20 noch in Betrieb sind.

L-Spatz-55

Untersuchungen beim L-Spatz ergaben, daß durch die Mitteldeckeranordnung Leistungsverluste durch das undichte Haubenanschlußteil entstanden. Aus diesem Grunde entschloß man sich für die Anordnung als Schulterdecker. Der Prototyp des L-Spatz-55 flog bereits im Jahre 1954 und wurde von 1955 bis 1962 in Serie gebaut. Der L-Spatz-55 wurde so zum meistgebauten Einsitzer von Scheibe. In Deutschland sind etwa 300 Flugzeuge hergestellt worden, während es bei einer Lizenzfertigung in Frankreich noch einmal 150 Stück waren. Beim L-Spatz-55 gab es verschiedene Varianten. Die ersten Flugzeuge hatten eine eckige Haube aus Astralon, die später durch eine geblasene Plexiglashaube ersetzt wurde. Auch das Rumpfvorderteil bekam in späteren Jahren eine runde GFK-Verkleidung. Zuerst war auch noch kein festes Rad eingebaut. In vielen Vereinen war der L-Spatz-55 für viele Jahre das beste Leistungsflugzeug. In der Tat wurden mit dem leichten und relativ billigen Flugzeug viele Flüge für die Leistungsabzeichen absolviert. Dabei war die Ruderabstimmung nicht sehr gelungen, und das Flugzeug war recht nervös, dafür aber sehr wendig, was besonders beim Fliegen in den Bergen erwünscht war. Auch das Langsamflugverhalten war nicht gerade harmlos.

L-Spatz-III

Der L-Spatz-III ist eigentlich weniger bekannt geworden. Immerhin wurden aber nach 1965 etwa 30 Flugzeuge gebaut. Das Flugzeug entspricht ziemlich genau dem L-Spatz-55. Der Flügel erhielt jedoch eine Schränkung, wodurch das Verhalten im Langsamflug wesentlich verbessert wurde. Auch wurde dem Zug der Zeit folgend der Rumpf etwas niedriger gestaltet.

Muster:	L-Spatz-55
Konstrukteur + Hersteller:	Scheibe, Dachau
Erstflug:	1954
Serienbau:	1955 bis 1962
Hergestellt insgesamt:	etwa 450
Zugelassen in Deutschland:	190
Anzahl der Sitze:	1
Spannweite:	15,00 m
Flügelfläche:	11,70 m^2
Streckung:	19,23
Flügelprofil:	Mü 14 %
Rumpflänge:	6,25 m
Leitwerk:	normales Kreuzleitwerk
Bauweise:	Holz, Rumpf aus Stahlrohr
Rüstgewicht:	155 kp
Maximales Fluggewicht:	265 kp
Flächenbelastung:	20,9 kp/m^2 bis 22,6 kp/m^2

Flugleistungen (Werksangaben):

Geringstes Sinken:	0,68 m/s bei 64 km/h
Bestes Gleiten:	29 bei 73 km/h

Muster:	L-Spatz-III
Konstrukteur + Hersteller:	Scheibe, Dachau
Erstflug:	1965
Serienbau:	1965 und 1966
Hergestellt insgesamt:	etwa 30
Zugelassen in Deutschland:	16
Anzahl der Sitze:	1
Spannweite:	15,00 m
Flügelfläche:	11,90 m^2
Streckung:	18,91
Flügelprofil:	Mü 14 %
Rumpflänge:	6,25 m
Leitwerk:	normales Kreuzleitwerk
Bauweise:	Holz, Rumpf aus Stahlrohr
Rüstgewicht:	165 kp
Maximales Fluggewicht:	275 kp
Flächenbelastung:	21,4 kp/m^2 bis 23,2 kp/m^2

Flugleistungen (Werksangaben):

Geringstes Sinken:	0,68 m/s bei 64 km/h
Bestes Gleiten:	29 bei 73 km/h

Club-Spatz SF-30

Mit dem Club-Spatz startete Scheibe noch einmal einen Versuch in der neu in die Wettbewerbe gekom-

Rechte Seite:

Oben: Ein leichtes und handliches Flugzeug ist der L-Spatz-55
Unten: Eine Variante des L-Spatz-55 mit geblasener Haube

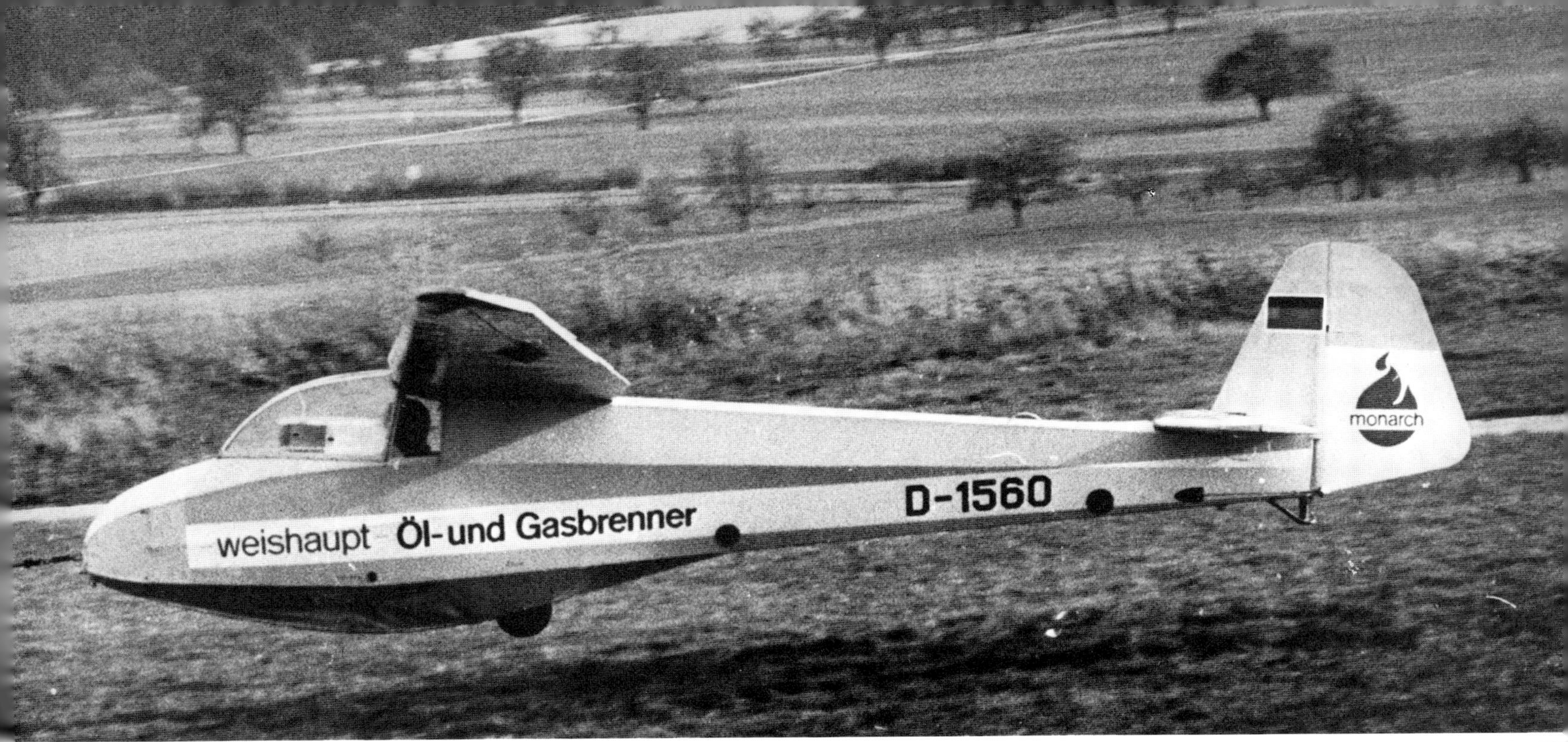
weishaupt Öl-und Gasbrenner
D-1560
monarch

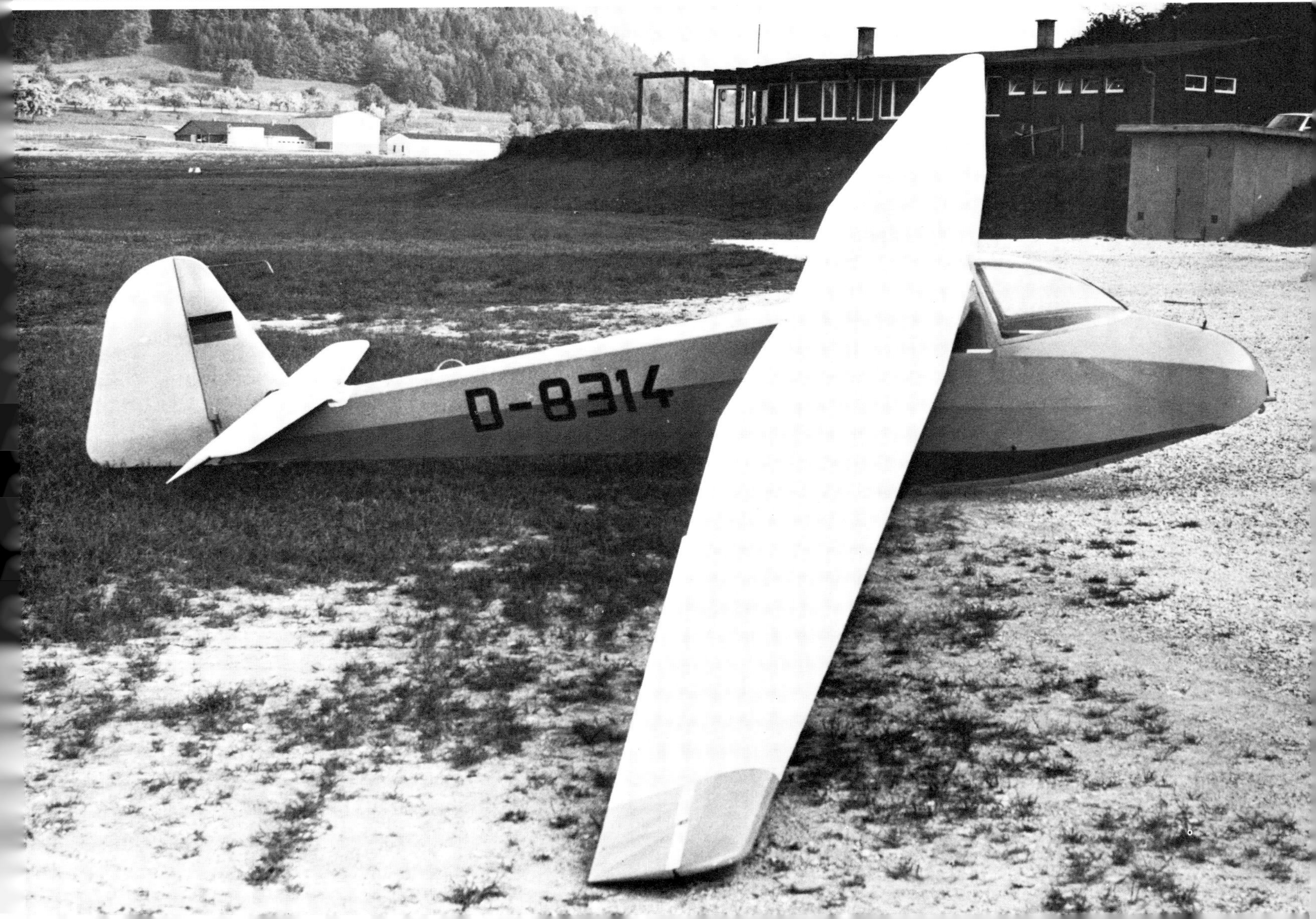
D-8314

menen Club-Klasse. Das Flugzeug baute auf Erfahrungen mit der recht gelungenen SF-27 auf. Allerdings wurde die Flügelfläche mit unter 10 m² recht klein gewählt. Wieder wurde ein Wortmann-Profil verwendet. Der Erstflug fand 1975 statt und in zwei Jahren wurden nur 7 Flugzeuge gebaut. Die SF-30 zeigte zwar gute Leistungen, aber für ein Holzflugzeug war zu jenem Zeitpunkt der Zug schon abgefahren.

Muster:	Club-Spatz SF-30
Konstrukteur + Hersteller:	Scheibe, Dachau
Erstflug:	1975
Serienbau:	1975/76
Hergestellt insgesamt:	7
Zugelassen in Deutschland:	5
Anzahl der Sitze:	1
Spannweite:	15,00 m
Flügelfläche:	9,38 m²
Streckung:	23,99
Flügelprofil:	FX 61-184, 60-126
Rumpflänge:	6,10 m
Leitwerk:	Kreuzleitwerk mit Pendelruder
Bauweise:	Holz, Rumpf aus Stahlrohr
Rüstgewicht:	185 kp
Maximales Fluggewicht:	295 kp
Flächenbelastung:	29,3 kp/m² bis 31,5 kp/m²

Flugleistungen (Werksangaben):

Geringstes Sinken:	0,65 m/s bei 70 km/h
Bestes Gleiten:	36 bei 90 km/h

Zugvogel-I

Während der Spatz in erster Linie für den Vereinsflugbetrieb zugeschnitten wurde, sollte der Zugvogel die Bedürfnisse der Leistungsflieger abdecken. In der Tat stand bereits im Jahre 1954 mit dem Zugvogel-I ein Leistungssegelflugzeug zur Verfügung, das vergleichbaren Mustern deutlich überlegen war. Der Zugvogel-I erhielt wie in jenen Jahren für die Leistungsflugzeuge üblich ein Laminarprofil aus der NACA-Reihe. Der Flügel von 16 Metern Spannweite hatte immerhin eine Streckung von über 18. Aus Schwerpunktgründen erhielt die Flügelnase eine negative Pfeilung. Dies war erforderlich, um den Piloten vor der Flügelnase anordnen zu können. Typisch für den Zugvogel-I ist neben der negativen Pfeilung die

Muster:	Zugvogel I
Konstrukteur + Hersteller:	Scheibe, Dachau
Erstflug:	1954
Serienbau:	1954 und 1955
Hergestellt insgesamt:	etwa 8
Zugelassen in Deutschland:	2
Anzahl der Sitze:	1
Spannweite:	16,00 m
Flügelfläche:	14,00 m²
Streckung:	18,30
Flügelprofil:	NACA 623-616
Rumpflänge:	7,40 m
Leitwerk:	normales Kreuzleitwerk
Bauweise:	Holz, Rumpf aus Stahlrohr
Rüstgewicht:	230 kp
Maximales Fluggewicht:	345 kp
Flächenbelastung:	22,9 kp/m² bis 24,6 kp/m²

Flugleistungen (Werksangaben):

Geringstes Sinken:	0,62 m/s bei 70 km/h
Bestes Gleiten:	34 bei 86 km/h

Anordnung des Flügelanschlusses, bei welchem wie beim Doppelsitzer Specht die Wurzelrippen der Tragflügelhälften in Rumpfmitte stumpf aufeinanderstoßen. Vom Zugvogel-I wurden nur etwa 8 Exemplare gebaut und Hanna Reitsch konnte 1955 mit diesem Flugzeug die Deutschen Segelflugmeisterschaften in Oerlinghausen gewinnen.

Hanna Reitsch im Zugvogel-I

Rechte Seite:

Oben: Der Club-Spatz wurde nur in 7 Exemplaren gebaut
Unten: Dieser Zugvogel-III A hat ein Abwurffahrwerk

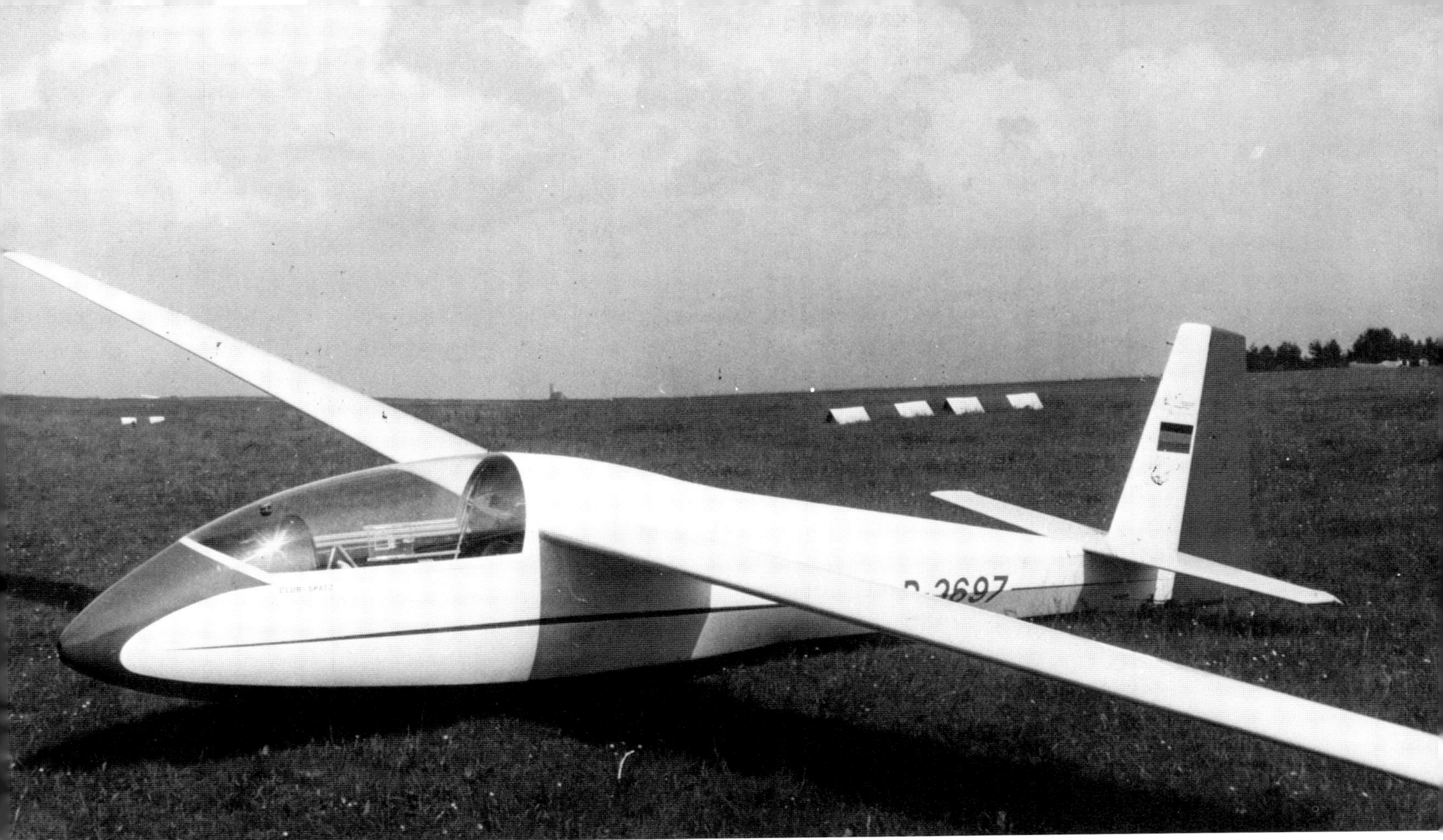
CLUB-SPATZ
2697

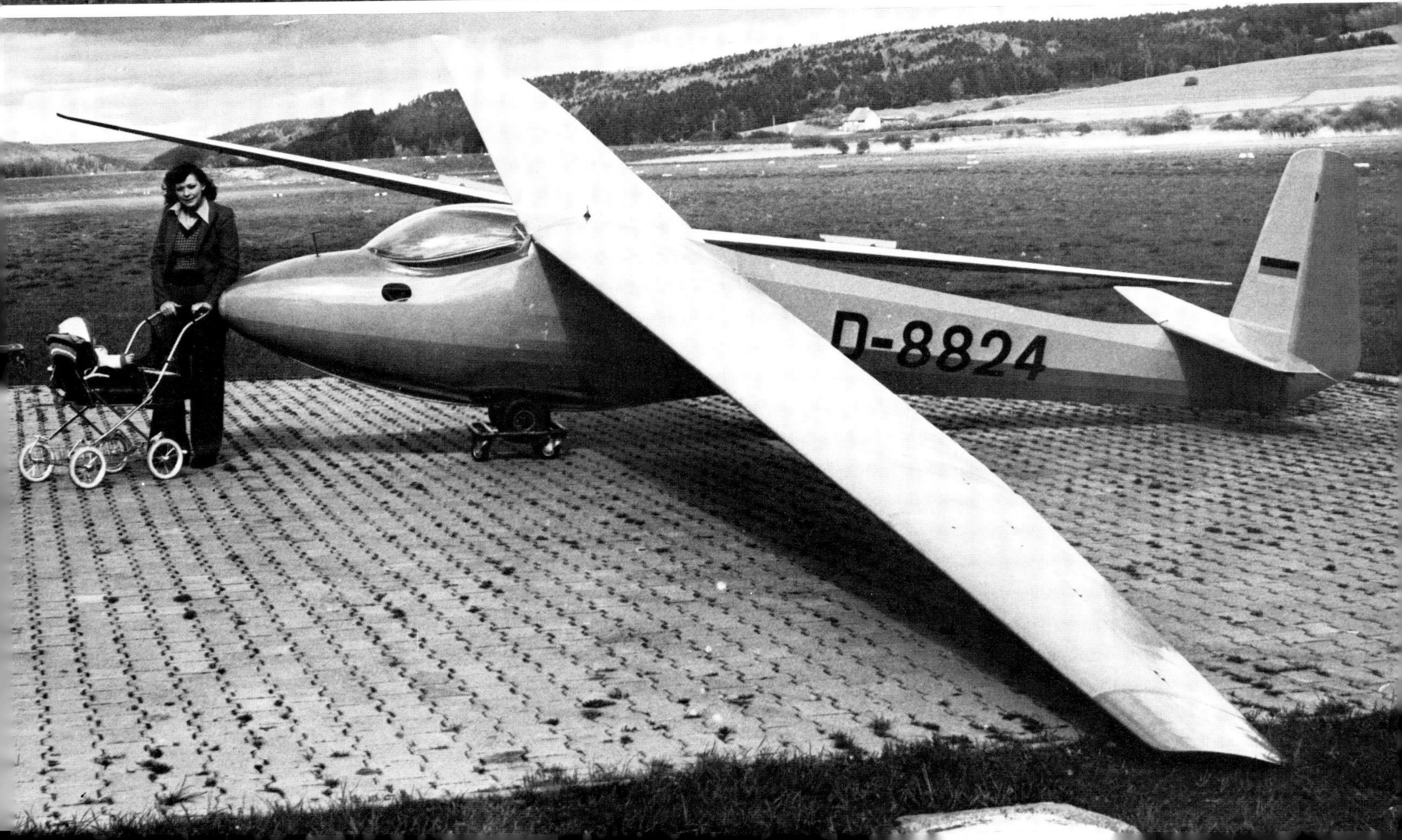
D-8824

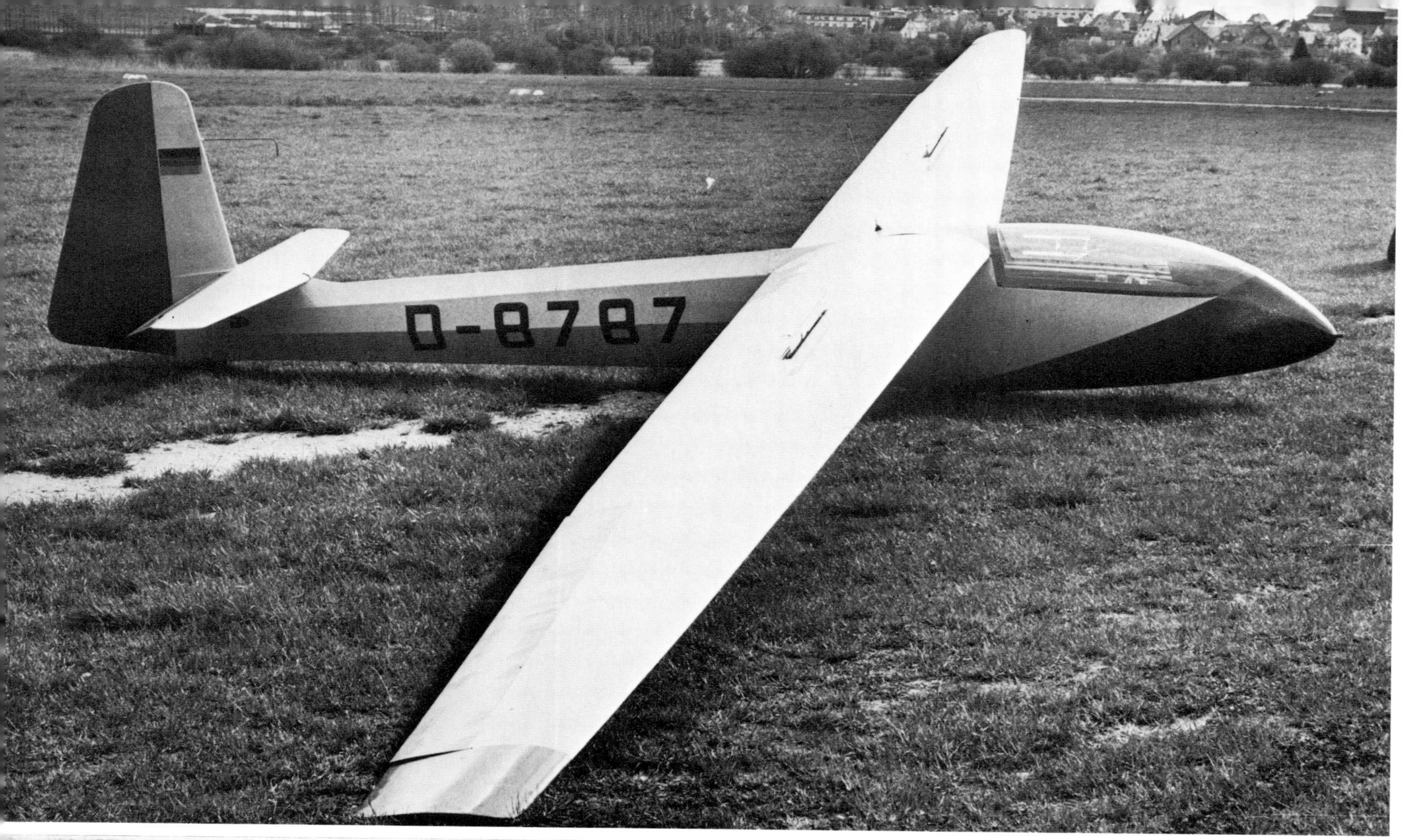
D-8787

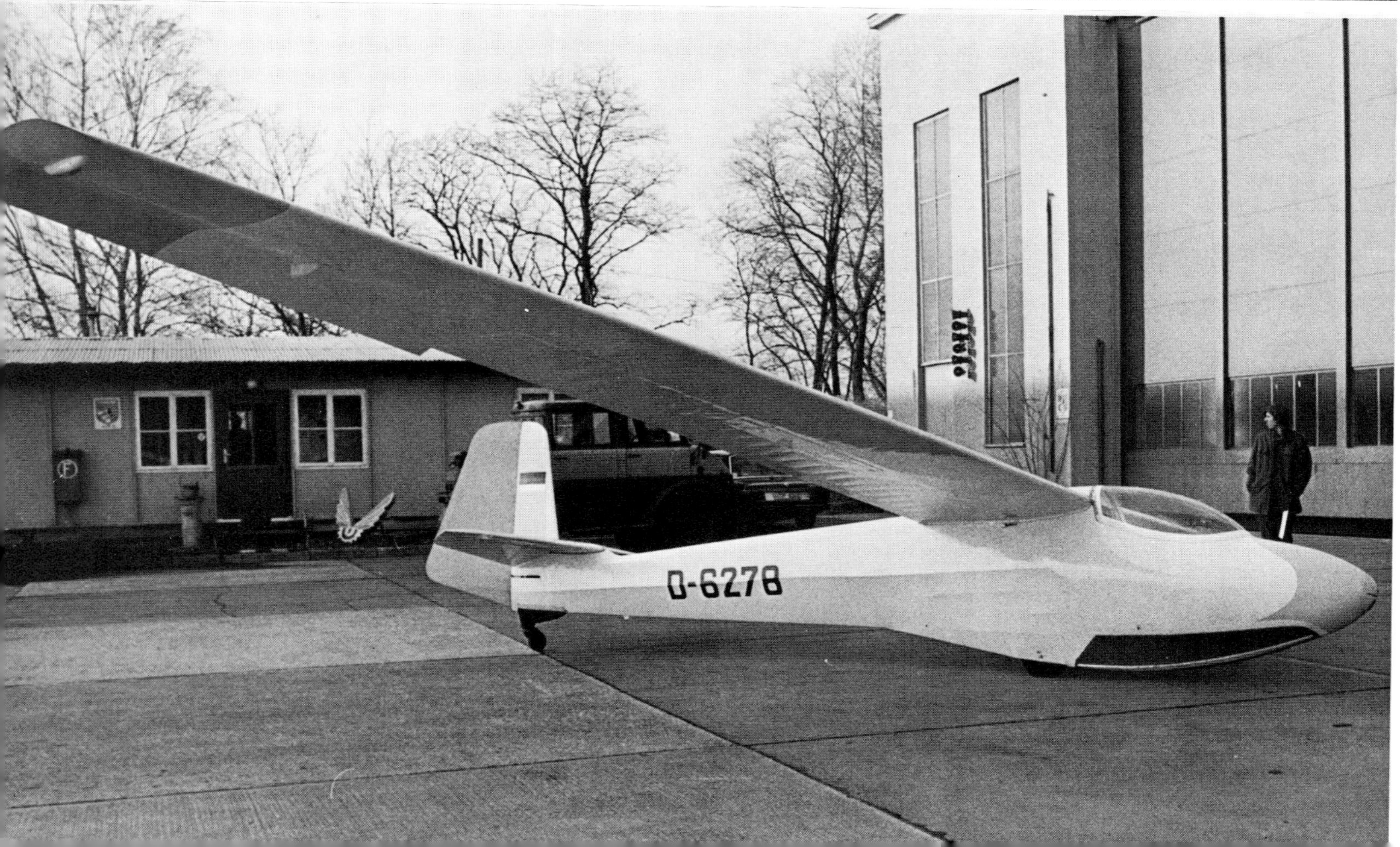
D-6278

Zugvogel-II, Zugvogel-III A, Zugvogel-III B

Vom Zugvogel-II wurden nur zwei Exemplare gebaut. Es entfiel die Vorpfeilung des Flügels. Die Anordnung war als Schulterdecker wie beim Spatz mit einer separaten Schlitzverkleidung. Beim Zugvogel-III A wurde die Spannweite auf 17 Meter vergrößert, während der Rumpf ziemlich beibehalten wurde. Vom Zugvogel-III A wurden etwa 30 Stück hergestellt, von denen noch 19 Exemplare in Deutschland zugelassen sind. Der Zugvogel-III B bekam dann im Jahre 1963 einen neuen flachen Rumpf, der bei den Segelfliegern ziemlich Anklang fand, denn immerhin wurden 40 Exemplare dieser Baureihe hergestellt, von denen die Hälfte in Deutschland noch fliegt.

Muster:	Zugvogel-III A, -III B
Konstrukteur + Hersteller:	Scheibe, Dachau
Erstflug:	1957/1963
Serienbau:	1957 bis 1965
Hergestellt insgesamt:	70 (30 + 40)
Zugelassen in Deutschland:	39 (19 + 20)
Anzahl der Sitze:	1
Spannweite:	17,00 m
Flügelfläche:	14,37 m²
Streckung:	20,11
Flügelprofil:	NACA 623-616
Rumpflänge:	7,30 m
Leitwerk:	normales Kreuzleitwerk
Bauweise:	Holz, Rumpf aus Stahlrohr
Rüstgewicht:	245 kp
Maximales Fluggewicht:	365 kp
Flächenbelastung:	23,3 kp/m² bis 25,4 kp/m²

Flugleistungen (Werksangaben):

Geringstes Sinken:	0,61 m/s bei 72 km/h
Bestes Gleiten:	35 bei 86 km/h

Zugvogel-IV

Unter dem Einfluß der neuen Regel für die Standard-Klasse entstand im Jahre 1959 eine 15-Meter-Version des Zugvogels, der Zugvogel-IV. Er hatte noch

Linke Seite:

Oben: Der Zugvogel-III B hat einen flachen Rumpf mit eingestrakter Haube
Unten: Beim Zugvogel-IV wurde die Spannweite auf 15 Meter verringert

den hohen Rumpf des Zugvogel-III A mit einem verkürzten Flügel, der noch das NACA-Profil hatte. Der Zugvogel-IV A hatte ein festes ungefedertes Rad.

Muster:	Zugvogel-IV
Konstrukteur + Hersteller:	Scheibe, Dachau
Erstflug:	1959
Serienbau:	1959 bis 1961
Hergestellt insgesamt:	etwa 30
Zugelassen in Deutschland:	6
Anzahl der Sitze:	1
Spannweite:	15,00 m
Flügelfläche:	13,43 m²
Streckung:	16,75
Flügelprofil:	NACA 623-616
Rumpflänge:	7,10 m
Leitwerk:	normales Kreuzleitwerk
Bauweise:	Holz, Rumpf aus Stahlrohr
Rüstgewicht:	220 kp
Maximales Fluggewicht:	335 kp
Flächenbelastung:	25,0 kp/m²

Flugleistungen (Werksangaben):

Geringstes Sinken:	0,65 m/s bei 70 km/h
Bestes Gleiten:	31 bei 80 km/h

SF-26

Erfahrungen mit den Zugvögeln und den verschiedenen Spatzen führten im Jahre 1961 zur Konstruktion

Muster:	SF-26
Konstrukteur + Hersteller:	Scheibe, Dachau
Erstflug:	1961
Serienbau:	1962 bis 1964
Hergestellt insgesamt:	etwa 50
Zugelassen in Deutschland:	22
Anzahl der Sitze:	1
Spannweite:	15,00 m
Flügelfläche:	12,34 m²
Streckung:	18,25
Flügelprofil:	NACA 623-616
Rumpflänge:	6,72 m
Leitwerk:	normales Kreuzleitwerk
Bauweise:	Holz, Rumpf aus Stahlrohr
Rüstgewicht:	183 kp
Maximales Fluggewicht:	310 kp
Flächenbelastung:	22,1 kp/m² bis 25,1 kp/m²

Flugleistungen (Werksangaben):

Geringstes Sinken:	0,70 m/s bei 70 km/h
Bestes Gleiten:	30 bei 80 km/h

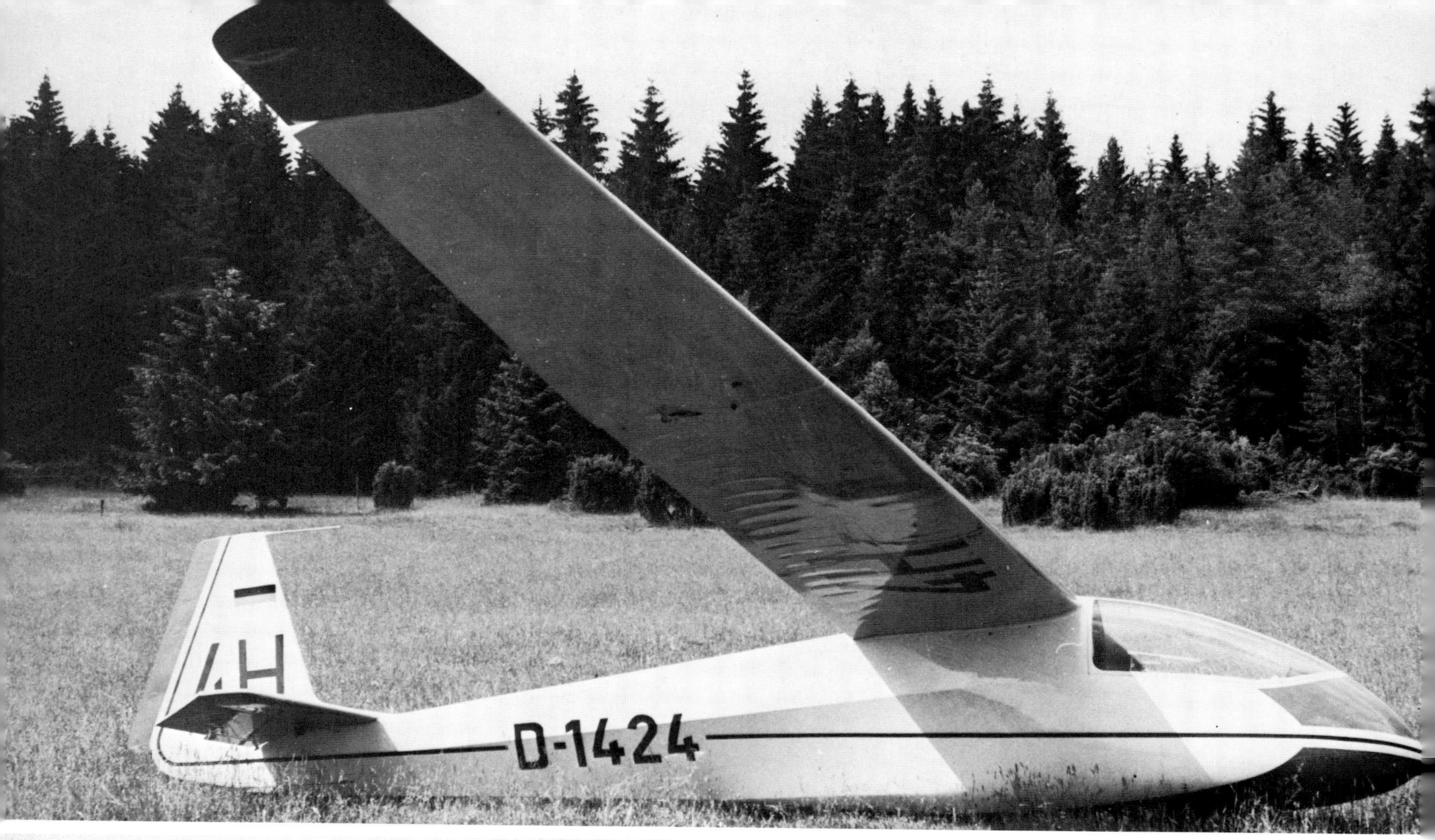
4H
D-1424

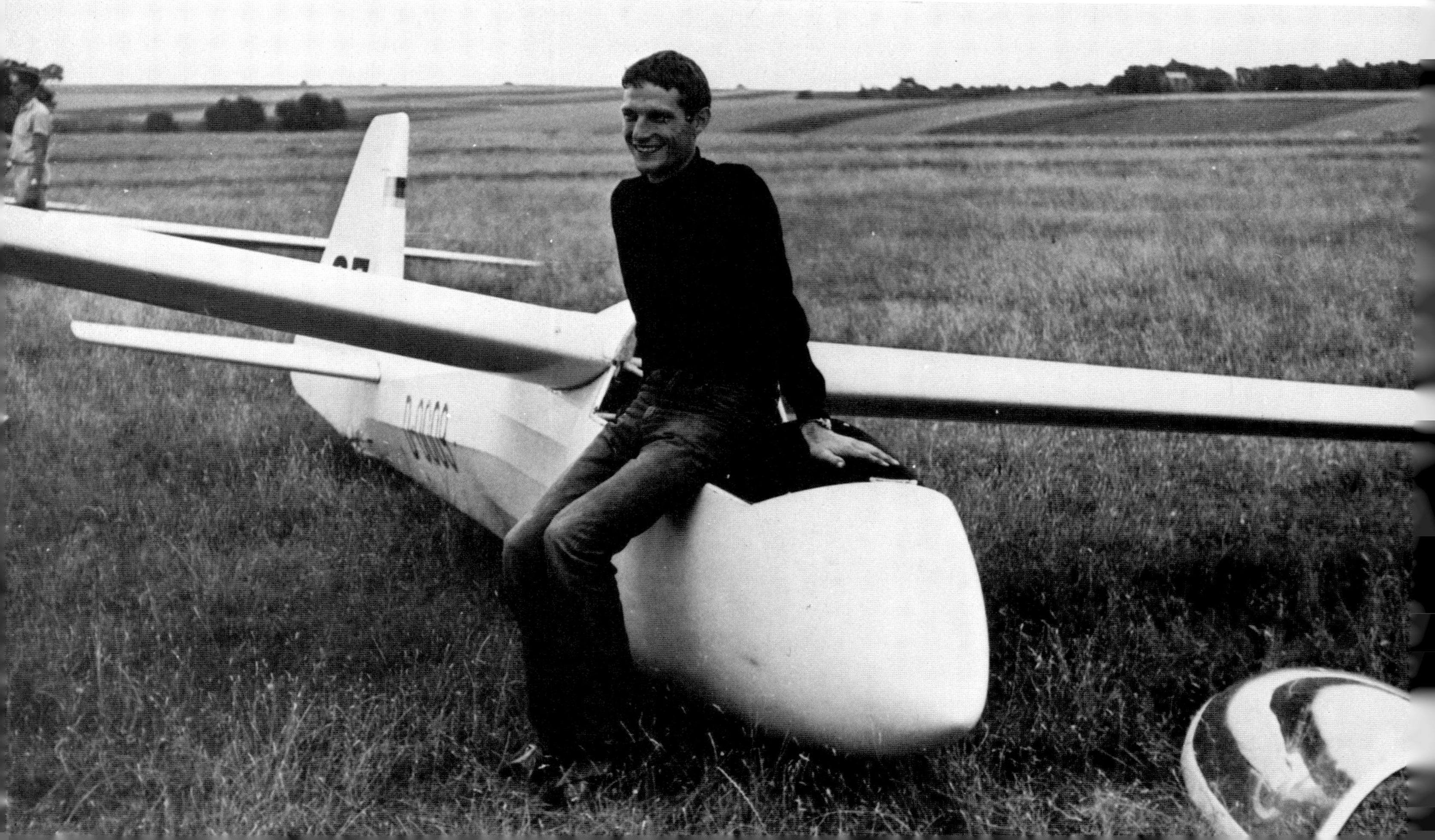

Eine SF-27 im Flugzeugschlepp in Tannheim

der SF-26. Auf den ersten Blick sieht das Flugzeug nicht sehr gelungen aus. Der Rumpf ist vom Spatz abgeleitet und ist etwas hochgeraten. Das Besondere an der SF-26 ist der dreiteilige Flügel. Das relativ schwere Mittelstück wird oben auf den Rumpf aufgesetzt. Die Außenflügel beginnen bei den Querrudern. Das Flügelprofil stammt ebenfalls noch vom Zugvogel. Wie bei allen Zugvögeln sind doppelseitige Schempp-Hirth-Bremsklappen im Flügel eingebaut.

SF-27

Ein recht gelungener und erfolgreicher Scheibe-Einsitzer ist die SF-27, die ihren Erstflug im Jahre 1964 durchführte. Leider kam sie etwas zu spät in die beginnende Kunststoff-Welle, sonst wären ihr noch wesentlich höhere Stückzahlen beschieden gewesen. Sicher wäre sie dann auch ein ernsthafter Konkurrent für die Ka 6 E geworden. Immerhin sind insgesamt etwa 120 Exemplare der SF-27 gebaut worden, die zum großen Teil heute noch in Deutschland fliegen. Ein einziges Muster mit der Bezeichnung SF-27 A hat übrigens eine Spannweite von 17 Metern. Der Rumpf ist vom Zugvogel-III B abgeleitet und etwas kürzer. Der Flügel hat das seither viel verwendete Wortmann-Profil FX 61-184. Das Höhenleitwerk ist als Pendelruder ausgeführt. Die SF-27 ist sehr gut im Steigen, hat eine ausgeglichene Ruderabstimmung und hat ordentliche Leistungen. Als Landehilfe dienen doppelseitige Schempp-Hirth-Bremsklappen. Im Höhenleitwerk ist eine Flettnertrimmung eingebaut. Der Rumpf hat ein festes ungefedertes Rad mit etwas geringer Bodenfreiheit. Aus der SF-27 baute Alois Obermeier einen der ersten Motorsegler mit einem im Rumpf versenkbaren Klapptriebwerk mit der Bezeichnung Illerschwalbe.

Linke Seite:

Oben: Eine etwas modifizierte SF-26 mit dreiteiligem Tragflügel
Unten: Der „junge" Helmut Reichmann mit einer SF-27

Muster:	SF-27
Konstrukteur + Hersteller:	Scheibe, Dachau
Erstflug:	1964
Serienbau:	1964 bis 1969
Hergestellt insgesamt:	etwa 120
Zugelassen in Deutschland:	94
Anzahl der Sitze:	1
Spannweite:	15,00 m
Flügelfläche:	12,07 m²
Streckung:	18,64
Flügelprofil:	FX 61-184, FX 60-126
Rumpflänge:	7,05 m
Leitwerk:	Kreuzleitwerk mit Pendelruder
Bauweise:	Holz, Rumpf aus Stahlrohr
Rüstgewicht:	215 kp
Maximales Fluggewicht:	330 kp
Flächenbelastung:	25,3 kp/m² bis 27,5 kp/m²

Flugleistungen (DFVLR-Messung 1968):

Geringstes Sinken:	0,65 m/s bei 70 km/h
Bestes Gleiten:	32 bei 80 km/h

Schempp-Hirth

Während die Firma Wolf Hirth in Nabern bereits im Jahre 1951 wieder mit dem Flugzeugbau begann, dauerte es bei der Schwesterfirma Schempp-Hirth in Kirchheim/Teck bis zum Jahre 1959, bis die Fertigung von Segelflugzeugen wieder aufgenommen wurde. Zuerst wurden Bauteile für 168 Flugzeuge des Musters Ka 8 in Lizenz der Firma Schleicher gefertigt, dann wurde ebenfalls in Lizenz die Standard-Austria hergestellt. Später folgte daraus die SHK und im Jahre 1967 mit dem Cirrus das erste »eigene« Fugzeug. Nachfolgende Übersicht zeigt die einzelnen Flugzeugtypen mit den Angaben für Erstflug bzw. Serienfertigung sowie den Stückzahlen bis Anfang 1978:

Ka 8	1959 bis 1968	168 (Bausätze)
Standard-Austria S bis SH 1	1962 bis 1964	66
SHK	1965 bis 1969	59
Cirrus V 1	1967	1
Cirrus B + VTC	1967 bis 1976	170
Nimbus-I	1969	1
Standard-Cirrus + Cirrus 75	1969 bis 1977	812
Nimbus-II + Nimbus-IIb	1971 bis heute	160
Janus	1974 bis heute	60
Mini-Nimbus	1976 bis heute	50

Demnach umfaßt das Produktionsprogramm von Schempp-Hirth im Jahre 1978 die Flugzeuge Nimbus-IIb und Mini-Nimbus sowie den Doppelsitzer Janus, während der Standard-Cirrus 75 seit dem Frühjahr 1977 in Lizenz in Frankreich gefertigt wird.

Standard-Austria

Als erfolgreichstes Nachkriegssegelflugzeug aus Österreich kann die Standard-Austria bezeichnet werden, deren Prototyp mit dem Kennzeichen OE-0410 im Jahre 1958 zum ersten Mal flog. Konstruiert wurde sie von Rüdiger Kunz, der anläßlich der Segelflugweltmeisterschaft 1960 in Köln den OSTIV-Preis dafür bekam. Bis zum Jahre 1963 wurden in der Zentralwerkstätte des Österreichischen Aero-Clubs in Wien insgesamt 14 Exemplare der Standard-Austria gebaut. Am 31. 10. 1961 schloß Schempp-Hirth einen Lizenzvertrag ab und im Juni 1962 flog die erste Standard-Austria S, also ein bei Schempp-Hirth hergestelltes Flugzeug, das nach Belgien geliefert wurde. Das zweite Flugzeug trug das Kennzeichen D-8437. Von der Standard-Austria S, die sich nicht von den in Österreich gebauten Mustern unterschied, wurden von 1962 bis März 1964 insgesamt 30 Stück in Kirchheim gebaut. Von diesen Flugzeugen gingen die meisten ins Ausland, allein sechs nach den USA, nur zwei Exemplare blieben in Deutschland. Die Standard-Austria S hatte mit dem NACA 652-415 ein recht schnelles Profil mit einer besten Gleitzahl von 34 bei 105 km/h, aber das Obenbleiben war in unseren Breiten nicht ganz einfach.

Unter der Leitung von Alfred Vogt (Lo 100), der zu jener Zeit bei Schempp-Hirth beschäftigt war, erhielt die Standard-Austria dann unter anderem ein neues Eppler-Profil (Nr. 266), das dem Flugzeug wesentlich bessere Kreisflugeigenschaften brachte. Der Einsitzer wurde fortan Standard-Austria SH genannt. Erstflug war im Dezember 1963 und die ersten vier Flugzeuge hatten noch ein starres Fahrwerk. Die Baureihe Standard-Austria SH1 bekam dann ein gefedertes Einziehfahrwerk und wurde bis im Dezember 1965 noch einmal in 32 Exemplaren gebaut. Äußerlich kann man die SH und die SH1 von der ursprünglichen Version an den eckigen Randbogen und ab der SH1 auch am Spornrad anstelle des Schleifspornes unterscheiden. Im Frühjahr 1977 wurde eine Standard-Austria SH1 (Werk-Nr. 79, D-1277) auf 16 Meter Spannweite umgebaut.

Muster:	Standard-Austria SH
Konstrukteur:	Rüdiger Kunz
Hersteller:	Schempp-Hirth
Erstflug:	Dezember 1963 (SH)
Serienbau:	1962 bis 1965 (bei Schempp-Hirth)
Hergestellt insgesamt:	76 (Standard-Austria S bis SH 1)
Zugelassen in Deutschland:	6 (Standard-Austria S bis SH 1)
Anzahl der Sitze:	1
Spannweite:	15,00 m
Flügelfläche:	13,50 m²
Streckung:	16,67
Flügelprofil:	Eppler 266
Rumpflänge:	6,30 m
Leitwerk:	ungedämpftes V-Leitwerk mit Flettner-Trimmung
Bauweise:	Holz, Rumpfvorderteil GFK
Rüstgewicht:	245 kp
Maximales Fluggewicht:	350 kp
Flächenbelastung:	25,93 kp/m²
Geringstes Sinken:	0,65 m/s bei 75 km/h
Bestes Gleiten:	34 bei 90 km/h

SHK

Noch während seiner Studienzeit in Darmstadt arbeitete Klaus Holighaus im Auftrag von Martin Schempp an einer Leistungsverbesserung der Standard-Austria SH. Während der Rumpf praktisch beibehalten wurde, fällt zuerst die Vergrößerung der Spannweite auf 17 Meter ins Gewicht. Die Flügel der Standard-Austria wurden außen um je einen Meter verlängert, wodurch auch die Fläche der Querruder um mehr als die Hälfte vergrößert wurde. Die Flügelfläche wuchs von 13,50 m² auf 14,65 m² und die Streckung damit von 16,67 auf 19,73. Auch die Leitwerke wurden größer gewählt und der Öffnungswinkel der V-Form von 100 Grad auf 92 Grad verringert. Dadurch wurde die Seitenruderwirksamkeit verbessert und auch das etwas empfindliche Höhenruder gedämpft. In der Tat ist die Ruderabstimmung der SHK sehr gelungen und in Verbindung mit der geringen Flächenbelastung ist das Flugzeug beim Thermikkreisen angenehm zu fliegen. Auch die Leistungen konnten sich sehen lassen, und Rolf Kuntz konnte bei der Weltmeisterschaft 1965 in England in der Offenen Klasse den dritten Rang belegen.

Sehr großer Aufwand wurde bei der SHK für die Qualität der Oberfläche getrieben, die auch bei den jetzt mehr als zehn Jahre alten Flugzeugen nicht gelitten hat. Auch Kunststoff wurde schon in verstärktem Maße verwendet. Das Rumpfvorderteil, die Flügelnasen und die Randbogen von Flügel und Leitwerk sind aus GFK. Der Prototyp der SHK entstand im Winter 1964/65 aus der Werk-Nr. 71 der Standard-Austria SH 1 und führte den Erstflug am 2. April 1965 durch. Bis Ende 1969 sind dann 59 Exemplare gebaut worden und heute fliegen noch 10 SHK in deutschen Landen.

Muster:	SHK (= Schempp-Hirth/Kirchheim)
Konstrukteur:	Kunz/Holighaus
Hersteller:	Schempp-Hirth
Erstflug:	April 1965
Serienbau:	1965 bis 1969
Hergestellt insgesamt:	59
Zugelassen in Deutschland:	10
Anzahl der Sitze:	1
Spannweite:	17,00 m
Flügelfläche:	14,65 m²
Streckung:	19,73
Flügelprofil:	Eppler 266
Rumpflänge:	6,32 m
Leitwerk:	ungedämpftes V-Leitwerk mit Flettner-Trimmung und Massenausgleich
Bauweise:	Holz, teilweise GFK
Rüstgewicht:	260 kp
Maximales Fluggewicht:	370 kp
Flächenbelastung:	25,26 kp/m²
Geringstes Sinken:	0,60 m/s bei 75 km/h
Bestes Gleiten:	38 bei 87 km/h

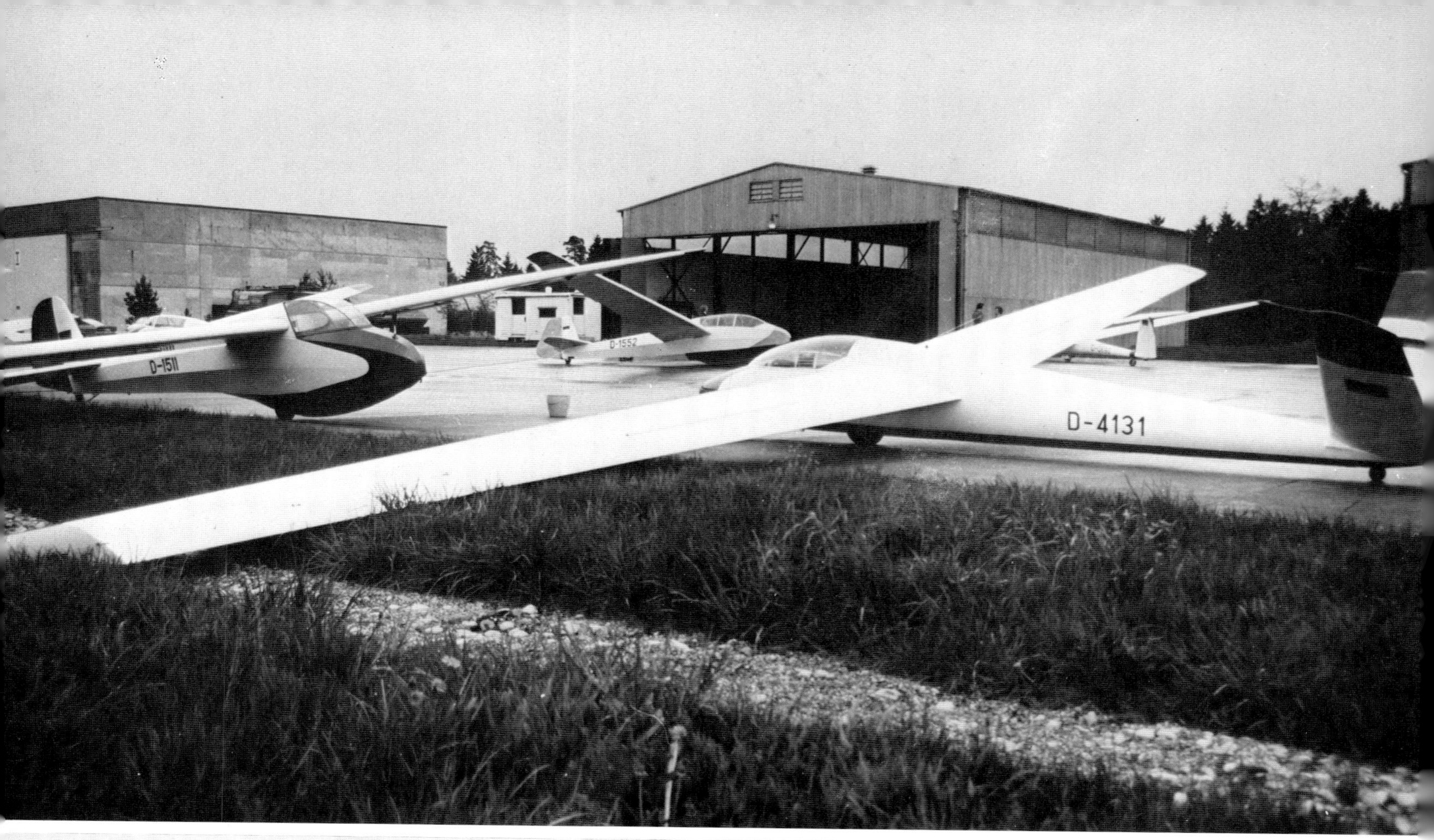
D-1511
D-1552
D-4131

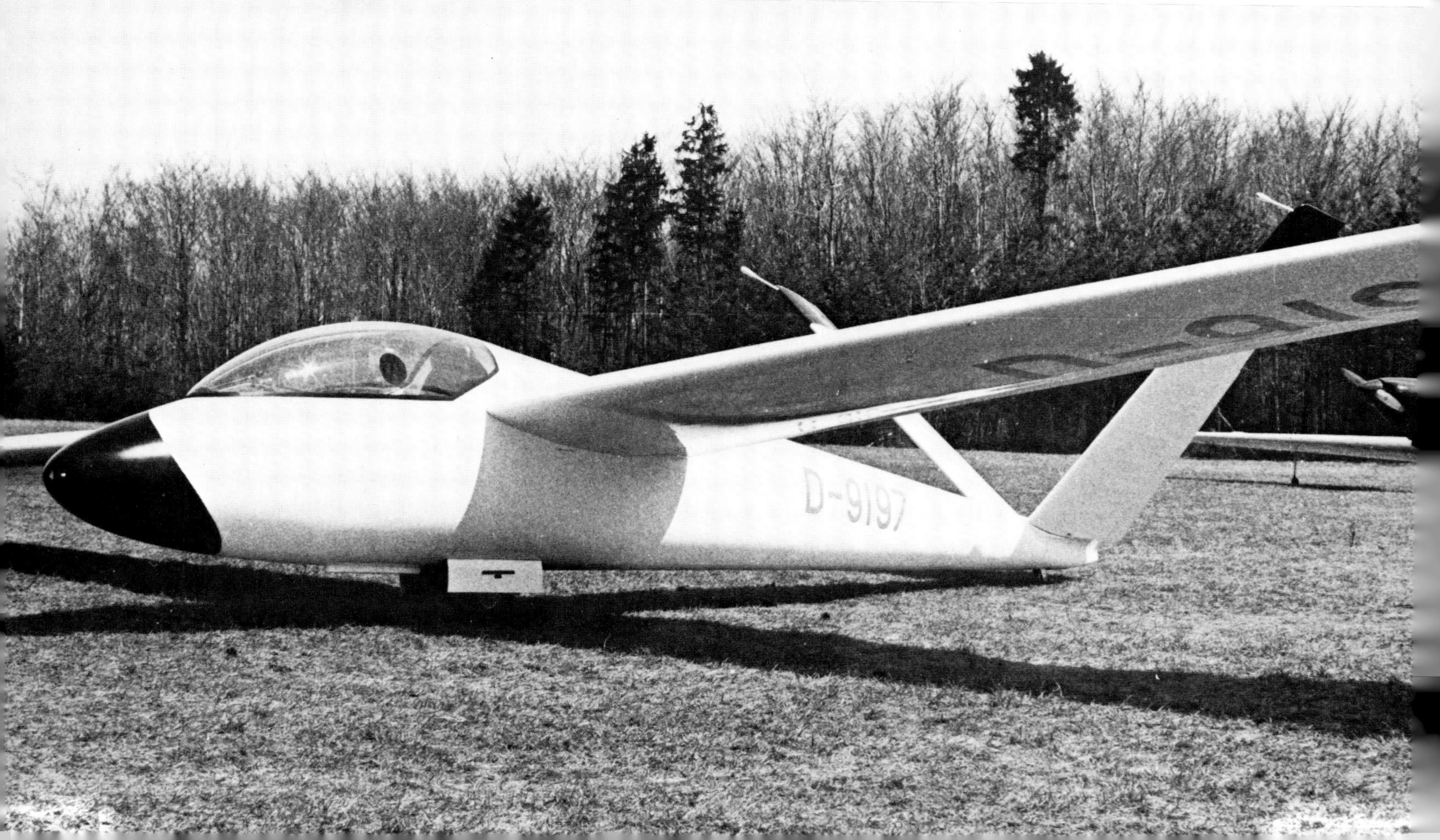
D-9197

Ein großer Cirrus im Vergleichsflug mit einem Standard-Cirrus

Cirrus

Neben der Fertigung der SHK bei Schempp-Hirth entsteht in aller Stille ein neues Kunststoff-Segelflugzeug von Klaus Holighaus. Es ist der Prototyp des großen Cirrus, wie er später in Unterscheidung zum Standard-Cirrus genannt wird. Dieser Prototyp hat im Gegensatz zur späteren Serie ein V-Leitwerk, praktisch von der SHK übernommen. Der Erstflug findet am 20. 1. 1967 in Karlsruhe-Forchheim statt, mit diesem Prototyp gewinnt Holighaus im Juni 1967 die Landesmeisterschaft von Baden-Württemberg auf dem Klippeneck und später wird dieses Flugzeug zuerst nach Italien und dann nach Südafrika verkauft.

Linke Seite:

Oben: Eine Standard-Austria S mit 15-Meter-Flügel
Unten: Bei der SHK wurde die Spannweite auf 17 Meter vergrößert

Wie das erste Flugzeug der späteren Serie trug dieser Prototyp ebenfalls das Kennzeichen D-9406.
Am großen Cirrus fällt die hohe Streckung mit dem Nicht-Wölbklappen-Profil FX 66-196 auf. Der Rumpf hat eine recht elegante Form mit einem etwas hochgesetzten konventionellen Leitwerk. Die Haube hat ein festes Vorderteil, der hintere Teil ist abnehmbar. Der relativ weiche Flügel hat beidseitig wirkende Schempp-Hirth-Bremsklappen. Wie bei den letzten Mustern der SHK ist im Heck ein Bremsschirm mit 1,30 m Durchmesser eingebaut. Der Flügel hat Wassertanks mit zusammen 100 Litern. Der große Cirrus wird gelobt für seine guten Flugeigenschaften und seine guten Steigleistungen auch in schwacher Thermik. Bei den Weltmeisterschaften 1968 in Polen wird Harro Wödl mit dem Cirrus Sieger der Offenen Klasse. Von 1968 bis 1971 werden in Kirchheim 107 Cirrus gebaut und anschließend bis zum Jahre 1976 weitere 63 Cirrus in Lizenz bei VTC in Jugoslawien.

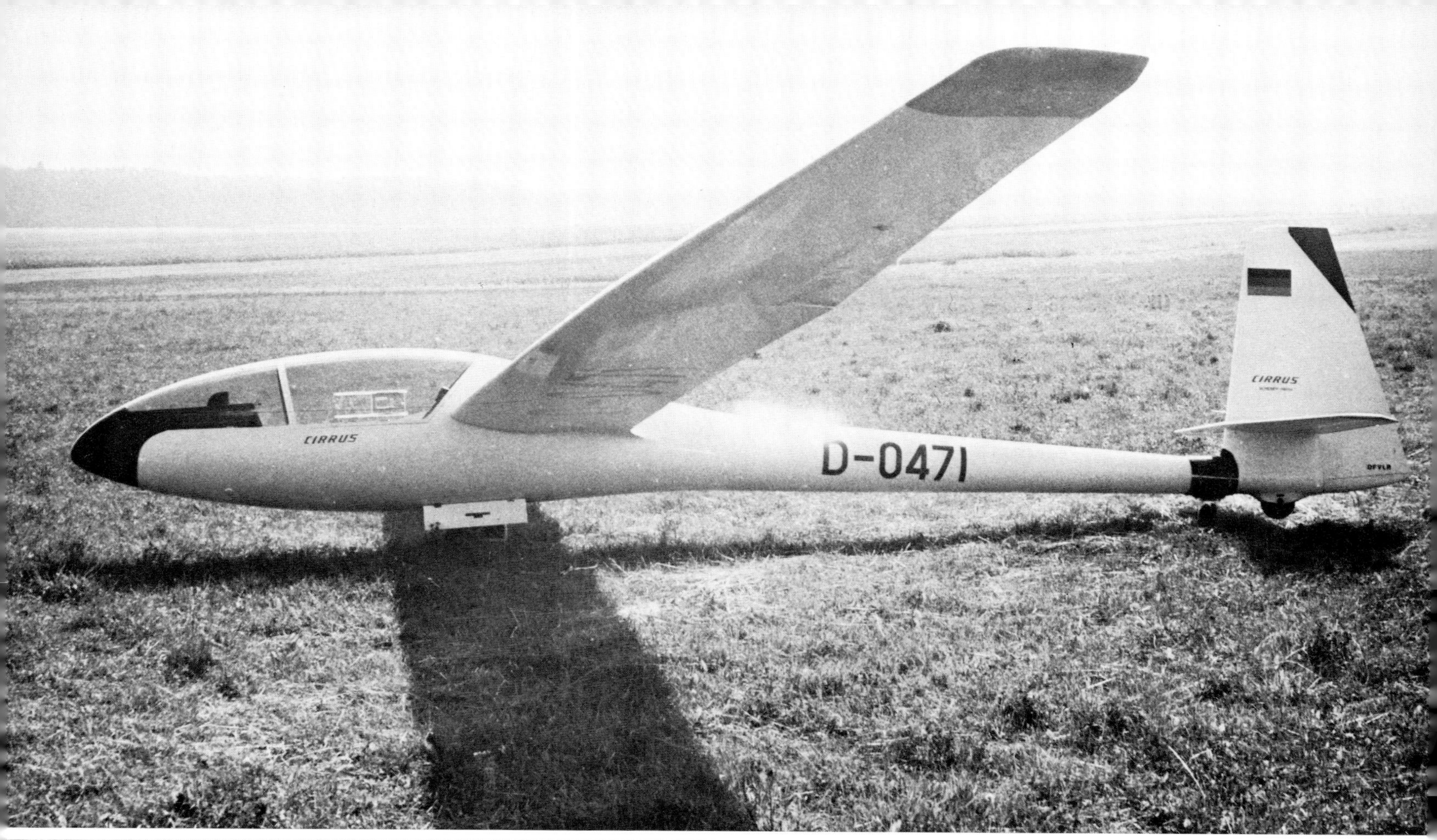
CIRRUS
D-0471
CIRRUS

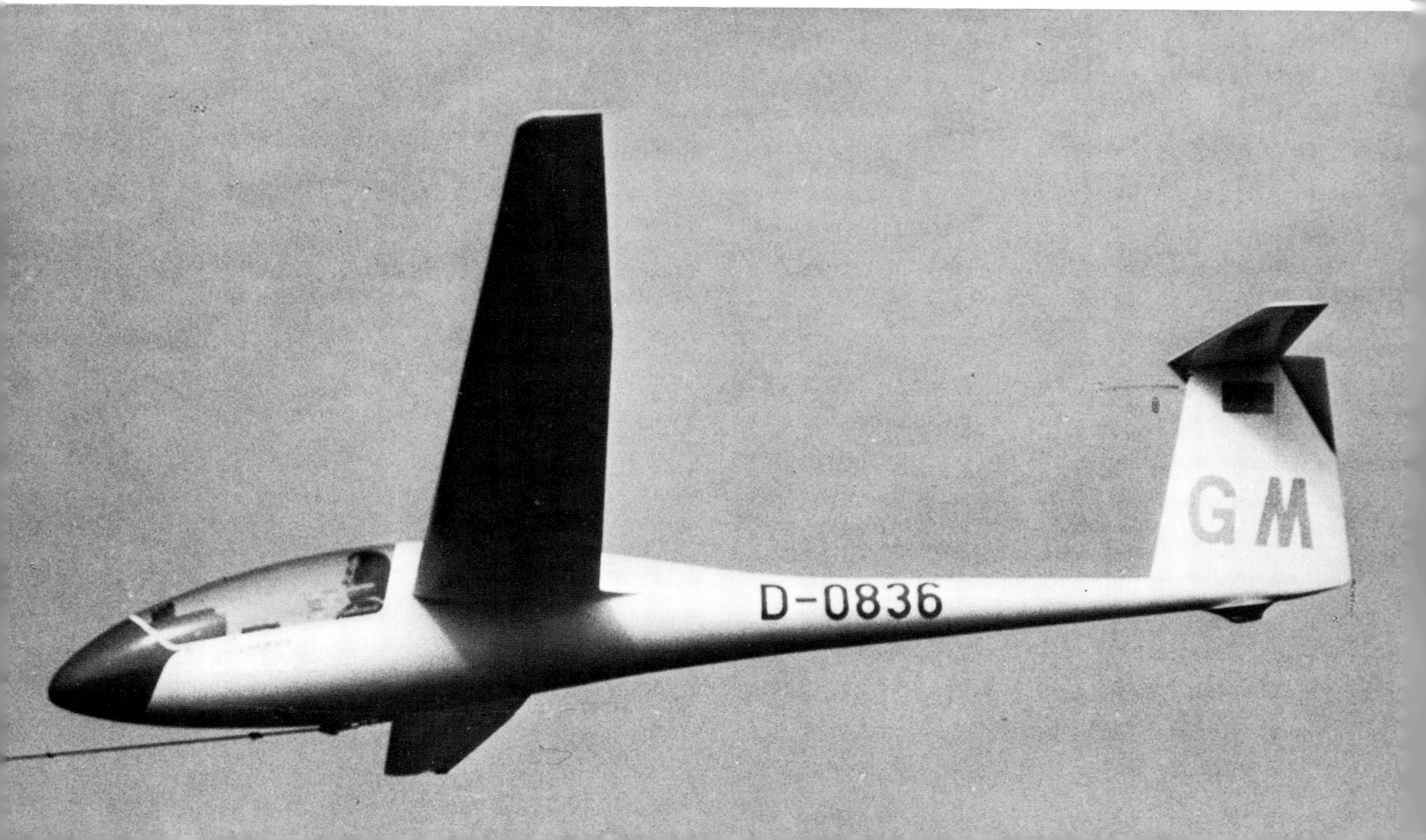
GM
D-0836

Muster:	Cirrus
Konstrukteur:	Klaus Holighaus
Hersteller:	Schempp-Hirth + Jugoslawien
Erstflug:	1967
Serienbau:	1967 bis 1976
Hergestellt insgesamt:	107 + 63
Zugelassen in Deutschland:	33 + 18
Anzahl der Sitze:	1
Spannweite:	17,74 m
Flügelfläche:	12,60 m²
Streckung:	24,98
Flügelprofil:	FX 66-196 innen
	FX 66-161 außen
Rumpflänge:	7,20 m
Leitwerk:	etwas hochgesetzes, gedämpftes Kreuzleitwerk
Bauweise:	GFK
Rüstgewicht:	260 kp
Maximales Fluggewicht:	400 kp
Flächenbelastung:	26,2 kp/m² bis 36,5 kp/m²

Flugleistungen (DFVLR-Messung vom Juni 1971):

Geringstes Sinken:	0,60 m/s bei 80 km/h
Bestes Gleiten:	39 bei 89 km/h

Linke Seite:
Oben: Der Cirrus der DFVLR wird für Meßflüge eingesetzt
Unten: Ein Standard-Cirrus im Flugzeugschlepp

Ein Cirrus-75 mit Aufsteckflügeln für 16 Meter Spannweite

Standard-Cirrus

Zu Beginn des Jahres 1978 ist der Standard-Cirrus mit einer Stückzahl von über 800 das am meisten gebaute Segelflugzeug aus Kunststoff. Lange führte hier die Standard-Libelle von Glasflügel, von der bis zum Jahre 1974 mehr als 600 Exemplare entstanden. Nachdem aber im April 1977 bei Schempp-Hirth die Fertigung des Standard-Cirrus eingestellt wurde, dürfte nun bald der Astir von Grob in seinen verschiedenen Baureihen (Astir CS, CS 77 und Jeans-Astir) gleichziehen, von dem Anfang 1978 auch schon mehr als 700 Exemplare gebaut worden sind.

Auf Wettbewerben der Standard-Klasse wird aber der Standard-Cirrus noch lange vorne mitmischen, und viele Fliegergruppen in Deutschland haben mit diesem Flugzeug gute Erfahrungen gemacht. Der Erstflug fand im Februar 1969 statt, dann wurden bis zum Frühjahr 1975 bei Schempp-Hirth 501 Flugzeuge gebaut, während in den Jahren 1971 bis 1975 genau 200 Standard-Cirrus in Lizenz bei Grob in Mindelheim hergestellt wurden. Cirrus 75 hieß die neuere Version, von der bis April 1977 noch einmal 111 Flugzeuge die Hallen bei Schempp-Hirth verließen. Dann wurde die Produktion in Deutschland eingestellt, während ab Frühjahr 1977 der Cirrus 75 in Lizenz in Frankreich gebaut wird. Der Cirrus 75 bekam eine spitzere Rumpfnase, und auch der Flügel-Rumpf-Übergang sowie die Leitwerksaufhängung wurden geändert. Fertigungstechnisch wurden ebenfalls Verbesserungen erreicht.

Mit genau 10 m² Flügelfläche hat der Standard-Cirrus einen relativ kleinen Flügel hoher Streckung. Wie bei allen neueren Standard-Flugzeugen fahren die Schempp-Hirth-Klappen nur nach oben aus. Der Rumpf ist relativ kurz mit einem Pendel-T-Leitwerk. Die einteilige Haube öffnet nach der Seite. Im Cockpit hat man recht gut Platz. Der Standard-Cirrus ist um alle Achsen recht wendig und so ein eher temperamentvolles Flugzeug. An einigen Exemplaren wurden aufsteckbare Flügelenden erprobt, mit denen sich die Spannweite auf 16 Meter vergrößern läßt. Auch eine ausgesprochene Hochdeckerversion wurde einmal erprobt, die dann wegen des auf einem Baldachin hochgesetzten Flügels den Namen »Baby-Cirrus« bekam.

Muster:	Standard-Cirrus (Cirrus 75)
Konstrukteur:	Klaus Holighaus
Hersteller:	Schempp-Hirth + Grob + Frankreich
Erstflug:	1969
Serienbau:	1969 bis 1977 (in Deutschland)
Hergestellt insgesamt:	821 (in Deutschland)
Zugelassen in Deutschland:	272
Anzahl der Sitze:	1
Spannweite:	15,00 m
Flügelfläche:	10,00 m²
Streckung:	22,5
Flügelprofil:	FX S-02-196 modifiziert innen FX 66-17-AII-182 außen
Rumpflänge:	6,41 m
Leitwerk:	Pendel-T-Leitwerk
Bauweise:	GFK
Rüstgewicht:	220 kp
Maximales Fluggewicht:	390 kp
Flächenbelastung:	29 kp/m² bis 39 kp/m²

Flugleistungen (DFVLR-Messung vom August 1972):

Geringstes Sinken:	0,65 m/s bei 75 km/h
Bestes Gleiten:	36 bei 85 km/h

Nimbus-II (Nimbus-II b)

Hier muß zuerst kurz auf den Prototyp des Nimbus-I eingegangen werden, der kurz vor dem Standard-Cirrus sich am 26. Januar 1969 in die Luft erhebt. Dieser Nimbus-I hat einen dreiteiligen Flügel mit einer Spannweite von 22 Metern und zum ersten Mal das nunmehr in fast allen Wölbklappenflugzeugen verwendete Wortmann-Profil FX 67-K-170/K-150. Der Rumpf ist 10 cm länger als beim Cirrus und die Leitwerke sind fast genau vom Cirrus übernommen. Holighaus kann sich nicht für Weltmeisterschaften 1970 in Marfa/USA qualifizieren und so fliegt der Amerikaner George Moffat den Nimbus-I und gewinnt damit in der Offenen Klasse. Später geht das Flugzeug nach Frankreich, erleidet dort einen Bruch und wird vorerst nicht wieder aufgebaut.

Der Nimbus-I hat als Landehilfe einen 90-Grad-Klappenausschlag im Flügelmittelstück und einen Bremsschirm im Seitenleitwerk, aber keine eigentlichen Bremsklappen.

Während der Nimbus-I ein Einzelstück blieb, gingen die damit gemachten Erfahrungen in den Nimbus-II ein, der zum erfolgreichsten Serienflugzeug der Offenen Klasse wurde. Die Spannweite wurde auf 20,30 Meter verringert und der Flügel vierteilig gestaltet, was die Handlichkeit wesentlich erhöhte. Der Rumpf leitet sich vom Standard-Cirrus ab, ist aber fast einen Meter länger. Neu ist auch für den Nimbus-II das T-Leitwerk, wobei das Höhenleitwerk original vom Standard-Cirrus übernommen wurde. Neu sind auch die Schempp-Hirth-Bremsklappen auf der Flügeloberseite. Der Nimbus-II führte seinen Erstflug am 27. April 1971 durch und bis Anfang 1978 wurden 160 Flugzeuge gebaut. Ab Werk-Nr. 133 im Februar 1977 heißt die Baureihe Nimbus-II b, deren auffälligstes Merkmal das gedämpfte Höhenleitwerk ist. Vorher schon wurde das Maximale Fluggewicht von 470 auf 580 kp und die Höchstgeschwindigkeit von 220 auf 270 km/h erhöht. Mit dem Nimbus-II wurden in vielen Ländern neue Bestleistungen erflogen und was sollte die Leistungsfähigkeit dieses Flugzeuges besser un-

Rechte Seite:

Oben: Eines der erfolgreichsten Segelflugzeuge der Offenen Klasse ist der Nimbus-II
Unten: Der Janus ist der erste Serien-Doppelsitzer in Kunststoff

D-1207

D-7257

terstreichen als die Tatsache, daß die Weltmeisterschaften 1970, 1972 und 1974 jeweils mit einem Nimbus gewonnen wurden.

Muster:	Nimbus-II
Konstrukteur:	Klaus Holighaus
Hersteller:	Schempp-Hirth
Erstflug:	1971
Serienbau:	1971 bis heute
Hergestellt insgesamt:	160
Zugelassen in Deutschland:	55
Anzahl der Sitze:	1
Spannweite:	20,30 m
Flügelfläche:	14,40 m²
Streckung:	28,62
Flügelprofil:	FX 67-K-170 innen
	FX 67-K-150 außen
Rumpflänge:	7,28 m
Leitwerk:	T-Leitwerk (Beim
	Nimbus-II b: gedämpft)
Bauweise:	GFK
Rüstgewicht:	340 kp
Maximales Fluggewicht:	580 kp
Flächenbelastung:	32,6 kp/m² bis 40,3 kp/m²

Flugleistungen: (DFVLR-Messung August 1972):

Geringstes Sinken:	0,52 m/s bei 80 km/h
Bestes Gleiten:	46 bei 88 km/h

Janus

Der Janus von Schempp-Hirth ist der erste Hochleistungs-Doppelsitzer aus Kunststoff, der in Serie gebaut worden ist. Im Jahre 1972 flogen zwar schon die aus der LS-1 entwickelte LSD-Ornith und die Braunschweiger SB-10, aber von beiden Flugzeugen wurde nur je ein Prototyp gebaut. Am 18. Mai 1974 fand der Erstflug des Janus auf der Hahnweide statt und bis Frühjahr 1978 wurden 60 Flugzeuge dieses Typs in den Werkhallen in Nabern gebaut. Mittlerweile gibt es sechs GFK-Doppelsitzer aus Kunststoff in Deutschland, denn 1976 kamen der Twin-Astir von Grob und 1977 die Berliner B-12 und der Globetrotter von Ursula Hänle dazu.

Der Janus hat einen Wölbklappenflügel von 18,20 m Spannweite mit dem Nimbus-Profil. Der Flügel hat eine negative Pfeilung von 2 Grad und als Landehilfe Schempp-Hirth-Klappen auf der Flügeloberseite. Auf Wunsch kann auch noch zusätzlich ein Bremsschirm eingebaut werden. Der Rumpf hat ein festes Hauptrad und ein zusätzliches kleines Bugrad im Rumpfvorderteil. Die geräumigen Sitze liegen hintereinander. Die Haube ist einteilig und wird nach der Seite geklappt. Das Seitenleitwerk ist vom Nimbus-II übernommen, während das Pendel-Höhenleitwerk etwas vergrößert werden mußte. Neuerdings ist aber der Janus wie der Nimbus-II b und der Mini-Nimbus auch mit einem gedämpften Höhenleitwerk zu haben.

Der Janus hat gleich von Anfang an durch beachtliche Flüge und Rekorde auf sich aufmerksam gemacht. In der Liste der Deutschen Segelflugrekorde mit dem Stand von Januar 1978 ist der Doppelsitzer nicht weniger als fünf Mal vertreten. Klaus Holighaus selbst hält einen Rekord über die 100-km-Dreiecksstrecke vom August 1974 von Samedan aus mit einer Geschwindigkeit von 142,9 km/h. In den letzten Tagen des Jahres 1977 sind gar mit dem Janus fünf neue Weltrekorde geflogen worden. Der Janus ist von Mitte 1974 bis Anfang 1978 in mehr als 60 Exemplaren gebaut worden.

Muster:	Janus
Konstrukteur:	Klaus Holighaus
Hersteller:	Schempp-Hirth
Erstflug:	1974
Serienbau:	1974 bis heute
Hergestellt insgesamt:	60
Zugelassen in Deutschland:	etwa 30
Anzahl der Sitze:	2
Spannweite:	18,20 m
Flügelfläche:	16,60 m²
Streckung:	19,95
Flügelprofil:	FX 67-K-170 innen
	FX 67-K-150 außen
Rumpflänge:	8,57 m
Leitwerk:	Pendel-T-Leitwerk
	(ab 1978 auch wahlweise
	gedämpft)
Bauweise:	GFK
Rüstgewicht:	390 kp
Maximales Fluggewicht:	620 kp
Flächenbelastung:	28,9 kp/m² bis 37,4 kp/m²
Geringstes Sinken:	0,67 m/s bei 80 km/h
Bestes Gleiten:	39 bei 100 km/h

Rechte Seite:

**Oben: Der Prototyp des Janus B mit gedämpftem Höhenleitwerk
Unten: Der Mini-Nimbus hat denselben Wölbklappenflügel wie der Mosquito**

D-7950

D-3119

Mini-Nimbus

Der Mini-Nimbus ist der Beitrag von Schempp-Hirth zur neuen 15-m-FAI-Klasse. Als drittes Flugzeug der Rennklasse nach LS-3 und Mosquito fand der Erstflug am 18. September 1976 statt. Vom Mosquito hat der Mini-Nimbus auch den Flügel mit dem neuen Wölb-/Bremsklappensystem. Während bei der Schwesterfirma Glasflügel dieser neue Flügel mit dem Hornet-Rumpf kombiniert wurde, baute Klaus Holighaus bei Schempp-Hirth auf den Erfahrungen mit dem Cirrus-75 auf, von dem praktisch der Rumpf und die Leitwerke übernommen wurden. Nach dem Erstflug des Mini-Nimbus ließ die Serienfertigung etwas auf sich warten. Durch Änderungen in der Bauweise und Umgestaltung ganzer Bauteile wurde eine größtmögliche Gewichtsersparnis erreicht. So konnte ein Rüstgewicht von etwa 245 kp erzielt werden. Auch Verbesserungen der Flugeigenschaften schlagen hier zu Buch. Harmloses Langsamflugverhalten, gute Kreisflugeigenschaften und eine überdurchschnittliche Querruderwirkung verdienen besondere Erwähnung. Abzuwarten bleibt, ob das neue Wölbklappen-/Drehbremsklappensystem tatsächlich das vor allen Dingen auch in der Schulung ausschließlich verwendete Schempp-Hirth-System ablösen wird. Sicher ist auf alle Fälle, daß die Landung selbst durch die nicht auftriebszerstörenden Bremsklappen sehr langsam ist. Neu ist beim Mini-Nimbus auch das hauptsächlich aus GFK gefertigte Einziehfahrwerk, welches eine Gewichtsersparnis von 1,5 kp bringt. Aus Erfahrungen der Janusfertigung wurde der obere Cockpitteil mit einem doppelwandigen Hohlträger gestaltet, der die Steifigkeit verbessert und zudem die Kabel und Leitungen aufnimmt.

Nach Aufnahme der Fertigung im Jahre 1977 sind im ersten Jahr bereits 50 Mini-Nimbus gebaut worden. Von diesen 50 Flugzeugen gingen mehr als die Hälfte ins Ausland. Insbesondere in den USA sind die neuen 15-Meter-Flugzeuge sehr beliebt.

Gelegentlich taucht beim Mini-Nimbus die Bezeichnung HS-7 auf, die kurz erläutert werden soll. Parallel zu den Flugzeugnamen laufen nämlich noch folgende Kurzbezeichnungen für die Flugzeuge von Klaus Holighaus (HS = Holighaus/Schempp):

HS-1 = SHK
HS-2 = Cirrus
HS-3 = Nimbus-I
HS-4 = Standard-Cirrus
HS-5 = Nimbus-II
HS-6 = Janus
HS-7 = Mini-Nimbus

Abschließend nun noch das Datenblatt für den Mini-Nimbus:

Muster:	Mini-Nimbus HS-7
Konstrukteur:	Klaus Holighaus
Hersteller:	Schempp-Hirth
Erstflug:	1976
Serienbau:	1977 bis heute
Hergestellt insgesamt:	50
Zugelassen in Deutschland:	22
Anzahl der Sitze:	1
Spannweite:	15,00 m (FAI-15-m-Klasse)
Flügelfläche:	9,86 m^2
Streckung:	22,82
Flügelprofil:	FX 67-K-150
Rumpflänge:	6,41 m
Leitwerk:	Pendel-T-Leitwerk (ab 1978 auch wahlweise gedämpft)
Bauweise:	GFK
Rüstgewicht:	245 kp
Maximales Fluggewicht:	450 kp
Flächenbelastung:	34,0 kp/m^2 bis 45,6 kp/m^2

Flugleistungen (Werksangaben):

Geringstes Sinken:	0,57 m/s bei 80 km/h
Bestes Gleiten:	42 bei 105 km/h

Schleicher: Kaiser/Waibel

Eine Schleicher-Kaiser-Waibel-Typenreihe ist bereits in der ebenfalls im Motorbuch-Verlag erschienenen Arbeit »Die Entwicklung der Kunststoff-Segelflugzeuge« veröffentlicht worden. Dabei ist zu berücksichtigen, daß nicht alle Konstruktionen von Rudolf Kaiser beim Alexander Schleicher Flugzeugbau in Poppenhausen gebaut wurden (Ka 1, Ka 3, Ka 9), daß bei Schleicher in den Anfangsjahren nach der Wiederzulassung des Segelfluges auch andere Segelflugzeuge hergestellt wurden (z. B. die Doppelsitzer ES-49 und Condor IV), und daß, wie wenig bekannt ist, der erfolgreiche Konstrukteur Rudolf Kaiser auch zeitweise beim Scheibe Flugzeugbau in Dachau beschäftigt war. Weil aber gerade Egon Scheibe mit dem Spatz und Kaiser mit der Ka 6 über wenigstens 10 Jahre die Einsitzer-Szene beherrschten und die Scheibe/Kaiser-Doppelsitzer über nunmehr 25 Jahre Nachkriegssegelflug immer an der Spitze lagen, sollen hier auch einige persönliche Daten über Rudolf Kaiser zusammengestellt werden, nachdem auf Egon Scheibe bereits näher eingegangen wurde.

Rudolf Kaiser entstammt fliegerisch nicht wie die meisten anderen Segelflugzeug-Konstrukteure einer Akademischen Fliegergruppe, sondern hat sich sein Rüstzeug für den Flugzeugbau selbst erarbeitet. Rudolf Kaiser wurde am 10. September 1922 in Waldsachsen bei Coburg geboren. Durch ein benachbartes Fluggelände wurde sein Interesse für die Fliegerei früh geweckt. Es entstehen Flugmodelle und ein Hängegleiter, der allerdings nicht zum Fliegen kommt. Nach dem Willen seines Vaters sollte Rudolf Kaiser

Rudolf Kaiser in seiner ASK-16

einmal die väterliche Metzgerei übernehmen, doch er besucht das Gymnasium und macht noch vor Kriegsausbruch die A-Prüfung. Abitur und C-Prüfung fallen in den Krieg und Kaiser wird noch Soldat. 1952 schließt Kaiser sein Studium als Tiefbauingenieur in Coburg ab. Doch die Fliegerei ist nicht vergessen. Im Jahre 1951 entsteht bereits die Ka 1, ein abgestrebter Hochdecker mit 10 Metern Spannweite, Holzrumpf und V-Leitwerk, gebaut in der eigenen Wohnung und in einer Scheune. Der Erstflug findet Ostern 1952 auf der Wasserkuppe statt und bis 1954 erfliegt sich Rudolf Kaiser auf seinem eigenen Flugzeug die

Silber-C. Im Oktober 1955 fliegt dann schon die erste Ka 6, mit der Rudolf Kaiser seine Gold-C erwirbt und einen 300-km-Zielstreckenflug von der Wasserkuppe nach Freiburg im Breisgau durchführt. Von Mai bis September 1952 erhält Kaiser seine erste Anstellung im Flugzeugbau bei Scheibe in Dachau und arbeitet dort am Spatz mit. Anschließend beginnt seine Tätigkeit bei Schleicher mit Arbeiten an der Ka 2 und der Rhönlerche. Von Oktober 1953 bis April 1955 ist Kaiser noch einmal bei Scheibe und beeinflußt dort entscheidend den Zugvogel, den er in seiner Typenliste als Ka 5 führt. Seit 1955 arbeitet Rudolf Kaiser ununterbrochen bei Schleicher und festigt dort mit seinen vielen erfolgreichen Konstruktionen die dominierende Stellung des deutschen Segelflugzeugbaues. Heute gehört seine Liebe eher dem Motorsegler, und Rudolf Kaiser ist etwas traurig, daß bei Schleicher im Sommer 1977 die Produktion des doppelsitzigen Motorseglers ASK-16 eingestellt wird. Gleichzeitig arbeitet er intensiv am Kunststoff-Doppelsitzer ASK-21, dessen Erstflug für 1978 erwartet wird.

Bei dieser Gelegenheit ein Hinweis zur Typenbezeichnung der Kaiser-Flugzeuge, die in vielen Veröffentlichungen recht uneinheitlich ist. Kaiser selbst verwendet bis zur Ka 6 einschließlich die Schreibweise Ka, wird aber dann von einem früher bei der Gothaer Waggonfabrik tätig gewesenen Konstrukteur Kalkert darauf aufmerksam gemacht, daß dieser das Ka verwendet hatte. Ab der K 7 benützt Kaiser nun das K, wozu sich nach dem Jahre 1965, als Gerhard Waibel die ASW-12 herausbringt, das AS für Alexander Schleicher gesellt. Zur Vereinfachung wird in dieser Arbeit wie in den meisten Veröffentlichungen die Schreibweise Ka bis zur Ka 11 verwendet und danach die dann wieder einheitliche Bezeichnung ASK bzw. ASW.

Nachfolgend sind die Kaiser-/Waibel-Flugzeuge mit den einzelnen Baureihen und den Stückzahlen einschließlich der Motorsegler zusammengestellt unter Angabe des Erstfluges, wobei die Entwicklungsgeschichte (die Ka 10 ist z. B. ein Vorläufer der Ka 6 E) der verwandten Muster nicht berücksichtigt wurde. Die Stückzahlen verstehen sich als insgesamt hergestellte Flugzeuge bis Jahresanfang 1978.

Typ	Jahr	Stück	Beschreibung
Ka 1	1952	ca. 10	Einsitzer 10 m Spannweite
Ka 2	1953	38	Doppelsitzer 15 m Spannweite
Ka 2 b	1955	75	Doppelsitzer 16 m Spannweite
Ka 3	1954	ca. 20	Ka 1 mit Stahlrohrrumpf
Ka 4 Rhönlerche	1954	358	Übungsdoppelsitzer
Ka 6 (o)	1955	ca. 15	erste Ka 6 mit 14 m Spannweite
Ka 6 (A)	1956	27	Spannweite 14,40 m
Ka 6 B	1957	2	Spannweite 15,00 m ohne Rad
Ka 6 BR	1957	ca. 150	Ausführung mit festem Rad
Ka 6 CR	1958	ca. 700	Hauptbeschlag geändert
Ka 6 D	1959		Holland-Ausführung
Ka 6 E	1965	394	Flacherer Rumpf, anderes Profil
Ka 7	1957	511	Ka 2 b mit Stahlrohrrumpf
Ka 8	1958	6	erste Version der Ka 8
Ka 8 b	1958	1180	Beschläge und Querruder geändert
Ka 8 c	1973	ca. 10	geändertes Rumpfvorderteil
Ka 9	1961	2	verklein. Ka 8 mit 12 m Spannweite
Ka 10	1963	12	Vorläufer der Ka 6 E
Ka 11	1964	1	Motorsegler entwickelt aus Ka 9
ASW-12	1965	15	1. Kunststoff-Segelflugzeug Waibel
ASK-13	1966	585	Nachfolger der Ka 7
ASK-14	1967	65	Motorsegler entwickelt aus Ka 6 E
ASW-15	1968	183	Kunststoff-Einsitzer 15 m Spannweite
ASW-15 B	1973	270	Leitwerk geändert, Wassertanks
ASK-16	1972	44	Doppelsitziger Motorsegler
Ka 16 X	1973	1	Einzelstück mit größerer Spannweite
ASW-17	1971	52	Kunststoff-Einsitzer 20 m Spannweite
ASW-17 X	1976	1	Spannweitenverkleinerung auf 19,10 m
ASK-18	1974	40	Clubklasse mit 16 m Spannweite
ASK-18 B	1975	1	Einzelstück mit 15 m Spannweite
ASW-19	1975	164	Nachfolger der ASW-15 B
ASW-20	1977	42	FAI-15-m-Klasse
ASW-XV	1977	1	auf 16,55 m vergrößerte ASW-20
ASK-21	1978		Kunststoff-Doppelsitzer mit 17,00 Meter Spannweite

Ka 1

Wie bereits erwähnt ist die Ka 1 das erste Flugzeug von Rudolf Kaiser, das er im Alter von noch nicht 30 Jahren in der eigenen Wohnung selbst konstruiert und gebaut hat. Das Flugzeug selbst ist ein abgestrebter Hochdecker mit einer Spannweite von nur 10 Metern. Der Aufbau ist konventionell mit einem Holzrumpf in Schalenbauweise und einer Kufe mit einem Abwurffahrwerk. Der Flügel hat eine durchgehende Tiefe und als Profil das ursprünglich 14 % dicke Gö 549 (Weihe-Profil) aufgedickt auf 16 %. Der Rumpf ist nur 5,39 m lang, der Kopf des Flugzeugführers muß ähnlich wie bei der Mü-13 D und dem hinteren Sitz der KA 2 bzw. Ka 7 in einem Flügelausschnitt untergebracht werden. Charakteristisch für den Kleinseg-

Diese noch zugelassene Ka 1 hat den Taufnamen „Rhönlaus"

ler ist das gedämpfte V-Leitwerk. Beachtlich auch das Leergewicht von 95 kp. Etwa 10 Flugzeuge sind von verschiedenen Herstellern gebaut worden. Heute sind wohl nur noch zwei Flugzeuge zugelassen, die D-7168 von Helmut Streibert, Bad Dürkheim, und die D-8899, welche in Saulgau stationiert ist.
Der Prototyp von Rudolf Kaiser hatte das Kennzeichen D-1018.

Muster:	Ka 1
Konstrukteur:	Rudolf Kaiser
Hersteller:	R. Kaiser + weitere
Erstflug:	Ostern 1952
Hergestellt insgesamt:	etwa 10
Zugelassen in Deutschland:	2
Anzahl der Sitze:	1
Spannweite:	10,00 m
Flügelfläche:	9,90 m²
Streckung:	10,10
Flügelprofil:	Gö 549 aufgedickt auf 16 %
Rumpflänge:	5,39 m
Leitwerk:	gedämpftes V-Leitwerk
Bauweise:	Holz
Rüstgewicht:	98 kp
Maximales Fluggewicht:	195 kp
Flächenbelastung:	19,69 kp/m²
Geringstes Sinken:	0,95 m/s bei 65 km/h
Bestes Gleiten:	18 bei 75 km/h

Ka 2

Die Ka 2 ist der erste Doppelsitzer von Rudolf Kaiser. Von ihr geht eine Entwicklungsreihe über die Ka 2 b, die Ka 7 bis zur ASK-13, die seit 1966 bis heute unverändert gebaut wird und mit einer Stückzahl von 585 Exemplaren der erfolgreichste Schleicher-Doppelsitzer geworden ist. Bei der Ka 2 beträgt die Spannweite noch 15,00 m, das Flügelprofil ist eine Kreuzung aus Gö 549 und Gö 535 und entspricht etwa dem Gö 533 mit einer Dicke von 15 %. Im Außenflügel wird das Gö 532 verwendet mit einer Dicke von 12 %. Während die Ka 1 noch Störklappen auf der Flügeloberseite hat, dienen bei der Ka 2 nun nach oben und unten öffnende Schempp-Hirth-Klappen

Muster:	Ka 2
Konstrukteur:	Rudolf Kaiser
Hersteller:	Alexander Schleicher
Erstflug:	Ostern 1953
Serienbau:	von 1953 bis 1955
Hergestellt insgesamt:	38
Zugelassen in Deutschland:	17
Anzahl der Sitze:	2
Spannweite:	15,00 m
Flügelfläche:	16,80 m²
Streckung:	13,39
Flügelprofil:	Eigenentwicklung
Rumpflänge:	8,00 m
Leitwerk:	konventionelles Kreuzleitwerk
Bauweise:	Holz
Rüstgewicht:	253 kp
Maximales Fluggewicht:	460 kp
Flächenbelastung:	27,38 kp/m²
Geringstes Sinken:	0,96 m/s bei 71 km/h
Bestes Gleiten:	24 bei 87 km/h

als Landehilfe. Der Rumpf ist wie bei der Ka 1 in Sperrholzschalenbauweise hergestellt. Er hat eine lange Kufe mit einem festen Rad. Die einteilige Haube ist aus mehreren Teilen hergestellt und wird später von vielen Fliegergruppen durch eine geblasene Mecaplex-Haube ersetzt, die eine wesentlich bessere Sicht bietet. Der Flügel ist 7 Grad vorgepfeilt und hat eine V-Form von 3,5 Grad. Der Prototyp mit dem Kennzeichen D-4310 entsteht im Winter 1952/53 und führt an Ostern 1953 seinen Erstflug durch. Von 1953 bis 1955 werden 38 Stück der Ka 2 gebaut und 17 Exemplare sind heute noch in Deutschland zugelassen:

Ka 2 b

Die Ka 2 b unterscheidet sich von der Ka 2 hauptsächlich durch die Vergrößerung der Spannweite auf 16,00 m. Der bisherige Flügel wurde außen je um einen halben Meter verlängert. Ferner wurde die Schränkung geändert und die V-Form auf 4 Grad erhöht. Die Ka 2 b flog zum ersten Mal im Sommer 1955 und bis zum Jahre 1957 wurden 75 Stück gebaut. Der Prototyp trug das Kennzeichen D-1266. Heute fliegen noch etwa 40 Ka 2 b in Deutschland.

Muster:	Ka 2 b
Konstrukteur:	Rudolf Kaiser
Hersteller:	Alexander Schleicher
Erstflug:	1955
Serienbau:	von 1955 bis 1957
Hergestellt insgesamt:	75
Zugelassen in Deutschland:	40
Anzahl der Sitze:	2
Spannweite:	16,00 m
Flügelfläche:	17,50 m²
Streckung:	14,63
Flügelprofil:	wie Ka 2
Rumpflänge:	8,15 m
Leitwerk:	wie Ka 2
Bauweise:	Holz
Rüstgewicht:	278 kp
Maximales Fluggewicht:	480 kp
Flächenbelastung:	27,43 kp/m²
Geringstes Sinken:	0,85 m/s bei 65 km/h
Bestes Gleiten:	26 bei 80 km/h

Ka 3

Die Ka 3 ist eine Weiterentwicklung der Ka 1. Der Flügel wurde unverändert beibehalten mit der V-Form von 2,5 Grad und den Streben aus Profilmaterial. Offensichtlich unter dem Einfluß der zwischenzeitlichen Tätigkeit bei Scheibe erhielt die Ka 3 nun einen Stahlrohrrumpf, während auch das V-Leitwerk von der Ka 1 übernommen wurde. Die Ka 3 wurde nur in Baukästen geliefert, lediglich die Holme und der Rumpf mußten fertig bezogen werden. Die erste Ka 3 flog im Frühjahr 1953 und von verschiedenen Herstellern wurden etwa 20 Flugzeuge fertiggestellt, von denen noch etwa 4 zugelassen sind.

Muster:	Ka 3
Konstrukteur:	Rudolf Kaiser
Hersteller:	Eigenbau-Flugzeug
Erstflug:	1953
Hergestellt insgesamt:	etwa 20
Zugelassen in Deutschland:	4
Anzahl der Sitze:	1
Spannweite:	10,00 m
Flügelfläche:	9,90 m²
Streckung:	10,10
Flügelprofil:	Gö 549 aufgedickt auf 16 %
Rumpflänge:	5,46 m
Leitwerk:	gedämpftes V-Leitwerk
Bauweise:	Holz/Stahlrohr
Rüstgewicht:	103 kp
Maximales Fluggewicht:	195 kp
Maximales Fluggewicht:	195 kp
Flächenbelastung:	19,69 kp/m²
Geringstes Sinken:	0,95 m/s bei 65 km/h
Bestes Gleiten:	18 bei 75 km/h

Ka 4 Rhönlerche

Die Ka 4 Rhönlerche ist das einzige Kaiser-Flugzeug, bei dem sich nicht die Typenbezeichnung der Ka-Reihe sondern der »Taufname« im Sprachgebrauch der Segelflieger durchgesetzt hat. Während also »Rhönschwalbe« für die Ka 2 b, »Rhönsegler« für die Ka 6 und »Rhönadler« für die Ka 7 in der Praxis kaum an-

Rechte Seite:

Oben: Diese 25 Jahre alte Ka 2 fliegt heute noch auf dem Klippeneck
Unten: Bei der Ka 2 b wurde die Spannweite auf 16 Meter vergrößert

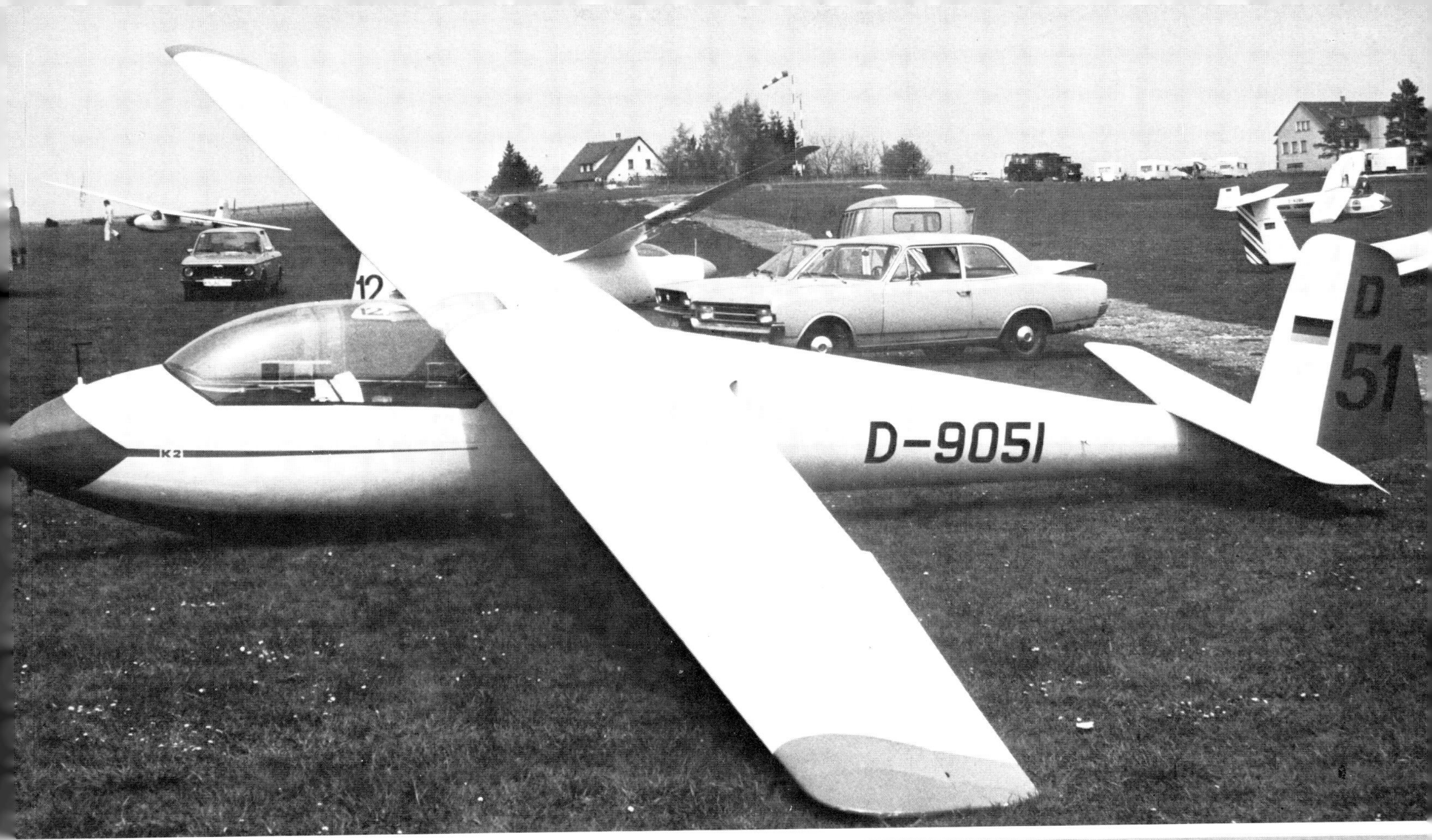
D-9051
D
51
K2
12

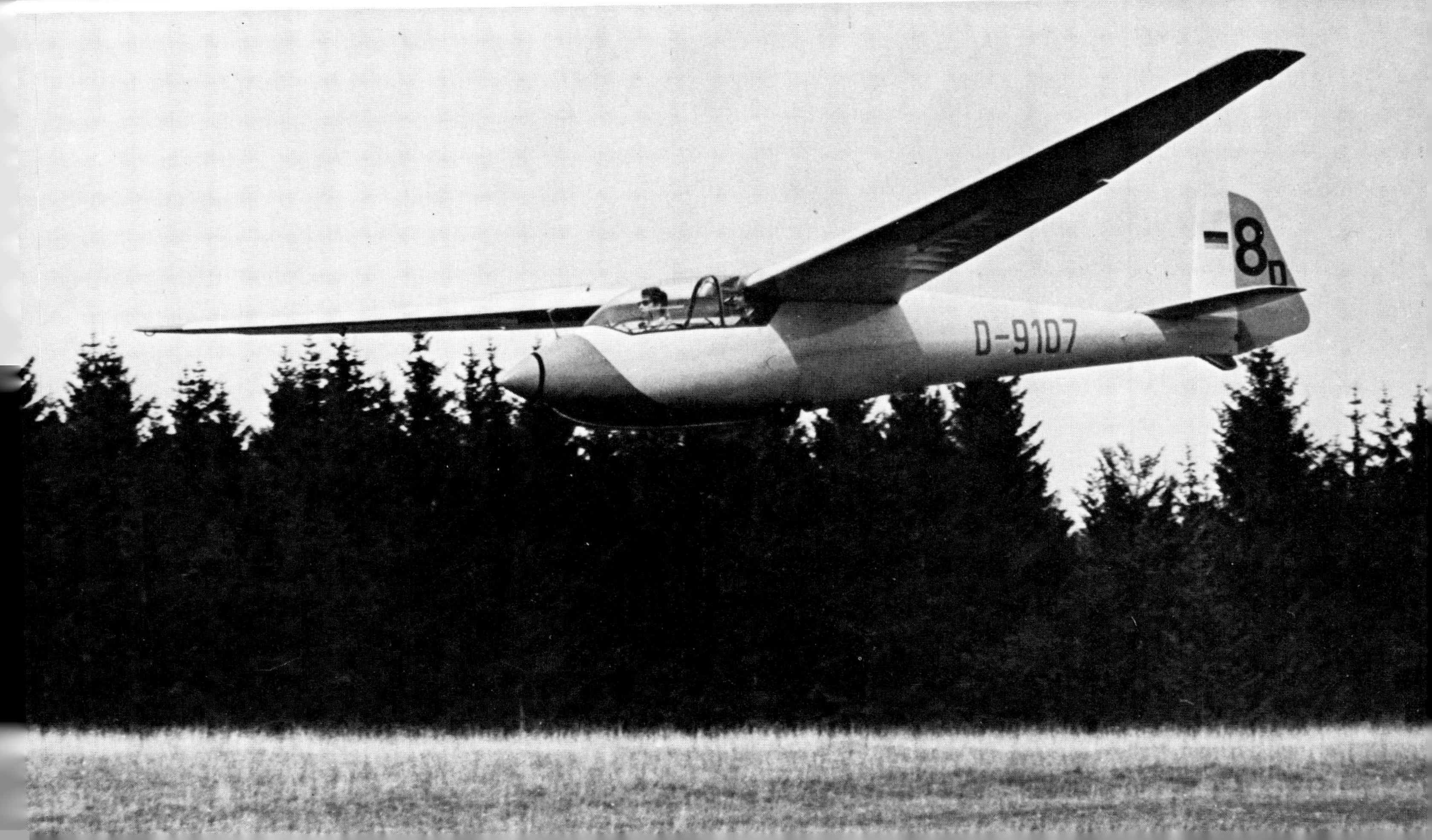
D-9107
-8
D

D-9006

Eine Rhönlerche der Segelflugschule Wasserkuppe

Linke Seite:
Oben: Die Ka 3 ist eine Ka 1 mit Stahlrohrrumpf
Unten: Der Schulungsdoppelsitzer Rhönlerche auf dem Fluggelände Hilzingen bei Singen/Hohentwiel

gekommen sind, ist doch die Rhönlerche ein fester Begriff, die sich zudem gefallen lassen muß, wegen der gerade aus heutiger Sicht bescheidenen Flugleistungen »Rhönstein« genannt zu werden. Das ist aber eher liebevoll gemeint, denn die Rhönlerche hat sich in vielen Vereinen und Flugschulen in der Anfängerschulung hervorragend bewährt, und nicht wenige der heutigen Leistungsflieger haben ihren ersten Alleinflug auf der Rhönlerche hinter sich gebracht. Der Doppelsitzer besticht durch seine gutmütigen Flugeigenschaften, durch seine einfache Handhabung am Boden und in der Luft. Der abgestrebte Hochdecker hat eine Spannweite von 13 Metern, konstante Flügeltiefe bis zum Querruder und das Gö 549/535-Profil wie die Ka 2. Nur der Mittelteil des Flügels hat eine leichte V-Form, während der Holm im Querruderbereich waagrecht ist. Nach einem Unfall durch Über-

Muster:	Ka 4 Rhönlerche
Konstrukteur:	Rudolf Kaiser
Hersteller:	Schleicher + weitere
Erstflug:	Frühjahr 1954
Hergestellt insgesamt:	358
Zugelassen in Deutschland:	147
Anzahl der Sitze:	2
Spannweite:	13,00 m
Flügelfläche:	16,34 m^2
Streckung:	10,34
Flügelprofil:	Gö 549 modifiziert
Rumpflänge:	7,30 m
Leitwerk:	konventionelles Kreuzleitwerk
Bauweise:	Holz/Stahlrohr
Rüstgewicht:	190 kp
Maximales Fluggewicht:	400 kp
Flächenbelastung:	24,48 kp/m^2
Geringstes Sinken:	0,95 m/s bei 60 km/h
Bestes Gleiten:	19 bei 65 km/h

schreiten der Höchstgeschwindigkeit, wobei Querruderflattern aufgetreten war, erhielten diese einen außenliegenden Massenausgleich. Der Rumpf ist eine Stahlrohrkonstruktion, Rad und Kufe sind gefedert. Die einteilige Haube wird nach oben aufgestellt. Als Landehilfe dienen Störklappen auf der Flügeloberseite. Von Kaiser stammt von der Rhönlerche hauptsächlich der Entwurf, während viele Detailarbeiten von Schleicher-Bauprüfer Krönung fertiggestellt wurden. Die Rhönlerche wurde teilweise in Fliegergruppen und in Lizenz hergestellt. Insgesamt sind seit 1955 vom »Rhönstein« 358 Exemplare gebaut worden, wobei heute in Deutschland noch 147 Stück fliegen. Auch in der Schweiz sind fast die Hälfte aller Doppelsitzer vom Muster Rhönlerche.

Ka 6

Die Ka 6 bräuchte man heutzutage eigentlich gar nicht mehr vorzustellen, denn wenigstens für 10 Jahre lang war dieses Flugzeug der Leistungssegler schlechthin. Heute noch ist die Ka 6 mit ihren verschiedenen Baureihen in fast allen Fliegergruppen in Deutschland vertreten, und immer noch wird sie zum Maßstab genommen im Vergleich zu anderen Flugzeugmustern. Ganze Wettbewerbe, ja sogar Weltmeisterschaften wurden von ihr geprägt, und der zweifache Weltmeistertitel von Heinz Huth hat sicher zur Popularität beigetragen. Erst in diesen Tagen, bald zehn Jahre nachdem im Jahre 1970 die letzte Ka 6 E gebaut worden ist, wird die Ka 6 so langsam von den in breiter Front anrückenden Kunststoff-Segelflugzeugen verdrängt. Mehr als 1200 Ka 6 verschiedener Baureihen und Hersteller sind fertiggestellt worden, und heute noch sind mehr als die Hälfte in Deutschland zugelassen. Kaum ein Fluggelände, auch im Ausland, auf dem nicht eine Ka 6 anzutreffen wäre.

Nun hat auch gerade die Ka 6 ihre Entwicklungsgeschichte. Kaum jemand kennt noch die Flugzeuge mit 14,00 m oder 14,40 m Spannweite, die noch das Abwurffahrwerk mit der Kufe hatten. Die großartige Serie begann im Oktober 1955 mit dem Erstflug der allerersten Ka 6 mit dem Kennzeichen D-4351.
Als Ka 6 (o) werden heute die Flugzeuge bezeichnet, die die ursprüngliche Spannweite von 14,00 m hatten. Heute würde man von der Nullserie sprechen, die etwa 15 bis 20 Flugzeuge umfaßte. Schon heute kann auch Rudolf Kaiser die genauen Zahlen nicht mehr feststellen. Zum ersten Mal wird ein Laminarprofil der amerikanischen NACA-Reihe verwendet. (NACA = National Advisory Committee for Aeronautics, Washington) Im Wurzelbereich das NACA 633-618, im Querruderbereich das NACA 633-615 und an der Flügelspitze ein Joukowsky-Profil mit einer Dicke von 12,5 %.

Aufgrund der eigenen Flugerprobung vergrößerte Kaiser die Spannweite auf 14,40 m, und dieses Flugzeug wurde dann später als Ka 6 (A) bezeichnet. Von dieser Baureihe sind 27 Stück gebaut worden in den Jahren 1956 und 1957.

Muster:	Ka 6 A
Konstrukteur:	Rudolf Kaiser
Hersteller:	Alexander Schleicher
Erstflug:	Oktober 1955 (Ka 6 0)
Serienbau:	1955 bis 1957
Hergestellt insgesamt:	etwa 47 Ka 6 O und A
Zugelassen in Deutschland:	etwa 30
Anzahl der Sitze:	1
Spannweite:	14,40 m
Flügelfläche:	12,17 m²
Streckung:	17,04
Flügelprofil:	NACA 633-618
	NACA 633-615
	Flügelspitze
	Joukowsky 12,5 %
Rumpflänge:	6,68 m
Leitwerk:	konventionelles Kreuzleitwerk
Bauweise:	Holz
Rüstgewicht:	180 kp
Maximales Fluggewicht:	300 kp
Flächenbelastung:	24,65 kp/m²
Geringstes Sinken:	0,68 m/s bei 72 km/h
Bestes Gleiten:	30 bei 85 km/h

Ka 6 B, Ka 6 BR, Ka 6 CR

Ka 6 CR ist die Baureihe der Ka 6, von der mit etwa 700 Einheiten die meisten Flugzeuge gebaut wurden.

Rechte Seite:

Oben: Eine der ersten Ka 6 mit 14 Metern Spannweite und Abwurffahrwerk auf dem Klippeneck (im Hintergrund ein Doppelraab)
Unten: Eine Ka 6 CR mit größerer Mecaplex-Haube

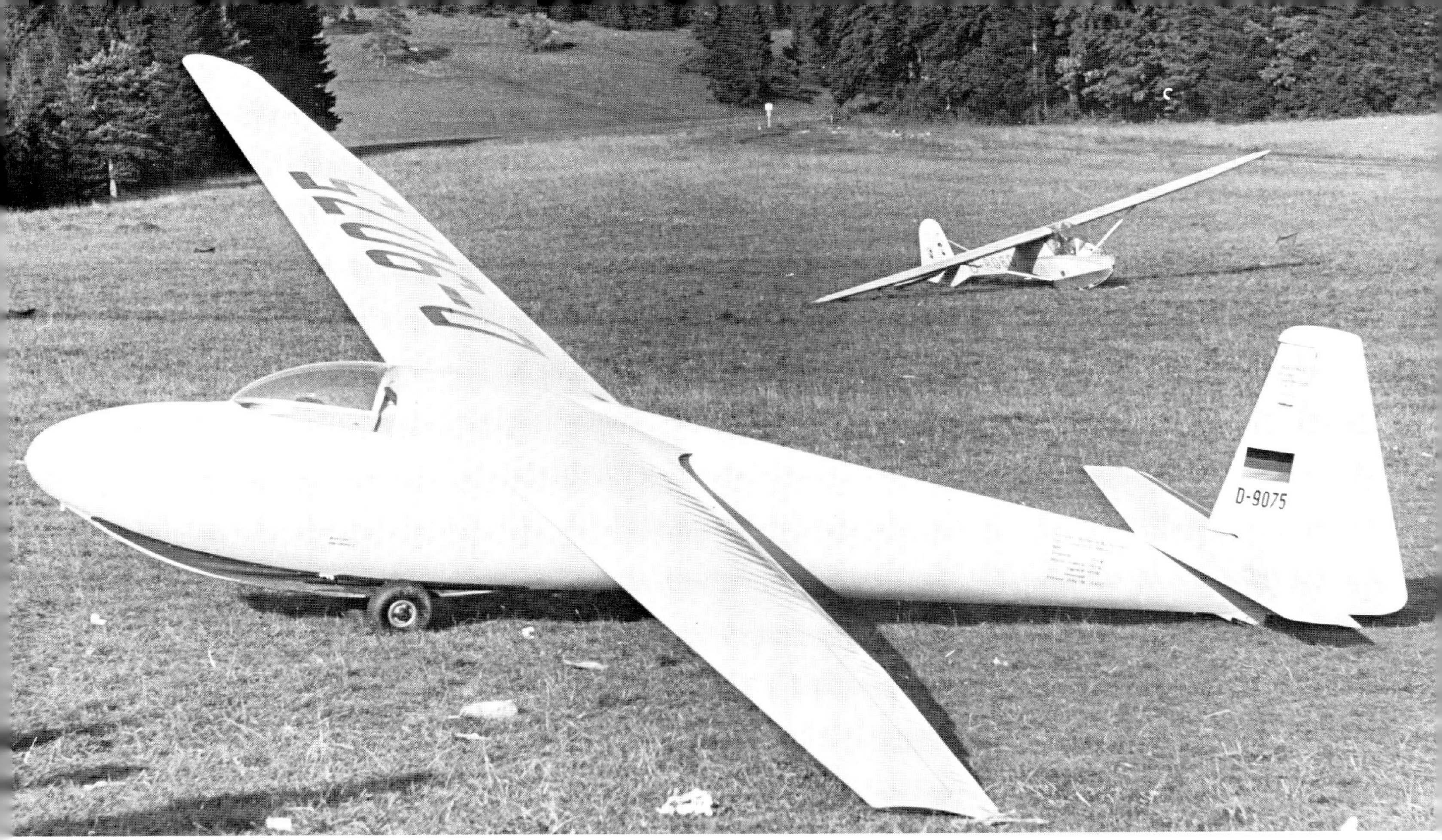
D-9075

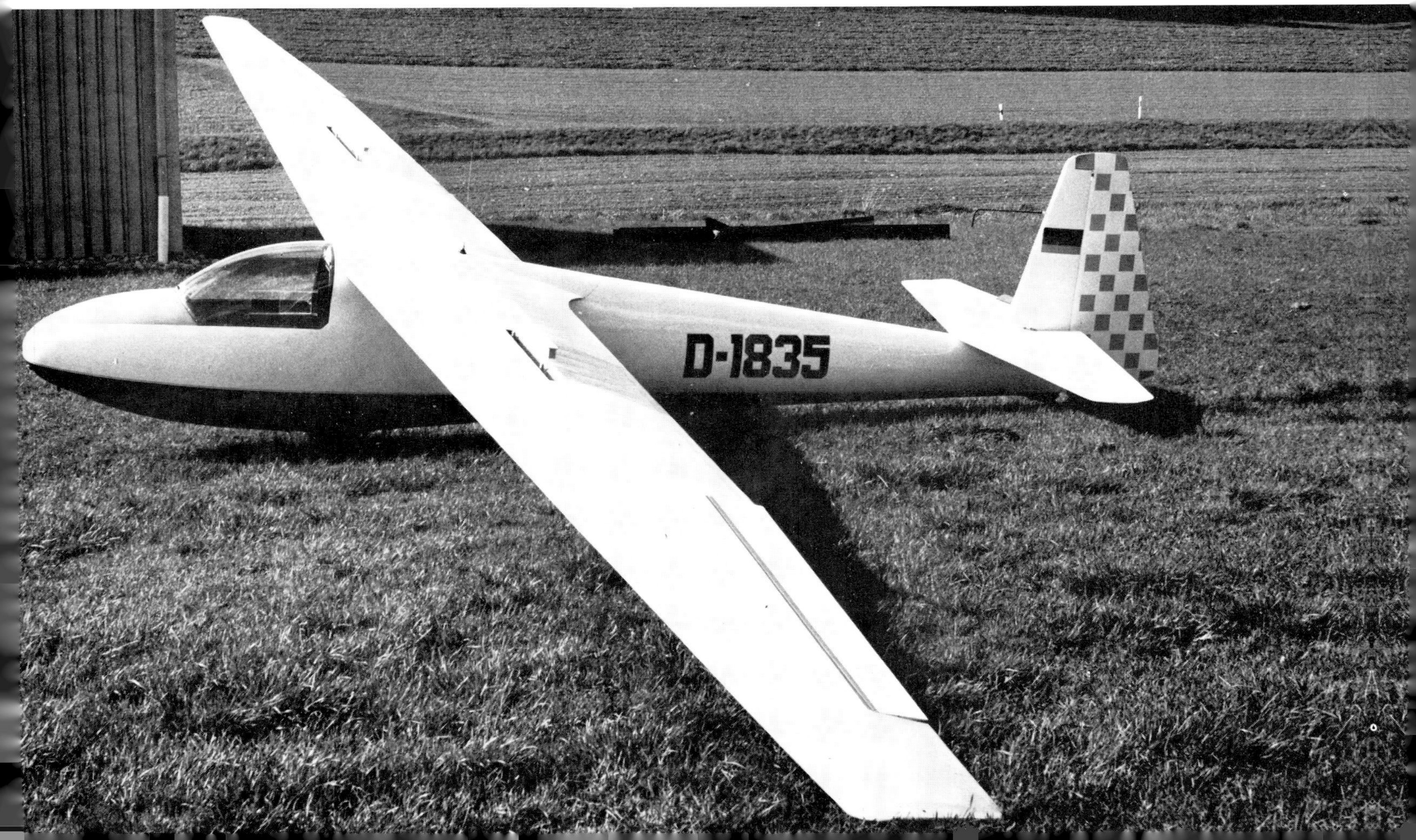
D-1835

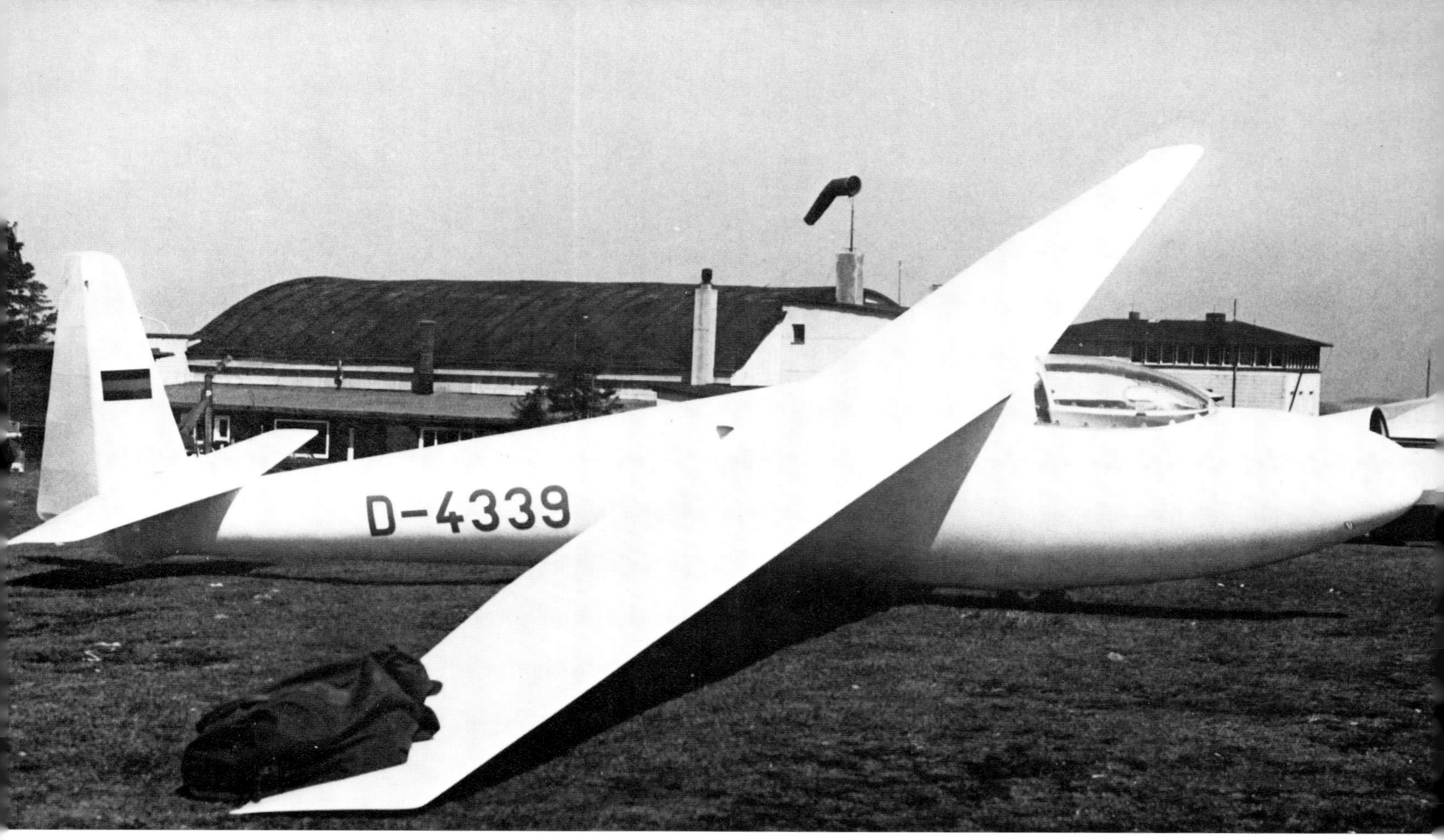
D-4339

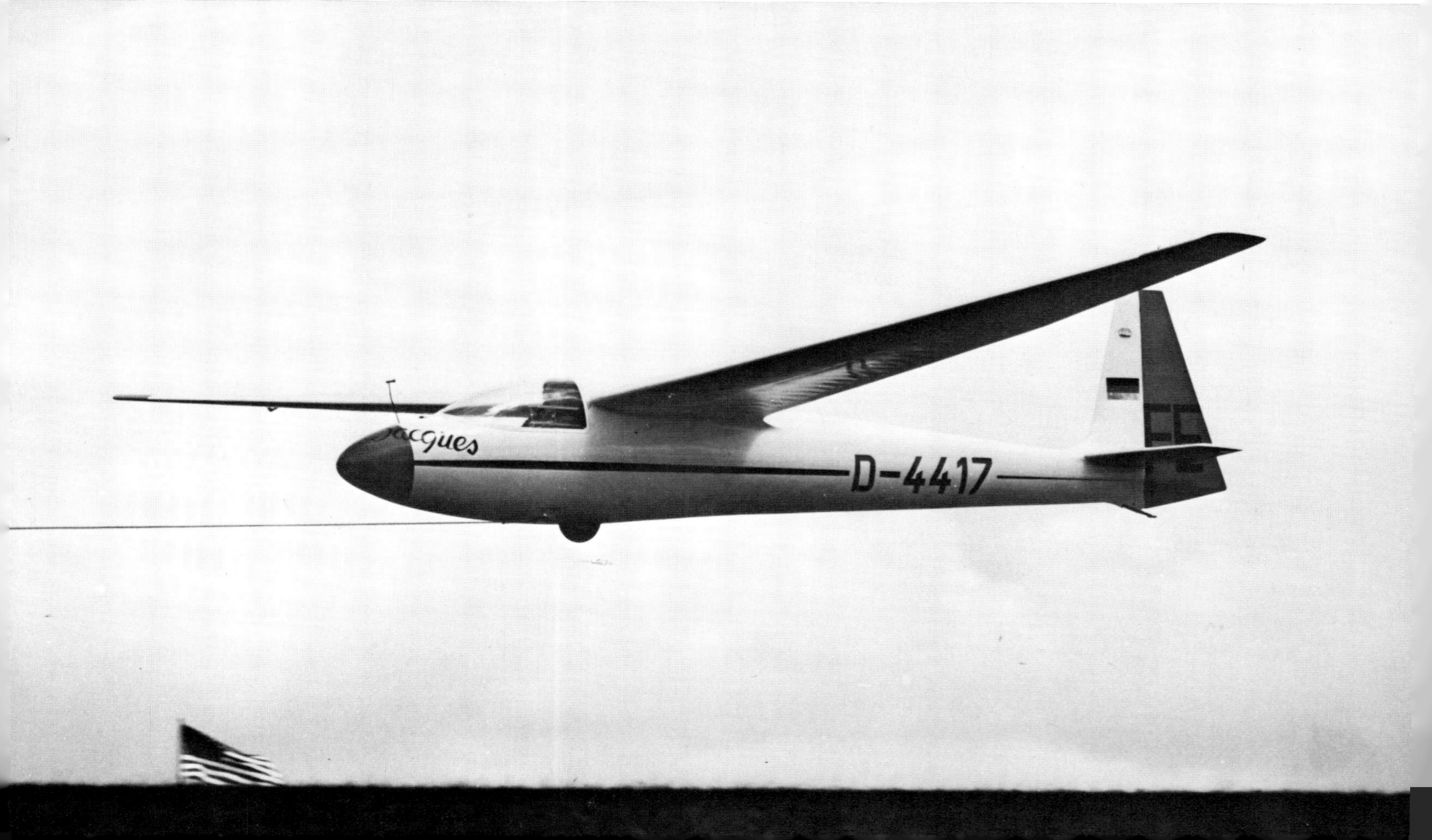
Jacques
D-4417

Diese wurden außer von Schleicher auch von anderen Firmen in Lizenz hergestellt. Dabei hat die Firma Paul Siebert in Münster/Westfalen in den Jahren 1960 bis 1970 allein 131 gefertigt. Vorläufer der Ka 6 CR sind die Ka 6 B und die BR. Nach Einführung der Standard-Klasse durch die FAI vergrößerte Kaiser noch einmal die Spannweite von 14,40 m auf 15,00 m. Diese ersten 15-m-Ka 6 hatten also die Bezeichnung Ka 6 B, mit dem Rumpf der Ka 6 A, also noch ohne Rad. Das R in der Typenbezeichnung steht dann für die Ausführung mit dem festen Rad. Von der Ka 6 B sind nur zwei Exemplare gebaut worden, von der Ka 6 BR dann immerhin 150 Stück. Hauptunterschied von der Ka 6 BR zu der CR ist der geänderte Hauptbeschlag des Tragflügels. Ungefähr 15 Flugzeuge der Baureihen BR und CR erhielten nicht das gedämpfte Höhenleitwerk sondern ein Pendelruder, wie es später bei der Ka 10 und der Ka 6 E serienmäßig gebaut wurde. Diese Baureihe hieß dann Ka 6 BR-Pe bzw. Ka 6 CR-Pe.

Muster:	Ka 6 CR
Konstrukteur:	Rudolf Kaiser
Hersteller:	Schleicher + weitere
Erstflug:	1958
Serienbau:	1958 bis 1970
Hergestellt insgesamt:	etwa 850
	(Ka 6 B bis Ka 6 CR)
Zugelassen in Deutschland:	etwa 540
	(Ka 6 B bis Ka 6 CR)
Anzahl der Sitze:	1
Spannweite:	15,00 m
Flügelfläche:	12,40 m²
Streckung:	18,15
Flügelprofil:	wie Ka 6 A
Rumpflänge:	6,68 m
Leitwerk:	gedämpftes Kreuzleitwerk
Bauweise:	Holz
Rüstgewicht:	185 kp
Maximales Fluggewicht:	300 kp
Flächenbelastung:	24,19 kp/m²
Geringstes Sinken:	0,65 m/s bei 72 km/h
Bestes Gleiten:	30 bei 85 km/h

Heinz Huth mit seiner berühmten Ka 6 CR

Bei der Segelflug-Weltmeisterschaft 1958 in Polen erhielt Rudolf Kaiser für die Ka 6 von der OSTIV einen Preis für das beste Segelflugzeug der Standard-Klasse.

Linke Seite:

Oben: Die Ka 6 BR von Rudolf Kaiser auf der Wasserkuppe
Unten: Eine Ka 6 E bei einem Junioren-Wettbewerb auf der Wasserkuppe

Ka 6 E

Auf die Ka 6 CR folgt die Ka 6 D, eine Sonderausführung der CR mit verstärktem Holm zur Erfüllung der holländischen Bauvorschriften. Letzte Ausführung ist die Ka 6 E, von der allerdings nur bei Schleicher in den Jahren 1965 bis 1970 insgesamt 394 Stück gebaut wurden. Vorläufer der Ka 6 E ist die Ka 10, auf die später eingegangen wird.

Die Ka 6 E unterscheidet sich von der Ka 6 CR durch einen völlig neuen Rumpf mit neuen Leitwerken. Die Bauhöhe ist geringer, und es wird eine längere, gezogene Haube verwendet. Auch die Gestaltung des Sitzes, der bis zur CR recht spartanisch ist, wird verbessert. Das Höhenleitwerk ist ein Pendelruder und beim Seitenleitwerk fällt das Ausgleichsgewicht weg. Der Flügel behält die Abmessungen wie bei der CR, allerdings wird die Profilnase nach Empfehlungen von Wortmann teilweise durch Aufspachteln spitzer gestaltet. Die Schränkung des Tragflügels wird von 3,5 Grad auf zwei Grad verringert. Die Schempp-Hirth-Klappen werden nun aus Aluminium hergestellt. Auch werden zum ersten Mal verstärkt Teile aus GFK verwendet: die Ausrundungen vom Flügel zum Rumpf und vom Rumpf zum Seitenleitwerk, sowie die Schlitzverkleidung bestehen aus dem neuen Werkstoff. Bisher waren schon die Rumpfnase und die Randbogen aus GFK.

Der Prototyp mit dem Kennzeichen D-4372 führte im Frühjahr 1965 den Erstflug durch.

Muster:	Ka 6 E
Konstrukteur:	Rudolf Kaiser
Hersteller:	Alexander Schleicher
Erstflug:	1965
Serienbau:	1965 bis 1970
Hergestellt insgesamt:	394
Zugelassen in Deutschland:	138
Anzahl der Sitze:	1
Spannweite:	15,00 m
Flügelfläche:	12,40 m²
Streckung:	18,15
Flügelprofil:	wie Ka 6 A + Wortmann-Nase
Rumpflänge:	6,70 m
Leitwerk:	Pendel-Höhenleitwerk
Bauweise:	Holz
Rüstgewicht:	190 kp
Maximales Fluggewicht:	300 kp
Flächenbelastung:	24,19 kp/m²

Flugleistungen (DFVLR-Messung 1976):

Geringstes Sinken:	0,71 m/s bei 72 km/h
Bestes Gleiten:	30 bei 84 km/h

Ka 7 »Rhönadler«

Der Doppelsitzer Ka 7 ist eine Weiterentwicklung der Ka 2 b, man könnte sagen, eine Ka 2 b mit Stahlrohrrumpf. Flügel und Leitwerke sind nämlich original übernommen worden. Der Rumpf hat eine lange Kufe und ein ungefedertes Rad. Die Haube ist zweiteilig, der vordere Teil wird nach der Seite und der hintere Teil nach oben aufgeklappt. Wie bei der Ka 2 sind später viele Ka 7 mit geblasenen Mecaplex-Hauben umgerüstet worden. Die Ka 7 hat sich in vielen Vereinen in der Schulung und in der Leistungsflugeinweisung gut bewährt. Von 1957 bis 1966 sind von der Ka 7 immerhin 511 Stück gebaut worden, so daß das Flugzeug erst im Jahre 1977 von der ASK-13 überholt worden ist. Das Rüstgewicht der Ka 7 liegt etwa 7 kp höher als bei der Ka 2 b.

Muster:	Ka 7
Konstrukteur:	Rudolf Kaiser
Hersteller:	Alexander Schleicher
Erstflug:	1957
Serienbau:	1957 bis 1966
Hergestellt insgesamt:	511
Zugelassen in Deutschland:	318
Anzahl der Sitze:	2
Spannweite:	16,00 m
Flügelfläche:	17,50 m²
Streckung:	14,63
Flügelprofil:	Eigenentwicklung wie Ka 2
Rumpflänge:	8,10 m
Leitwerk:	konventionelles Kreuzleitwerk
Bauweise:	Holz, Rumpf: Stahlrohr
Rüstgewicht:	285 kp
Maximales Fluggewicht:	480 kp
Flächenbelastung:	27,43 kp/m²
Geringstes Sinken:	0,85 m/s bei 65 km/h
Bestes Gleiten:	26 bei 80 km/h

Ka 8

Etwas im Schatten des »großen Bruders« Ka 6 lebt die Ka 8. Dabei bräuchte sie sich sicher nicht verstecken, ist sie doch in diesen Jahren das in der Stückzahl führende Segelflugzeug aller Hersteller, nicht nur in Deutschland, sondern auch in der Schweiz und in Österreich. Rudolf Kaiser selbst bezeichnet die Ka 8 als »entfeinerte« Version der Ka 6 CR. Da ist zuerst anstelle des Holzschalenrumpfes eine robuste Stahlrohrkonstruktion und auch der Flügel wurde von der Flügelfläche und der Profilauswahl her speziell auf das Vereinsbedürfnis eines harmlosen Übungseinsitzers zugeschnitten. Viele Vereine lassen nach der Doppelsitzerschulung den ersten Alleinflug auf der Ka 8 durchführen und für das erste Stundensammeln und die Flüge für die Silber-C ist die Ka 8 das ideale Flugzeug. Die Flügelfläche ist um 1,75 m² größer als bei der Ka 6, so daß bei einer üblichen Zuladung von 90 kp die Flächenbelastung unter 20 kp/m² liegt. Das Profil Gö 533 sorgt für ein gutmütiges Verhalten im Langsamflug.

Rechte Seite:

Oben: Die Ka 7 ist Nachfolger des Doppelsitzers Ka 2 b
Unten: Die Ka 8 hat kleinere Querruder als die Ka 8 b

D-8904

D-8908

Von der Ka 8 gibt es drei Baureihen. Von der ersten Version wurden nur 6 Stück gebaut. Aufgrund der Flugerprobung wurden die Querruder um ein Rippenfeld vergrößert und der Hauptbeschlag wurde ähnlich wie bei der Ka 6 geändert. Am Höhenruder konnte wahlweise eine Flettnertrimmung eingebaut werden. Von dieser Version Ka 8 b wurden von 1958 bis 1976 etwa 1180 Exemplare von verschiedenen Herstellern gebaut. Die Ka 8 b wurde auch von vielen Vereinen im Selbstbau hergestellt, wofür die Holme und die Hauptbeschläge fertig bezogen werden mußten. Auch der Rumpf durfte nur im Industriebau erstellt werden. Bei der Ka 8 c wurde das Cockpit verbessert, und ein großes Rad vor dem Schwerpunkt eingebaut, wodurch nur noch eine kleine ungefederte Kufe notwendig war. Von der Ka 8 c wurden nur etwa 10 Flugzeuge gebaut.

Muster:	Ka 8 b
Konstrukteur:	Rudolf Kaiser
Hersteller:	Schleicher + weitere
Erstflug:	März 1958
Serienbau:	1958 bis 1976
Hergestellt insgesamt:	1180
Zugelassen in Deutschland:	720
Anzahl der Sitze:	1
Spannweite:	15,00 m
Flügelfläche:	14,15 m²
Streckung:	15,90
Flügelprofil:	Gö 533 Wurzel, Gö 532 außen
Rumpflänge:	7,00 m
Leitwerk:	konventionelles Kreuzleitwerk
Bauweise:	Holz/Stahlrohrrumpf
Rüstgewicht:	185 kp
Maximales Fluggewicht:	310 kp
Flächenbelastung:	21,91 kp/m²
Geringstes Sinken:	0,65 m/s bei 60 km/h
Bestes Gleiten:	27 bei 75 km/h

Ka 9

Mit der Ka 9 wurde noch einmal die Idee eines Kleinseglers aufgegriffen. So läßt sich in etwa die Ka 9 als eine verkleinerte Ka 8 mit einer Spannweite von 12 Metern bezeichnen. Die Ka 9 wurde nicht bei Schleicher hergestellt. Insgesamt sind nur zwei Exemplare gebaut worden, von denen eine durch Trudeln einen schweren Unfall hatte. Das heute noch existierende Muster hat das Kennzeichen D-1739 und wurde 1961 von der FAG Coburg gebaut und gehört ihr heute noch. Die V-Form beträgt wie bei der Ka 8 drei Grad und als Landehilfe dienen Störklappen auf der Flügeloberseite. Mit der Ka 9 ist auch die Entwicklungsreihe von der Ka 1 über die Ka 3 abgeschlossen worden.

Muster:	Ka 9, D-1739
Konstrukteur:	Rudolf Kaiser
Hersteller:	FAG Coburg
Erstflug:	1962
Hergestellt insgesamt:	2
Zugelassen in Deutschland:	1
Anzahl der Sitze:	1
Spannweite:	12,00 m
Flügelfläche:	12,00 m²
Streckung:	12,00
Flügelprofil:	Kaiser: »Selbstgestricktes« (»Hat keinen besonderen Namen«)
Rumpflänge:	6,42 m
Leitwerk:	konventionelles Kreuzleitwerk
Bauweise:	Holz/Stahlrohrrumpf
Rüstgewicht:	136 kp
Maximales Fluggewicht:	230 kp
Flächenbelastung:	19,17 kp/m²
Geringstes Sinken:	0,80 m/s bei 67 km/h
Bestes Gleiten:	20 bei 70 km/h (Angaben geschätzt)

Ka 10

Die Ka 10 ist ein Vorläufer der Ka 6 E. Die beiden Flugzeuge sehen sich äußerlich sehr ähnlich. Allerdings flog die Ka 10 bereits zwei Jahre vor der Ka 6 E. Die Flügelfläche ist mit 12,53 m² etwas größer als bei der CR bzw. der E, die beide 12,40 m² Flügelfläche haben. Der Rumpf ist etwas kürzer, dafür sind Rüstgewicht und Maximales Fluggewicht 20 kp höher. Hauptunterschied der Ka 10 zur Ka 6 CR bzw. E ist die Verwendung von Original-Wortmann-Profilen. Nach Angaben von R. Kaiser sind im Flügel die Wortmann-Profile FX Nr. 40 an der Wurzel, Nr. 291 in der Mitte und Nr. 30 außen verwendet worden. Dabei

Rechte Seite:

Oben: Eine Ka 8 b mit großer Haube auf dem Klippeneck
Unten: Die Ka 9 gibt es nur noch in einem Exemplar

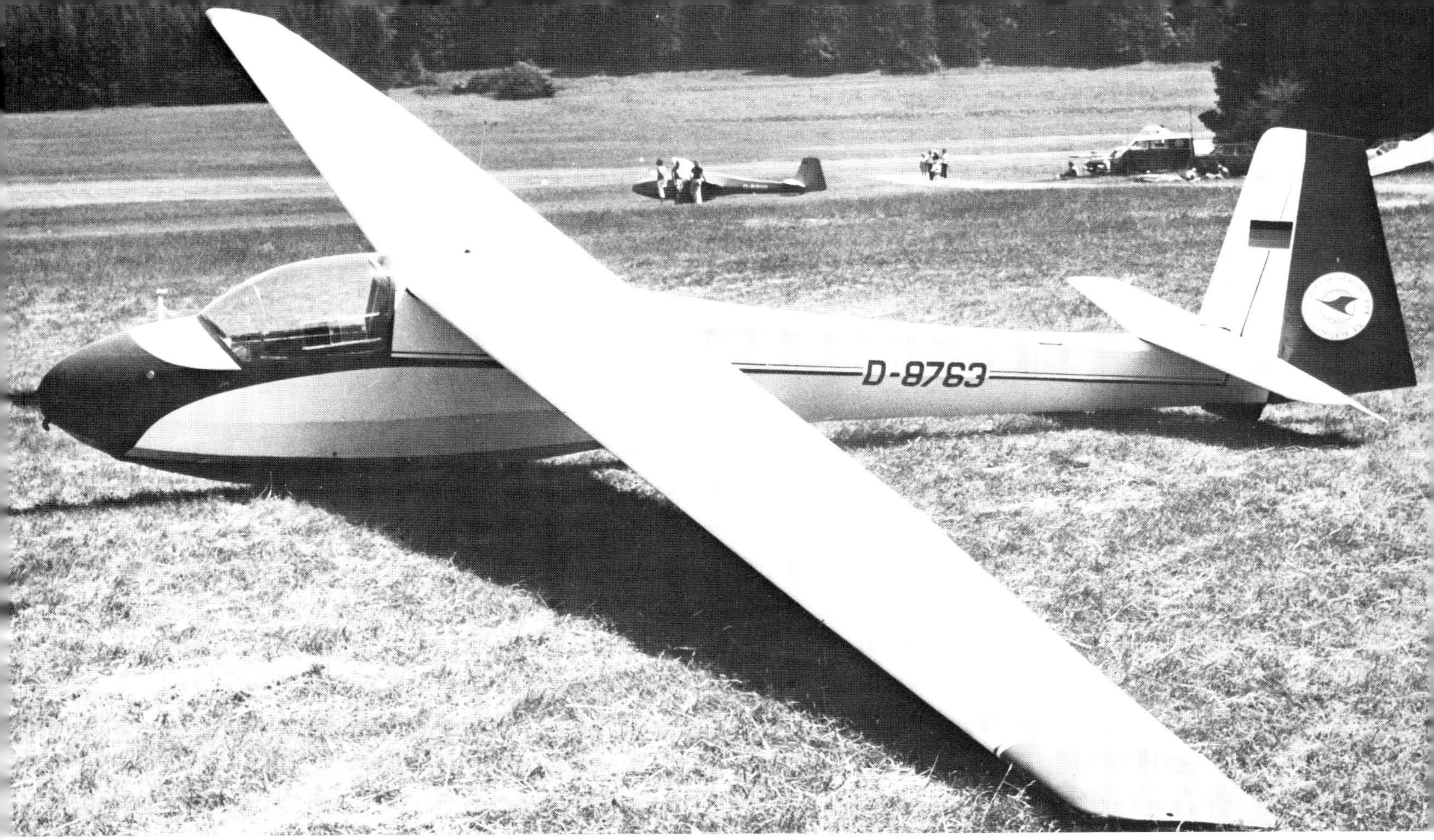
D-8763

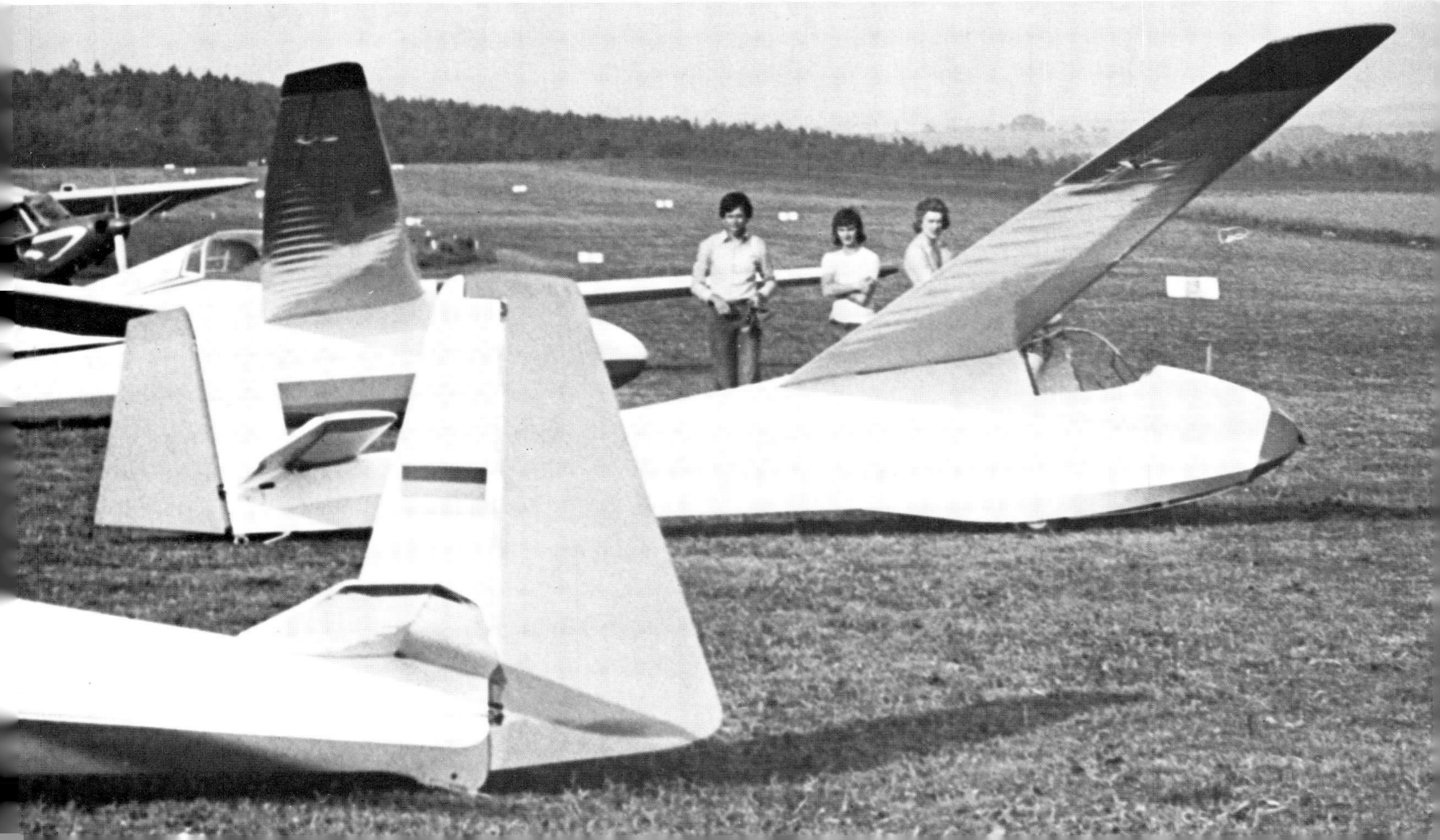

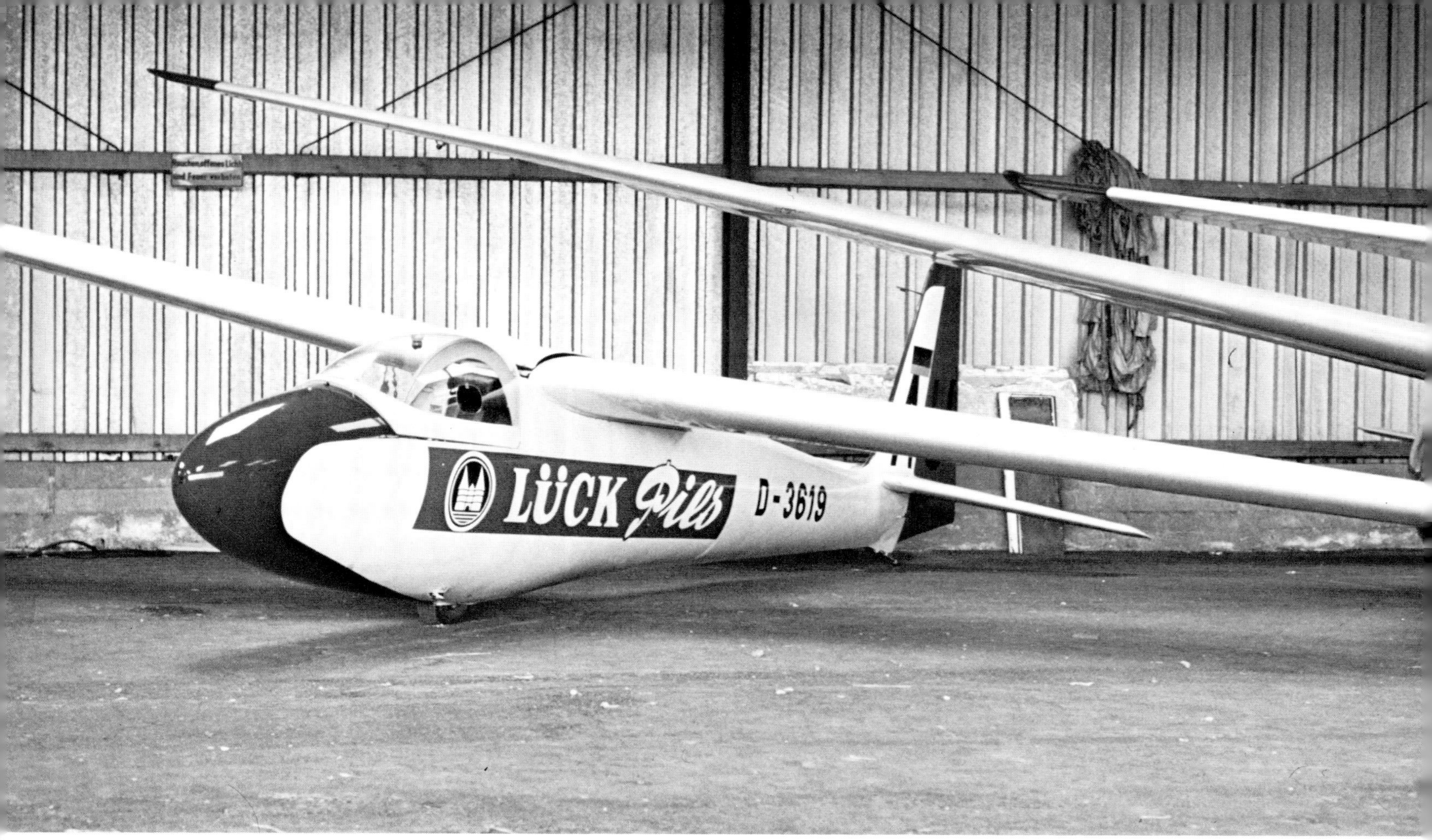
LÜCK Pils
D-3619

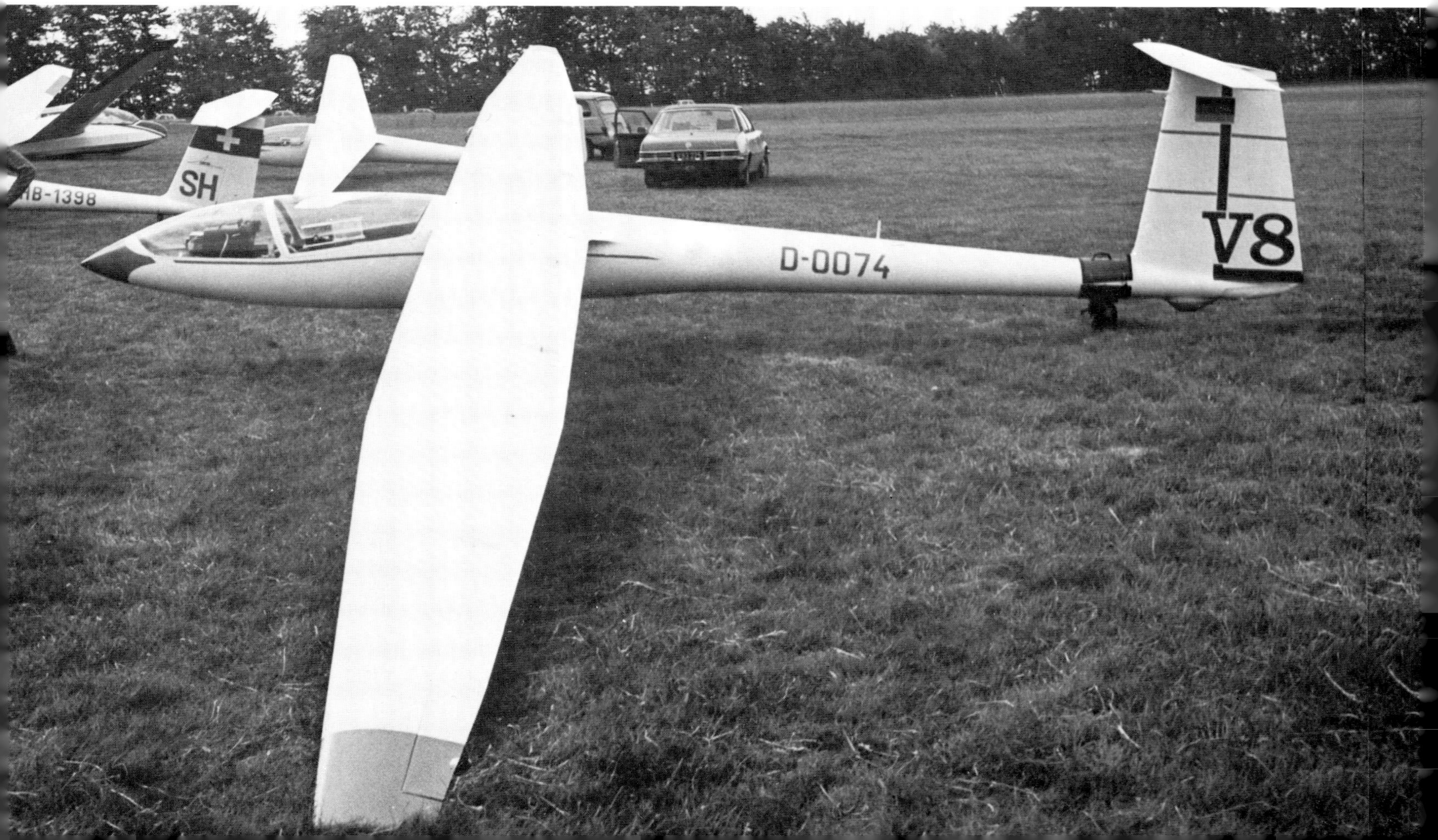
SH
HB-1398
D-0074
V8

handelt es sich um alte Bezeichnungen, wobei das Nr. 40 dem heutigen FX 61-184 entspricht. Von der Ka 10 sind in den Jahren 1963 und 1964 insgesamt 12 Stück gebaut worden, von denen 7 Flugzeuge heute noch in Deutschland zugelassen sind.

Muster:	Ka 10
Konstrukteur:	Rudolf Kaiser
Hersteller:	Alexander Schleicher
Erstflug:	1963
Serienbau:	1963 bis 1964
Hergestellt insgesamt:	12
Zugelassen in Deutschland:	7
Anzahl der Sitze:	1
Spannweite:	15,00 m
Flügelfläche:	12,53 m^2
Streckung:	17,96
Flügelprofile:	Wortmann (siehe oben)
Rumpflänge:	6,64 m
Leitwerk:	Pendel-Höhenruder
Bauweise:	Holz
Rüstgewicht:	210 kp
Maximales Fluggewicht:	320 kp
Flächenbelastung:	25,54 kp/m^2
Geringstes Sinken:	0,70 m/s bei 71 km/h
Bestes Gleiten:	32 bei 84 km/h

ASW-12

Man kann die ASW-12 als eine Serienversion der Darmstädter D-36 bezeichnen. Der Rumpf hat dieselbe Länge und ist noch etwas schlanker. Auch die Leitwerke sind ziemlich genau übernommen. Der FLügel der ASW-12 hat einen halben Meter mehr Spannweite und das Profil etwas aufgedickt. Die Doppeltrapezform und die weiteren Abmessungen von Querrudern und Klappen sind wieder übernommen. Wie der zweite Prototyp der D-36 hat die ASW-12 auch keine Bremsklappen, sondern nur einen Bremsschirm im Rumpfheck. Dadurch sind Außenlandungen natürlich nicht ganz einfach. Zur Erhöhung der Sicherheit sind deshalb in einige ASW-12 zweite Bremsschirme eingebaut worden. Bei einigen Flugzeugen wurde auch die Spannweite auf 20 Meter erhöht, wobei diese Baureihe dann ASW-12 B genannt wird. Für einen zweiteiligen Flügel ist natürlich die Spannweite von 20 Metern sehr beachtlich.

In den Jahren 1966 bis 1970 sind insgesamt nur 15 Flugzeuge gebaut worden. Davon fliegen heute noch etwa 10 ASW-12 in den USA, zwei davon mit der vergrößerten Spannweite. Beachtlich, daß dort auch in neueren Wettbewerben die ASW-12 immer mit vorne liegt. In Deutschland gibt es noch drei ASW-12, von denen eine derzeit nicht aktiv ist (Werk-Nr. 12003, D-0007). In Koblenz fliegt die Werk-Nr. 5 mit dem Kennzeichen D-0046, während Hermann Gmelin aus Reutlingen die Werk-Nr. 7, D-0074 gekauft hat, die früher einmal H. W. Grosse gehört hat. Dieses Flugzeug hatte auch einmal 20 m Spannweite, bevor sich Grosse wegen des Spannweitenfaktors der Offenen Klasse mit der Säge an diesem Vogel verging, so daß jetzt die Spannweite 19,06 m beträgt. Das Leergewicht dieses Exemplars liegt bei 334 kp und das Maximale Fluggewicht bei 439 kp. Auch das Seitenruder ist vergrößert worden.

Die erste ASW-12 trug das Kennzeichen D-4311 und führte den Erstflug am 31. Dezember 1965 in Fulda durch. Berühmt wurde die ASW-12 durch die zahlreichen Rekordflüge von H. W. Grosse in Europa und die Appalachen-Flüge in den USA.

Muster:	ASW-12
Konstrukteur:	Gerhard Waibel
Hersteller:	Alexander Schleicher
Erstflug:	Silvester 1965
Serienbau:	1966 bis 1970
Hergestellt insgesamt:	15
Zugelassen in Deutschland:	3
Anzahl der Sitze:	1
Spannweite:	18,30 m
Flügelfläche:	13,00 m^2
Streckung:	25,76
Flügelprofil:	FX 62-K-131 modifiziert
Rumpflänge:	7,35 m
Leitwerk:	gedämpftes T-Leitwerk
Bauweise:	GFK
Rüstgewicht:	296 kp
Maximales Fluggewicht:	411 kp
Flächenbelastung:	29,7 kp/m^2 bis 31,6 kp/m^2

Flugleistungen (DFVLR-Messung 1967):

Geringstes Sinken:	0,57 m/s bei 90 km/h
Bestes Gleiten:	46 bei 100 km/h

Linke Seite:

Oben: Die Ka 10 ist Vorläufer der Ka 6 E
Unten: Eine der beiden noch aktiven ASW-12 in Deutschland

ASK-13

Im Jahre 1966 wurde bei Schleicher der Doppelsitzer Ka 7 durch die ASK-13 abgelöst, die einige Verbesserungen aufweisen kann. Das Flugzeug wird heute noch gebaut und hat auch in der Stückzahl von bis jetzt 585 Exemplaren die Ka 7 (511 Stück) überrundet. Allerdings führt bei den in Deutschland zugelassenen Doppelsitzern immer noch die Ka 7 mit 311 Stück vor der mit 245 Exemplaren vertretenen ASK-13. Entscheidende Veränderungen gegenüber der Ka 7 zeigt der Rumpf der ASK-13. Durch die Flügelanordnung als Mitteldecker konnte eine große einteilige Klapphaube gewählt werden. Diese schließt mit dem Rumpf recht dicht ab, so daß es im Cockpit der ASK-13 angenehm leise ist. Verbesserungen zeigen auch die Schalensitze aus GFK und besonders die leidgeprüften Fluglehrer sind für das gefederte Rad unter dem hinteren Sitz dankbar. Das Rumpfvorderteil ist mit GFK verkleidet und der Rumpfrücken ist von der Haube bis zum Leitwerk mit Sperrholz beplankt. Im Ganzen ist der Rumpf der ASK-13 acht Zentimeter länger als bei der Ka 7. Die Flügel und Leitwerke sind von der Ka 7 übernommen, die negative Pfeilung des Holmes beträgt 6 Grad. Wegen der Mitteldeckeranordnung mußte die V-Form auf 5 Grad erhöht werden und die beidseitig wirkenden Schempp-Hirth-Klappen bestehen nun aus Metall. Das Rüstgewicht ist 5 kp höher als bei der Ka 7. Besonders hervorstechend sind wieder die guten Flugeigenschaften und das ausgeprägt harmlose Langsamflugverhalten.

Der Prototyp mit dem Kennzeichen D-5701 führte seinen Erstflug im Juli 1966 durch.

Muster:	ASK-13
Konstrukteur:	Rudolf Kaiser
Hersteller:	Alexander Schleicher
Erstflug:	Juli 1966
Serienbau:	1966 bis heute
Hergestellt insgesamt:	585
Zugelassen in Deutschland:	245
Anzahl der Sitze:	2
Spannweite:	16,00 m
Flügelfläche:	17,50 m²
Streckung:	14,63
Flügelprofil:	Gö 535/Gö 549 modifiziert
Rumpflänge:	8,18 m
Leitwerk:	konventionelles Kreuzleitwerk
Bauweise:	Holz, Rumpf aus Stahlrohr
Rüstgewicht:	290 kp
Maximales Fluggewicht:	480 kp
Flächenbelastung:	21,7 kp/m² bis 27,4 kp/m²
Geringstes Sinken:	0,80 m/s bei 75 km/h
Bestes Gleiten:	28 bei 85 km/h

ASW-15

Die ASW-15 ist das bisher erfolgreichste Kunststoff-Segelflugzeug der Firma Schleicher von der Stückzahl her. Von 1968 bis 1977 sind insgesamt 453 Flugzeuge gebaut worden, wobei man die beiden Baureihen ASW-15 und ASW-15 B unterscheiden muß. Von der ersteren wurden bis 1973 insgesamt 183 Exemplare gebaut, bis sich die ASW-15 B mit 270 Stück anschloß, die dann wiederum im Jahre 1977 von der ASW-19 abgelöst wurde. Von der ASW-15 hat die ASW-19 dann immerhin den kompletten Flügel übernommen.

Die ASW-15, die als Flugzeug der Standard-Klasse bei Schleicher die Ka 6 in ihren verschiedenen Baureihen ablöste, gab ihr internationales Debüt bei der Weltmeisterschaft 1968 in Polen, wo H. W. Grosse zwei Tagessiege erringen konnte. Der Erstflug mit dem Prototyp (D-4425) fand im April des gleichen Jahres auf der Wasserkuppe statt. Dann fand das Flugzeug gerade auch in Deutschland starke Verbreitung. Als Flügelprofil hat die ASW-15, wie später dann auch die ASW-19, das FX 61-163, wie es schon bei der fs-23 und fs-25 und den Elfen von Albert Neukom verwendet wurde. Aus der gleichen Profilschar stammt der Flügelquerschnitt der D-38 bzw. der DG-100, die zudem mit 11,0 m² dieselbe Flügelfläche haben. Die Schempp-Hirth-Klappen aus Metall öffnen nach oben und unten, haben aber gegenseitig abgedichtete Klappenkästen. Der Rumpf ist relativ kurz. Das etwas hochgesetzte Pendelleitwerk wird wie bei der Ka 6 E auf Rohrstummel gesteckt. Das Seitenleitwerk ist beim Prototyp noch ziemlich eckig, hat dann einen kleinen Massenausgleich in der Serie und wird

Rechte Seite:

Oben: Nach der Ka 7 ist die ASK-13 der am weitest verbreitete Doppelsitzer in Deutschland
Unten: Der Prototyp der ASW-15 mit festem Rad und geändertem Seitenruder

D-4386

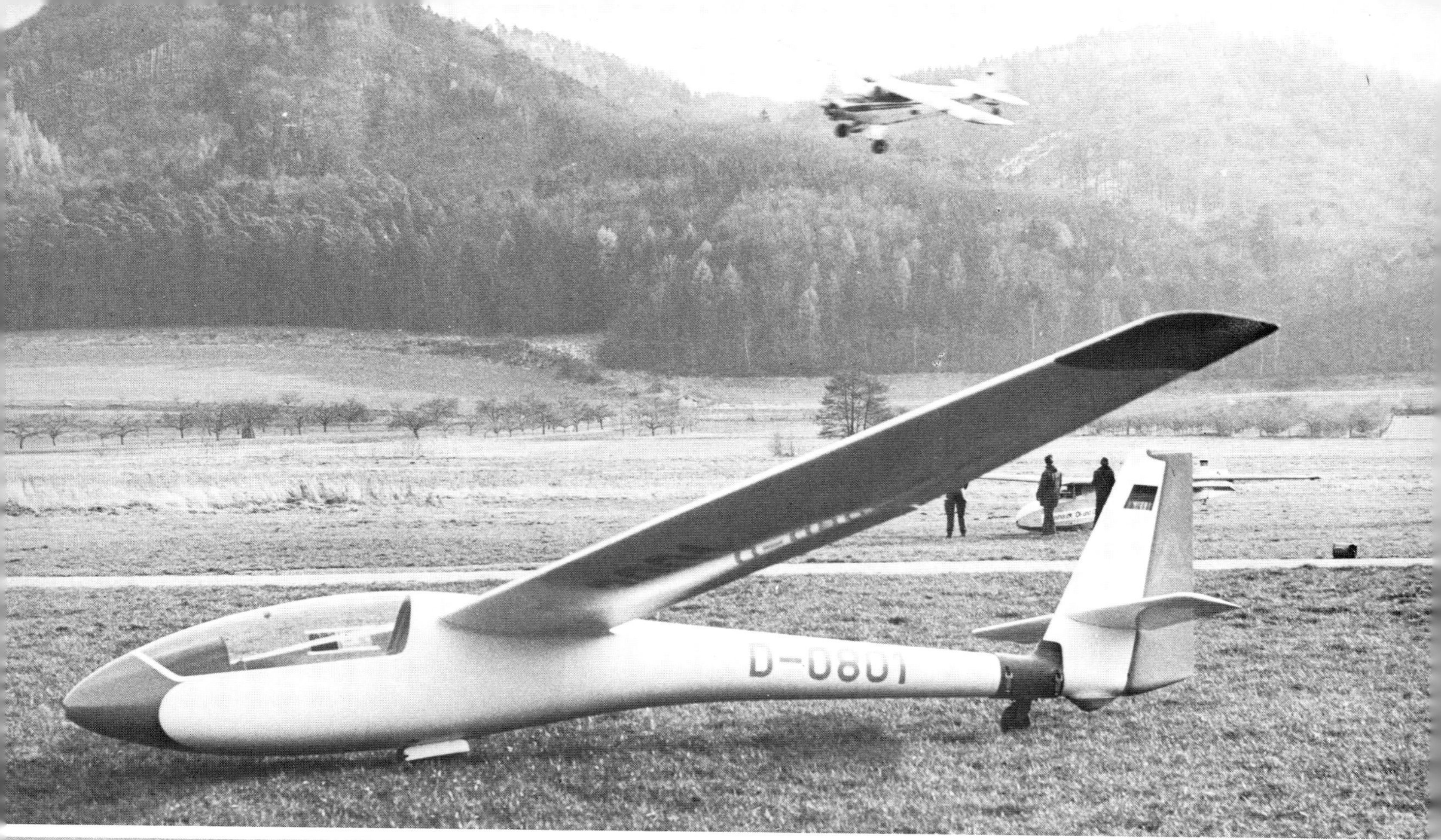
D-0801

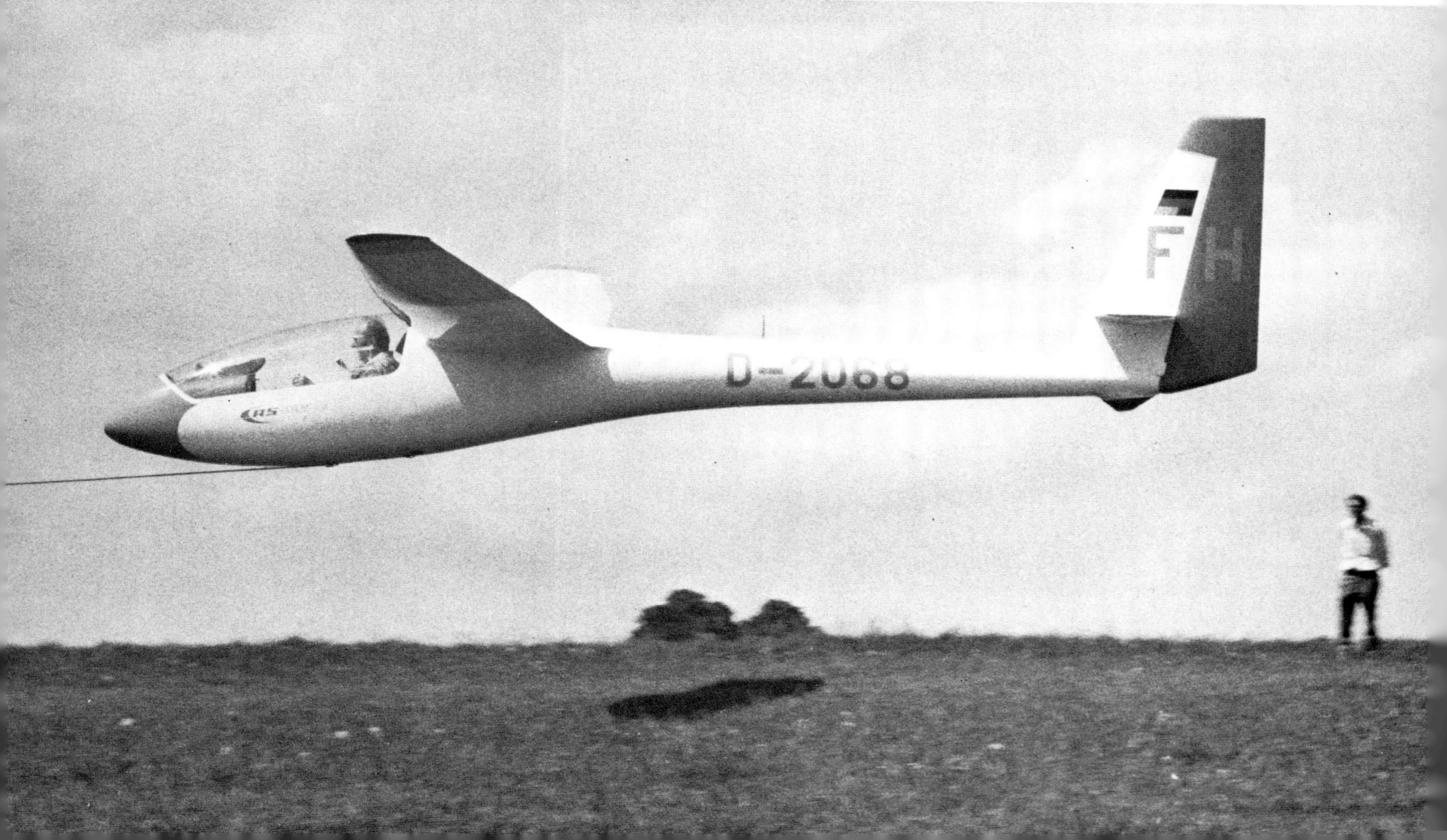
F H
D-2068

später bei der ASW-15 B um 15 cm nach oben vergrößert. Es kommt ferner ein größeres Fahrwerk dazu und vor allen Dingen die Möglichkeit der Wasserballastaufnahme mit einer Verstärkung des Tragflügels und einer Erhöhung des Maximalen Fluggewichtes auf 408 kp.

In Deutschland sind 78 ASW-15 und 155 ASW-15 B zugelassen, in den USA sind es insgesamt 56, in Österreich 26 und in der Schweiz 20 Flugzeuge des Musters. Übereinstimmend werden die guten Flugeigenschaften und eine hervorragende Querruderwirkung gelobt.

Muster:	ASW-15 B
Konstrukteur:	Gerhard Waibel
Hersteller:	Alexander Schleicher
Erstflug:	April 1968
Serienbau:	1968 bis 1977 (beide Baureihen)
Hergestellt insgesamt:	453 (beide Baureihen)
Zugelassen in Deutschland:	233 (beide Baureihen)
Anzahl der Sitze:	1
Spannweite:	15,00 m (Standard-Klasse)
Flügelfläche:	11,00 m²
Streckung:	20,45
Flügelprofil:	FX 61-163 innen FX 60-126 außen
Rumpflänge:	6,48 m
Leitwerk:	etwas hochgesetztes Pendelruder
Bauweise:	GFK
Rüstgewicht:	230 kp
Maximales Fluggewicht:	408 kp
Flächenbelastung:	29,1 kp/m² bis 37,1 kp/m²

Flugleistungen (DFVLR-Messung 1972):

Geringstes Sinken:	0,63 m/s bei 77 km/h
Bestes Gleiten:	36,5 bei 89 km/h

ASW-17

Die ASW-17 ist Schleichers Superschiff der Offenen Klasse mit einer Spannweite von genau 20 Metern. Es ist auch vom Preis her ein etwas exklusives Flugzeug, von dem in den letzten sechs Jahren nur 52

Linke Seite:

Oben: Von der ASW-15 wurden 183 Exemplare gebaut
Unten: Die ASW-15 B hat ein höheres Seitenleitwerk, Wassertanks und eine größere Zuladung

Exemplare gebaut wurden. Dafür ist die ASW-17 wohl auch das leistungsfähigste Flugzeug, das man überhaupt kaufen kann. Entstanden ist sie unmittelbar aus der ASW-12, wo ja auch Versuche mit verschiedenen Spannweiten und Flügeln gemacht wurden. So blieb der Doppeltrapezflügel erhalten mit dem auf 14,7 % aufgedickten Wortmann-Profil FX 62-K-131. Allerdings wurde der Flügel vierteilig ausgeführt mit relativ kurzen Außenflügeln von je 2,60 m Spannweite. Ohne Außenflügel ergibt sich so eine Spannweite von 14,80 m, die prompt den Amerikaner Karl Striedieck dazu verführte, aus der mächtigen ASW-17 mit 10 cm breiten Randbogen ein Flugzeug der 15-m-Renn-Klasse zu machen. Damit wurde er auch noch 1977 US National 15-Meter-Class Soaring Champion. Neu ist bei der ASW-17 der ziemlich spitze Rumpf, der auch 20 cm länger als bei der ASW-12 ist. Die Haube ist nun einteilig und wird nach der Seite geklappt. Das Einziehfahrwerk ist gefedert. Die ASW-17 brachte für diesen großen Vogel die Abkehr vom T-Leitwerk. Das gedämpfte Höhenleitwerk ist nach Art der ASW-15 etwas hochgesetzt. Das leicht gepfeilte mächtige Seitenleitwerk hat eine Höhe von fast zwei Metern. Die Belüftung des Cockpits erfolgt nicht durch die Rumpfsitze, sondern durch Hutzen im Rumpf unterhalb des Tragflügels.

Beachtlich sind auch die Gewichte der ASW-17. Ein Innenflügel wiegt bereits 115 kp, ein Außenflügel allerdings nur 18 kp. Das Rüstgewicht liegt über 400 kp und liegt demnach höher als bei den neueren Kunststoff-Doppelsitzern. Der Prototyp hatte das Kennzeichen D-0100 und führte seinen Erstflug am 17. Juli 1971 auf der Wasserkuppe durch. Etwa 14 ASW-17 sind in Deutschland zugelassen und etwa ebenso viele in den USA. Je eine ASW-17 fliegt in der Schweiz und in Österreich.

Zu erwähnen ist noch eine Schnellflugversion der ASW-17, die ASW-17 X mit dem Kennzeichen D-4522. Der Flügel ist auf 19,10 m gekürzt, hat eine Fläche von 14,47 m² mit der Streckung von 25,21 und ist unter der Verwendung von Karbonfasern zweiteilig gebaut. Dadurch erklärt sich auch das relativ hohe Rüstgewicht von 415 kp mit dem Maximalen Fluggewicht von 630 kp, welches eine Flächenbelastung bis fast 44 kp/m² erlaubt. Der Rumpf hat die Abmessungen der normalen ASW-17, wobei aber die Cockpitgestaltung und die Haube von der ASW-20 übernommen wurde.

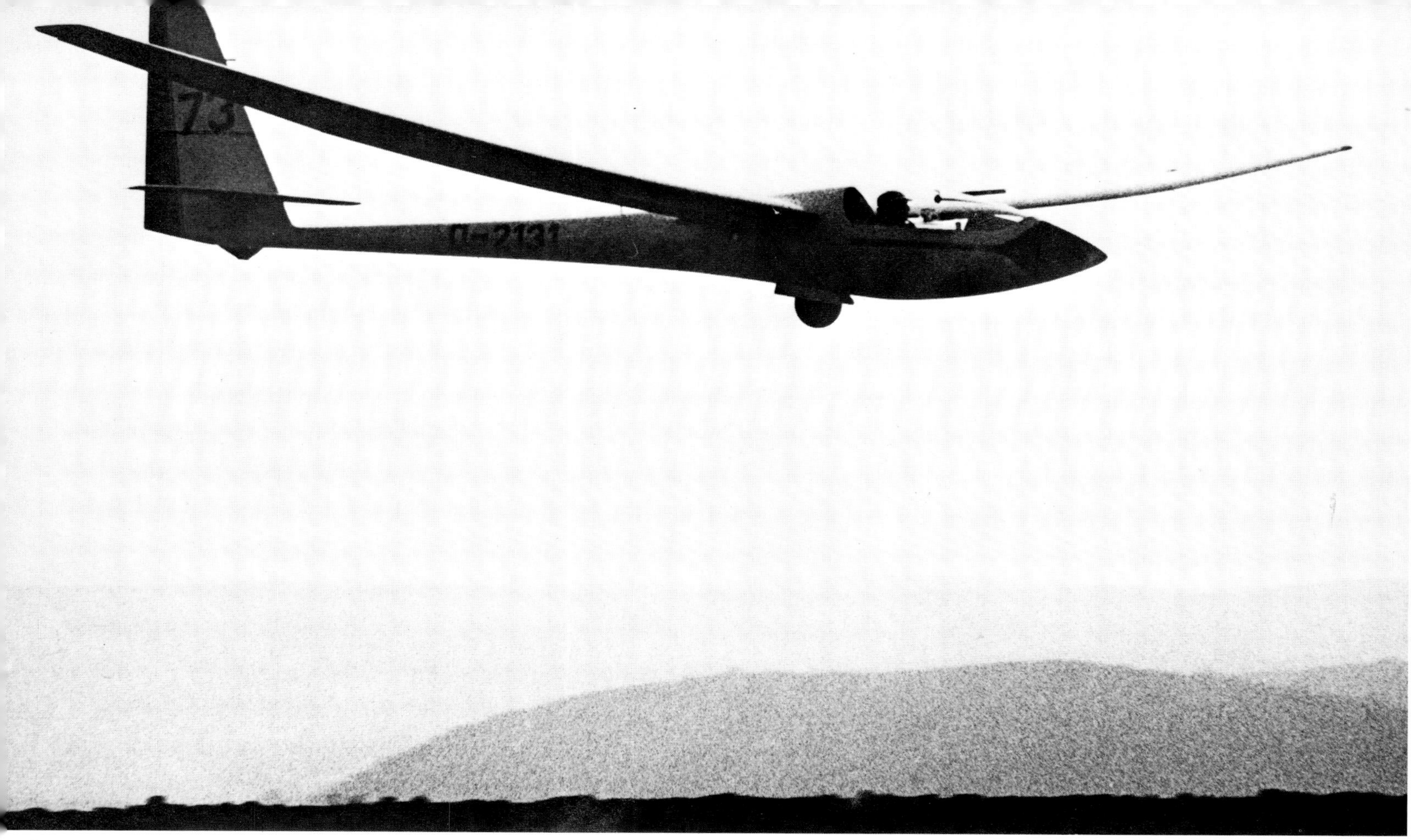
73
D-2131

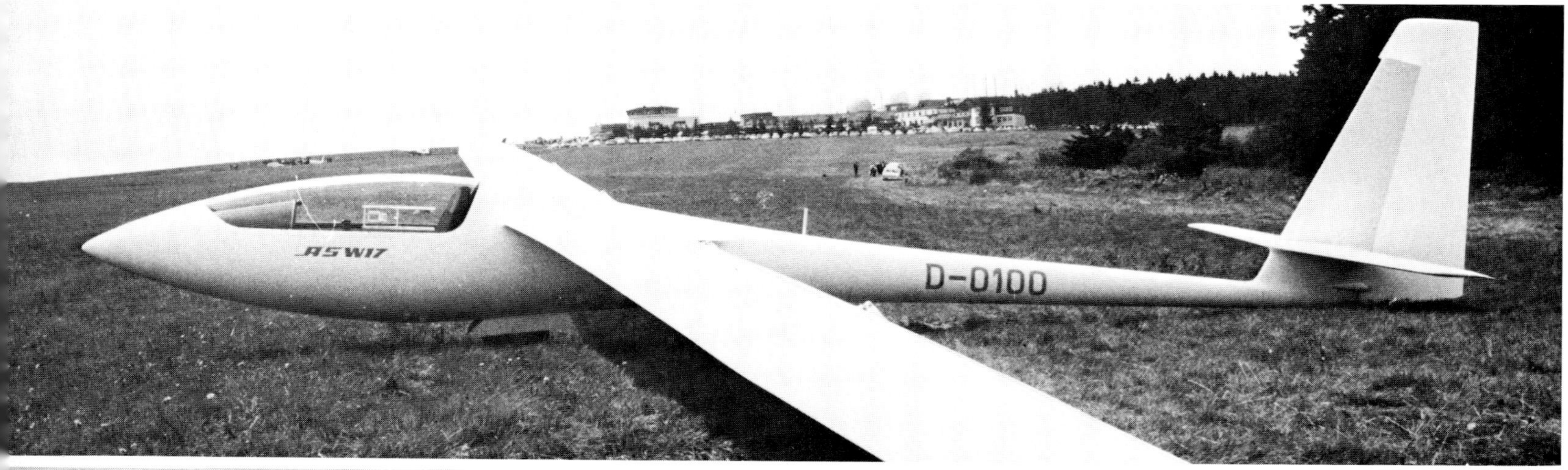
ASW17
D-0100

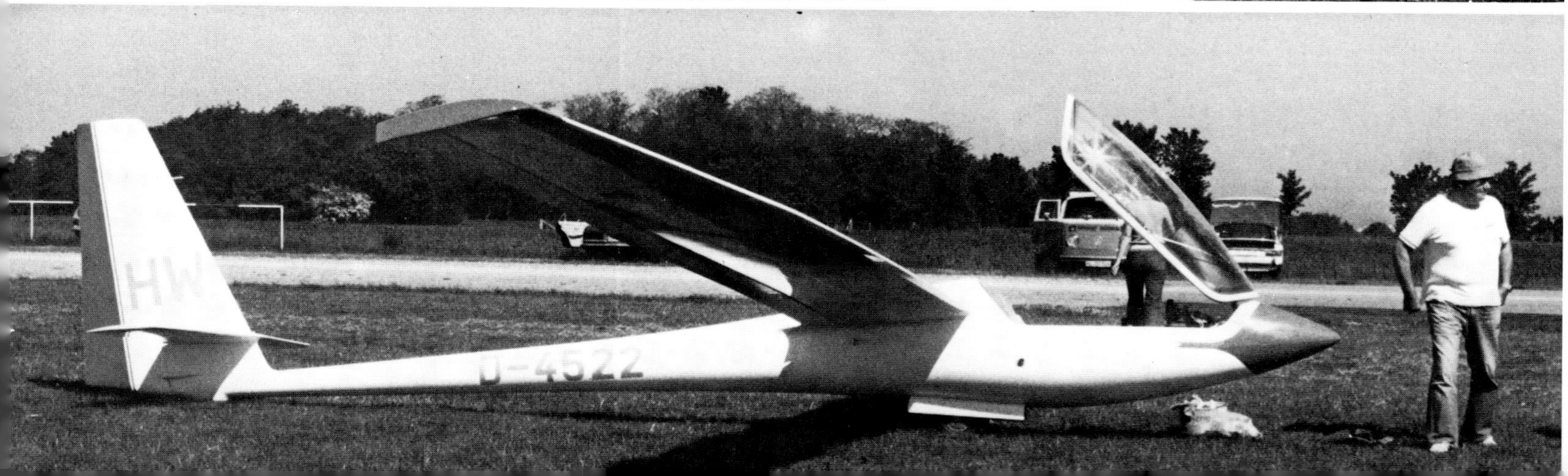
HW
D-4522

Muster:	ASW-17
Konstrukteur:	Gerhard Waibel
Hersteller:	Alexander Schleicher
Erstflug:	Juli 1971
Serienbau:	1972 bis heute
Hergestellt insgesamt:	52
Zugelassen in Deutschland:	14
Anzahl der Sitze:	1
Spannweite:	20,00 m
Flügelfläche:	14,84 m²
Streckung:	26,95
Flügelprofil:	FX 62-K-131 aufged. auch 14,7 %
Rumpflänge:	7,55 m
Leitwerk:	gedämpft, Ruder etwas hochgesetzt
Bauweise:	GFK
Rüstgewicht:	405 kp
Maximales Fluggewicht:	570 kp
Flächenbelastung:	30,7 kp/m² bis 38,4 kp/m²

Flugleistungen (DFVLR-Messung):

Geringstes Sinken:	0,55 m/s bei 85 km/h
Bestes Gleiten:	49 bei 104 km/h

Linke Seite:
Oben: Eines der erfolgreichsten Flugzeuge der Offenen Klasse ist die ASW-17. Mitte: Der Prototyp der ASW-17 auf der Wasserkuppe. Unten: Das Einzelstück ASW-17 X hat nur eine Spannweite von 19,10 Metern.

Der Flügel der ASK-18 ist von der Ka 6 E abgeleitet

ASK-18

Überlegungen, mit einem neuen Beitrag die Club-Klasse zu beleben, führten bei Schleicher im Jahre 1974 zur Konstruktion der ASK-18. Nun waren wohl von Anfang an die Chancen mit einem herkömmlichen Flugzeug nicht allzu groß, wie überhaupt die Club-Klasse wohl langsam an Bedeutung verliert, wenn es nicht gelingt, preiswerte Kunststoff-Flugzeuge wie Jeans-Astir oder Mistral unter das Volk zu bringen. Andererseits war das Risiko nicht groß, denn die ASK-18 hat den um einen Meter vergrößerten Flügel der Ka 6 E und einen komfortableren Stahlrohrrumpf, der von der Ka 8 abgeleitet wurde. Das Seitenleitwerk stammt in etwa von der Ka 10 und das Höhenleitwerk wieder von der Ka 6. Der Rumpf hat ein großes Rad ohne Kufe, das Rumpfvorderteil hat eine GFK-Schale und der Sporn ist aus Gummi wie bei der ASW-15. Eine recht große Haube öffnet nach der Seite und die Sitzschale ist aus GFK ähnlich wie bei der ASK-13. Der Prototyp mit dem Kennzeichen D-9280 machte seinen Erstflug im Dezember 1974. Von 1975 bis 1977 sind 40 Exemplare der ASK-18 gebaut worden. Eine Version mit nur 15 m Spannweite und der Bezeichnung ASK-18 B wurde nach Finnland geliefert.

Muster:	ASK-18
Konstrukteur:	Rudolf Kaiser
Hersteller:	Alexander Schleicher
Erstflug:	Dezember 1974
Serienbau:	1975 bis 1977
Hergestellt insgesamt:	40
Zugelassen in Deutschland:	20
Anzahl der Sitze:	1
Spannweite:	16,00 m (Flügel der Ka 6 E außen um je 0,50 m verlängert)
Flügelfläche:	12,99 m²
Streckung:	19,71
Flügelprofil:	NACA-Profile wie Ka 6
Rumpflänge:	7,00 m
Leitwerk:	konventionelles Kreuzleitwerk
Bauweise:	Holz, Rumpf aus Stahlrohr
Rüstgewicht:	215 kp
Maximales Fluggewicht:	335 kp
Flächenbelastung:	25,79 kp/m²
Geringstes Sinken:	0,62 m/s bei 70 km/h
Bestes Gleiten:	32 bei 75 km/h

ASW-19

Die ASW-19 und die ASW-20 sind die derzeitigen Verkaufsschlager der Firma Schleicher. Lieferzeiten wie in früheren Ka-6-Tagen sind fast wieder üblich. Dabei kam Schleicher mit der ASW-19 relativ spät auf den Markt, nachdem die ASW-15 B am Auslaufen war. Von diesem Flugzeug wurde der komplette Tragflügel übernommen, allerdings wurde fertigungstechnisch einiges geändert. So wird jetzt kein Balsaholz mehr verwendet, wie es auch noch bei der ASW-17 verarbeitet wird. Neu für die ASW-19 ist der Rumpf, der in Anlehnung an die ASW-17 entstanden ist. Ganz neu sind die Leitwerke, die bei Schleicher zum ersten Mal seit der ASW-12 wieder als T-Leitwerke angeordnet sind. Der Prototyp mit dem Kennzeichen D-1909 flog zum ersten Mal am 13. November 1975 in Langenlonsheim. In den beiden ersten Jahren der Serienfertigung, 1966 und 1967, haben bereits 164 Exemplare der ASW-19 die Fertigungshallen in Poppenhausen verlassen.

Muster:	ASW-19
Konstrukteur:	Gerhard Waibel
Hersteller:	Alexander Schleicher
Erstflug:	November 1975
Serienbau:	ab 1976
Hergestellt insgesamt:	164
Anzahl der Sitze:	1
Spannweite:	15,00 m (Standard-Klasse)
Flügelfläche:	11,00 m²
Streckung:	20,45
Flügelprofil:	FX 61-163 innen FX 60-126 außen
Rumpflänge:	6,80 m
Leitwerk:	gedämpftes T-Leitwerk
Bauweise:	GFK
Rüstgewicht:	250 kp
Maximales Fluggewicht:	408 kp
Flächenbelastung:	30,0 kp/m² bis 37,1 kp/m²
Geringstes Sinken:	0,65 m/s bei 73 km/h
Bestes Gleiten:	38 bei 105 km/h (Werksangaben)

ASW-20

Was vor etwa zehn Jahren nur in Ausnahmefällen üblich war, nämlich die Verwendung einzelner Bauteile (z. B. Phoebus-Rumpf und Leitwerke für Flügel mit 15 m und 17 m Spannweite) für mehrere Flugzeuge, wird heute von fast allen Herstellern mit einem größeren Produktionsprogramm gemacht. Bei Schleicher gilt dies für die Rümpfe von ASW-19 und ASW-20, die nahezu identisch sind. Die ASW-20 ist also so etwas wie der Wölbklappenbruder der ASW-19. Dabei liegt die Flügelfläche mit 10,50 m² für die ASW-20 am oberen Wert dieser Klasse, und als einziger mit Ausnahme des Speed-Astir von Grob verwendet Gerhard Waibel für den Flügel nicht das Wortmann-Profil FX 67-K-170/150, sondern bleibt seinem alten Wölbklappenprofil treu, das von der D-36 über die ASW-12 und die ASW-17 nunmehr bis zur ASW-20 reicht. An der Wurzel ist das modifizierte FX 62-K-131 aufge-

Rechte Seite:

Oben: Die ASW-19 ist Nachfolger der ASW-15
Unten: Schleichers Beitrag zur 15-Meter-Klasse heißt ASW-20

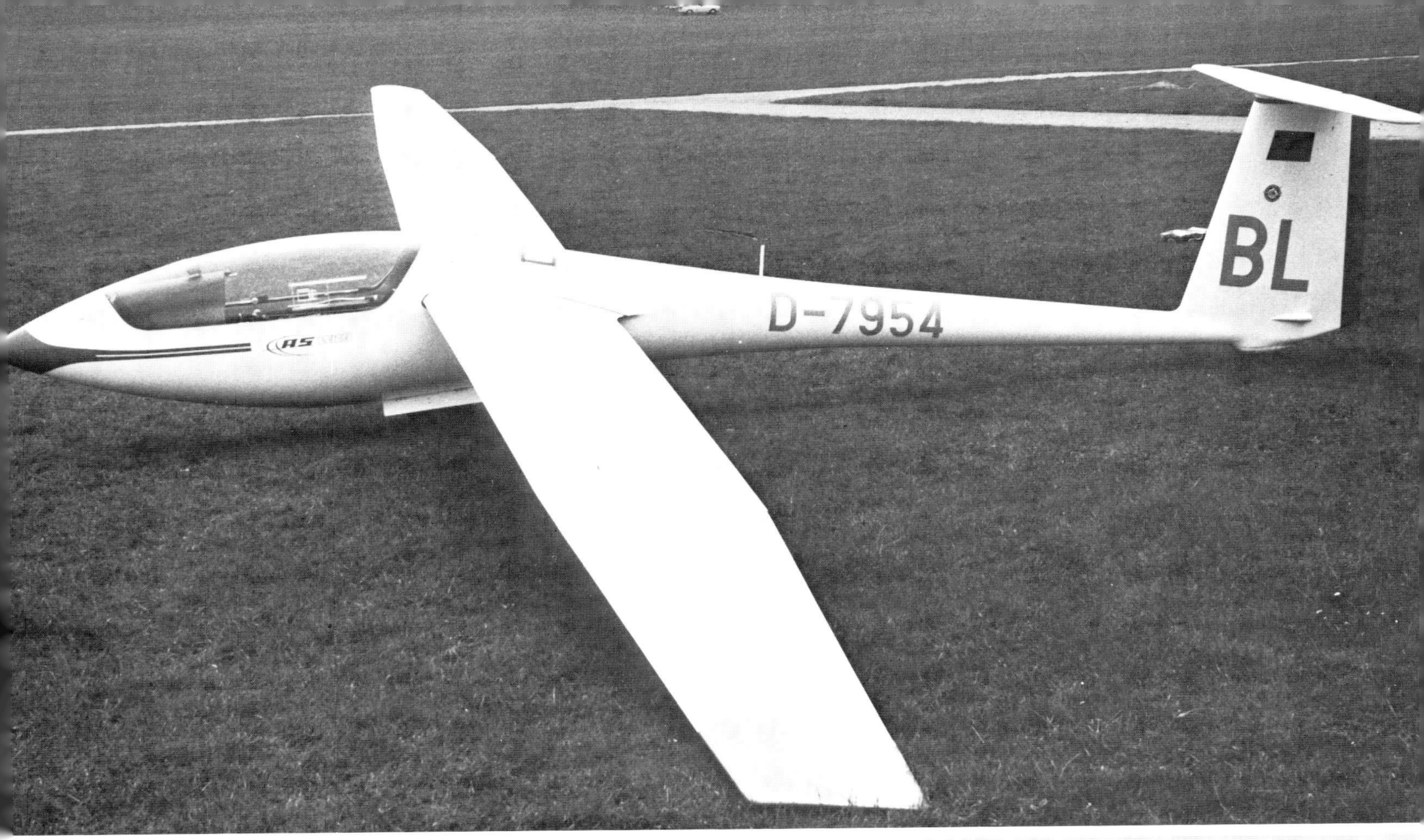
BL
D-7954

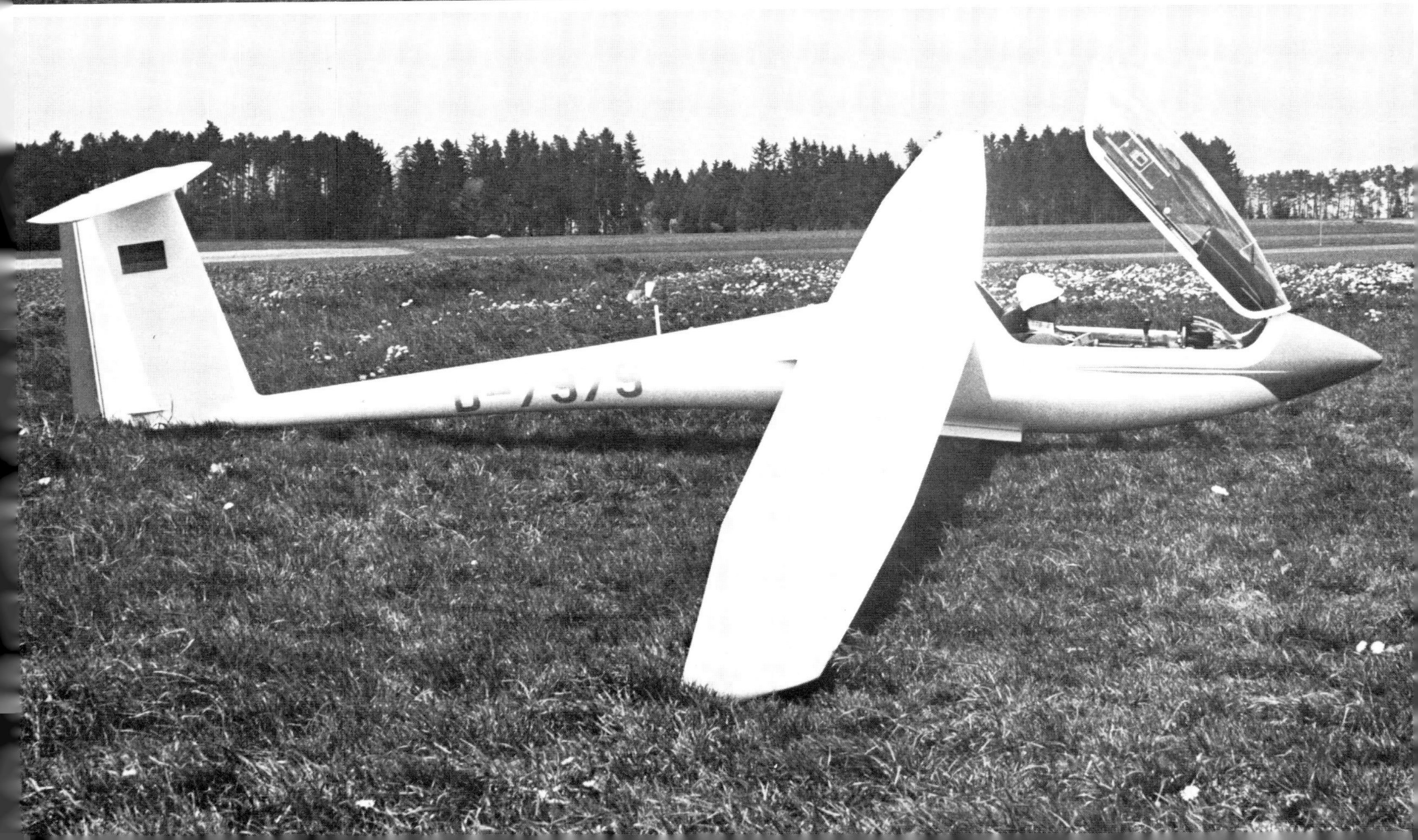

dickt auf 14,7 %, am Trapezknick hat es eine Dicke von 14,1 % und im Querruder wird das FX 60-126 eingestrakt. Der Doppeltrapezflügel hat wie die ASW-19 nach oben ausfahrende Schempp-Hirth-Bremsklappen aus Metall, die zusammen mit der Landestellung der Wölbklappen eine gute Gleitwinkelsteuerung ermöglichen. Das Seitenleitwerk ist genau von der ASW-19 übernommen, während das Höhenleitwerk eine um 20 cm kleinere Spannweite hat.

Der Erstflug der ASW-20 mit dem Kennzeichen D-8020 fand am 29. 1. 1977 in Schweinfurt/Süd statt. Im ersten Jahr sind bereits 42 Serienmaschinen gebaut worden.

Ein sehr interessantes Flugzeug ist die ASW-XV (XV = Xray-Victor) mit dem Kennzeichen D-1110. Gerhard Waibel vertritt nämlich die Meinung, daß ein Optimum an Leistung und Handlichkeit nicht bei einer Spannweite von 15 Metern sondern eher bei etwa 17 m liegt. Daraus erklärt sich wohl auch die Beliebtheit der Kestrel, die auch heute noch einen stolzen Preis am Gebrauchtmarkt hat. Wenn die 15-m-Klasse erst einmal gesättigt ist, dürften insbesondere manche Nicht-Wettbewerbsflieger auf eine 17-m-Wölbklappenmaschine umsteigen. Die ASW-XV ist eine auf 16,55 m vergrößerte ASW-20. Um das Gewicht niedrig zu halten, ist der Rumpf in KFK-Bauweise hergestellt. So ist es sehr beachtlich, daß die XV sogar noch leichter als die ASW-20 ist (Rüstgewicht 250

Muster:	ASW-20
Konstrukteur:	Gerhard Waibel
Hersteller:	Alexander Schleicher
Erstflug:	Januar 1977
Serienbau:	ab 1977
Hergestellt insgesamt:	42
Anzahl der Sitze:	1
Spannweite:	15,00 m (15-Meter-Klasse)
Flügelfläche:	10,50 m^2
Streckung:	21,43
Flügelprofil:	FX 62-K-131 modifiziert
Rumpflänge:	6,80 m
Leitwerk:	gedämpftes T-Leitwerk
Bauweise:	GFK
Rüstgewicht:	255 kp
Flächenbelastung:	30,5 kp/m^2 bis 43,2 kp/m^2
Maximales Fluggewicht:	454 kp

Flugleistungen (Vergleichsmessungen Schleicher):

Geringstes Sinken:	0,58 m/s bei 80 km/h
Bestes Gleiten:	43 bei 93 km/h

Beim Einzelstück ASW-XV ist die Spannweite auf 16,55 Meter vergrößert

kp). Die Flügelfläche beträgt 11,02 m² und die Streckung ist mit 24,72 recht hoch. Das beste Gleiten wird mit 45 bei 100 km/h angegeben.

ASK-21

Die ASK-21 ist der erste Kunststoff-Doppelsitzer von Schleicher und das erste Kunststoff-Segelflugzeug von Rudolf Kaiser. Ursprünglich sollte das Rumpfhinterteil eine Stahlrohrkonstruktion mit einer GFK-Verkleidung werden, dann hat man sich doch zu einer reinen GFK-Konstruktion durchgerungen. Der Entwurf zielt bewußt auf eine Verwendung in den Vereinen ab, deshalb wurde auf Wölbklappen verzichtet und auch zugunsten der Handlichkeit die ursprüngliche Spannweite von 17,50 m auf genau 17 Meter reduziert. Die ASK-21 erhält einen einfachen Trapezflügel mit gerader Vorderkante und dem Profil FX S02-196, wie es schon beim Standard-Cirrus verwendet wurde. Der Rumpf bekommt ein festes Hauptrad mit einem Bugrad nach Art des Janus. Die V-Form des Tragflügels beträgt vier Grad und als Landehilfe dienen Schempp-Hirth-Klappen.

Anfang 1978 waren die Urmodelle fertig, so daß der Erstflug noch im Jahre 1978 wird stattfinden können.

Muster:	ASK-21
Konstrukteur:	Rudolf Kaiser
Hersteller:	Alexander Schleicher
Erstflug:	vorauss. 1978
Zahl der Sitze:	2
Spannweite:	17,00 m
Flügelfläche:	17,95 m²
Streckung:	16,10
Flügelprofil:	FX S02-196 innen
	FX 60-126 außen
Rumpflänge:	8,35 m
Leitwerk:	gedämpftes T-Leitwerk
Bauweise:	GFK
Rüstgewicht:	etwa 370 kp
Maximales Fluggewicht:	570 kp
Flächenbelastung:	25,6 kp/m² bis 31,8 kp/m²

Flugleistungen (Werksangaben gerechnet):

Geringstes Sinken:	0,72 m/s bei 75 km/h
Bestes Gleiten:	35 bei 90 km/h

Schulgleiter SG-38

Ein restaurierter Schulgleiter SG-38 bei einem Flugtag im September 1976 in Hilzingen bei Singen

Der Schulgleiter SG-38 entstand im Jahre 1938 aus den gemeinsamen Erfahrungen der damaligen Segelflugschulen. Eine Entwicklungslinie läuft über den »Hols der Teufel« von Lippisch und den Zögling von Stamer und andererseits wurden die Erfahrungen von Espenlaub/Schneider mit der ESG und der Grunau-9 verwertet. Als Konstrukteure werden Rehberg/Schneider/Hofmann aus Grunau angegeben. Die Grundkonzeption des SG-38 stammt noch aus den Anfängen der Segelfliegerei, wo eine Doppelsitzerschulung noch nicht zur Diskussion stand. Seinen Höhepunkt erlebte der Schulgleiter in den Jahren von 1938 bis etwa 1943, wo tausende dieser Geräte gebaut wurden und in der verlustreichen Einsitzerschulung Verwendung fanden. Aber auch nach der Wiederzulassung des Segelfluges fingen viele neugegründete Segelfluggruppen mit dem Schulgleiter wieder ganz von vorne an. Einmal kam man mit wenig Geld und Aufwand wieder zum Fliegen oder wenigstens zum Rutschen, und zum anderen fehlten die preiswerten und handlichen Doppelsitzer, die erst nach und nach zum Zug kamen. Noch 1960 waren 132 Schulgleiter in Deutschland zugelassen. Mit der SG-38 wurde hauptsächlich mit dem Gummiseil geschult oder, dann schon mit verkleidetem Führersitz (Boot), an der Bugkupplung mit der Winde geschleppt. Der Fluglehrer stand dabei mit einer Fahne am Boden, um durch Winkzeichen auf den Schüler einzuwirken. Weiteres wichtiges Requisit war die Stoppuhr, mit der die Flugzeit in Sekunden gemessen wurde. Der sonntägliche Flugbetrieb dauerte regelmäßig bis zum mehr oder weniger großen Bruch, der dann wieder bis zum nächsten Sonntag repariert wurde. Welche Entwicklung ist doch auch gerade hier in den letzten 25 Jahren vor sich gegangen. Heute sind nun zur Demonstration an Flugtagen oder einfach nur aus Gaudi wieder ein oder zwei Schulgleiter neu zugelassen worden. Charakteristisch für dieses Flugzeug sind der hohe Spannturm, der Gitterrumpf und die Rechteckflügel und -leitwerke. Das »Cockpit« läßt sich mit einem Boot aus zwei Halbschalen verkleiden. Die hohe Kufe ist mit zwei Stoßdämpfern gefedert. Eine Wissenschaft für sich ist das richtige Verspannen des Gerätes, das einige Zeit in Anspruch nimmt. Die SG-38 hat keine beplankte Sperrholznase im heutigen Sinn, sondern zwei gegeneinander ausgekreuzte Brettholme. Der Schwerpunkt des Gleitflugzeuges konnte mit Trimmgewichten an der Rumpfspitze oder am Leitwerk korrigiert werden. Die Maximalgeschwindigkeit der SG-38 beträgt 60 km/h. Der Geschwindigkeitsbereich und die Flugleistungen entsprechen in etwa den heutigen Drachenfliegern.

Muster:	Schulgleiter SG-38
Konstrukteur:	Rehberg/Schneider/Hofmann
Hersteller:	versch. Firmen + Amateurbau
Erstflug:	1938
Hergestellt insgesamt:	mehrere 1000
Zugelassen in Deutschland:	2 (D-8146 + D-8958)
Anzahl der Sitze:	1
Spannweite:	10,41 m
Flügelfläche:	16,00 m²
Streckung:	6,77
Flügelprofil:	keine nähere Bezeichnung
Rumpflänge:	6,28 m
Leitwerk:	normales Kreuzleitwerk
Bauweise:	Holz
Rüstgewicht:	125 kp (mit Boot)
Maximales Fluggewicht:	210 kp
Flächenbelastung:	13,1 kp/m²
Flugleistungen:	
Geringstes Sinken:	etwa 1,5 m/s
Bestes Gleiten:	etwa 10

Sie-3

Die Sie-3 ist ein Holzflugzeug der Standard-Klasse

Als Weiterentwicklung der Ka 6 kann man die Sie-3 bezeichnen, von der in den Jahren 1970 bis 1974 von der Firma Paul Siebert in Münster insgesamt 27 Stück gebaut wurden. Siebert ist vor allen Dingen auch daher bekannt, weil er von 1960 bis 1970 in Lizenz der Firma Schleicher 131 Exemplare der Ka 6 CR hergestellt hat. Konstrukteur der Sie-3 ist der inzwischen verstorbene Wilhelm Kürten, besser bekannt unter Peter Kürten. Der Prototyp mit dem Kennzeichen D-0085 flog zum ersten Mal im Jahre 1968. Die Sie-3 ist ein Flugzeug der damaligen Standard-Klasse mit einem festen Rad. Im Gegensatz zur Ka 6 ist die lange geblasene Haube voll eingestrakt und das Seitenleitwerk ist leicht gepfeilt. Das Pendel-Höhenleitwerk ist wieder nach Art der Ka 6 E ausgebildet. Neu an der Sie-3 ist der Rechteck-Trapezflügel mit dem Wortmann-Profil FX 61-184, das von vielen anderen Standard-Klassen-Flugzeugen her bekannt ist. Als Landehilfe sind doppelseitige Schempp-Hirth-Bremsklappen eingebaut. Trotz des relativ kurzen Rumpfes ist das Cockpit recht geräumig. Die Haube wird nach der Seite geöffnet. Die Flugeigenschaften entsprechen etwa der Ka 6 E und auch die Flugleistungen dürften in diesem Bereich liegen. Die Musterzulassung wurde am 30. 6. 72 erteilt.

Muster:	Sie-3
Konstrukteur:	Wilhelm Kürten
Hersteller:	Paul Siebert, Münster
Erstflug:	1968
Serienbau:	1970 bis 1974
Hergestellt insgesamt:	27
Zugelassen in Deutschland:	19
Anzahl der Sitze:	1
Spannweite:	15,00 m
Flügelfläche:	11,84 m²
Streckung:	19,00
Flügelprofil:	FX 61-184 durchgehend
Rumpflänge:	5,91 m
Leitwerk:	Kreuzleitwerk mit Pendelruder
Bauweise:	Holz
Rüstgewicht:	215 kp
Maximales Fluggewicht:	340 kp
Flächenbelastung:	25,8 kp/m² bis 28,7 kp/m²

Flugleistungen (Herstellerangaben):

Geringstes Sinken:	0,64 m/s bei 78 km/h
Bestes Gleiten:	34 bei 85 km/h

Slingsby T-59 D

Hinter dieser etwas fremden Bezeichnung verbirgt sich ein recht bekanntes Flugzeug, nämlich die Glasflügel-Kestrel in einer Version mit 19 Metern Spannweite. Nach Einstellung der Kestrel-Fertigung in Deutschland erwarb die bekannte englische Firma die Lizenzrechte, stellte zuerst auch eine Anzahl der üblichen 17-Meter-Kestrels her und vergrößerte dann die Spannweite auf 19 Metern. Der Prototyp der 19-Meter-Kestrel hatte als erstes Flugzeug einen Holm aus Kohlefasern, der aber für die Serienfertigung zu teuer war. Später gab es aus der T-59 D sogar eine Version mit 22 Metern Spannweite, wobei zusätzliche Innenflügel von je 1,5 Metern Spannweite in den Rumpf eingeschoben wurden. So konnte also wahlweise mit 19 Metern oder 22 Metern geflogen werden. Außer in England ist die T-59 D noch in Italien, Australien und Neuseeland vertreten. In den USA sind neun 19-Meter-Kestrel und in Deutschland drei Exemplare dieses Flugzeuges zugelassen. Der Unterschied im Rüstgewicht zwischen der 17-Meter- und der 19-Meter-Kestrel beträgt immerhin 65 kp. Seit 1977 stellt Slingsby ein Renn-Klasse-Flugzeug mit der Bezeichnung Vega her.

Muster:	Slingsby T-59 D (19-m-Kestrel)
Konstrukteur:	Glasflügel/Slingsby
Hersteller:	Vickers-Slingsby, England
Erstflug:	1974
Serienbau:	1974 bis 1977
Hergestellt insgesamt:	etwa 100
Zugelassen in Deutschland:	3
Anzahl der Sitze:	1
Spannweite:	19,00 m
Flügelfläche:	12,80 m^2
Streckung:	28,20
Flügelprofil:	FX 67-K-170 innen, FX 67-K-150 außen
Rumpflänge:	6,72 m
Leitwerk:	gedämpftes T-Leitwerk
Bauweise:	GFK
Rüstgewicht:	325 kp
Maximales Fluggewicht:	471 kp
Flächenbelastung:	31,3 kp/m^2 bis 36,8 kp/m^2

Flugleistungen (DFVLR-Messung 1976):

Geringstes Sinken:	0,57 m/s bei 84 km/h
Bestes Gleiten:	44 bei 96 km/h

Rechte Seite:

Die in England gebaute 19-Meter-Kestrel hat die Bezeichnung Slingsby T-59 D

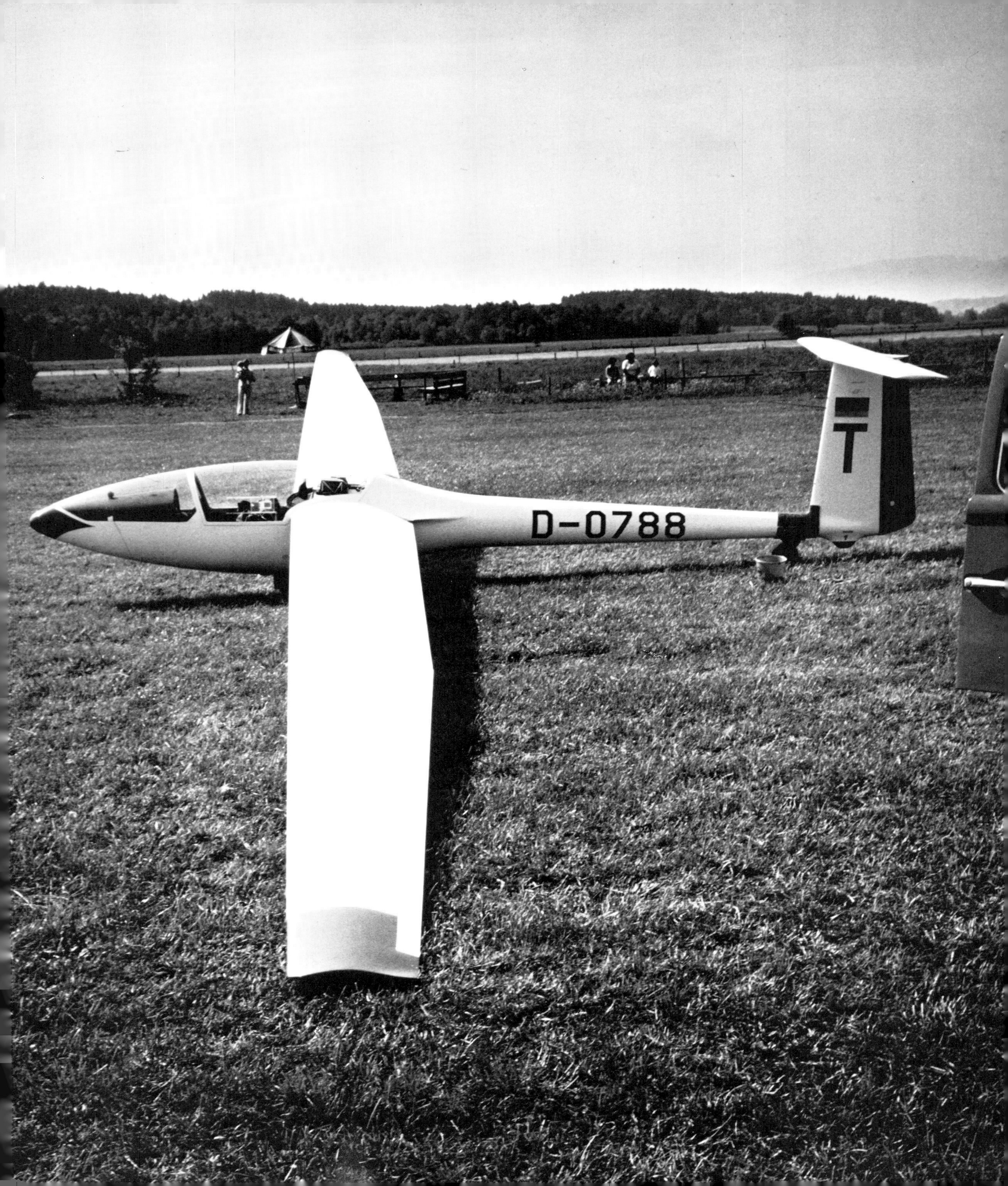
T
D-0788

SP-1 V1

Die SP-1 ist ein Einzelstück in Deutschland, das wohl nur wenigen Segelfliegern bekannt ist. Es handelt sich um einen Kunstflugeinsitzer mit einer Spannweite von 10 Metern. Das Musterflugzeug wurde 1954 gebaut. Leider läßt sich heute nicht mehr feststellen, wieviele Flugzeuge hergestellt worden sind. Der seit 1973 in Karlsruhe-Forchheim stationierte Prototyp mit dem Kennzeichen D-7207 hat auf alle Fälle einen motorisierten Bruder mit dem Kennzeichen D-KEDA, den Fridolin Wezel lange Zeit auf dem Übersberg bei Reutlingen stationiert hatte. Der einteilige Flügel der SP-1 hat Rechteck-Trapezform mit gerade durchlaufendem Holm. Der Rumpf ist eine Stahlrohrkonstruktion mit einer langen gefederten Kufe und einem Abwurffahrwerk. Die geblasene Plexiglashaube sowie eine Flügelabdeckung werden aufgesetzt. Die SP-1 hat einen gefederten Sporn und konventionell aufgebaute Leitwerke. Als Landehilfe dienen Störklappen auf der Flügeloberseite. Die Höchstgeschwindigkeit bei ruhigem Wetter beträgt 260 km/h. Vorletzter Besitzer der SP-1 war der Segelkunstflieger Rudi Matthes, während sie jetzt in den Händen von Friedrich Linner ist.

Muster:	SP-1 V1
Konstrukteur:	J. Schröder, Aachen + H. Peters, Fulda
Hersteller:	Flugzeugbau Köhler/Peters, Engelheim bei Fulda
Erstflug:	1954
Hergestellt insgesamt:	nicht bekannt
Zugelassen in Deutschland:	1 (D-7207)
Anzahl der Sitze:	1
Spannweite:	10,00 m
Flügelfläche:	9,90 m²
Streckung:	10,10
Rumpflänge:	6,10 m
Leitwerk:	normales Kreuzleitwerk
Bauweise:	Holz, Rumpf aus Stahlrohr
Rüstgewicht:	145 kp
Maximales Fluggewicht:	255 kp
Flächenbelastung:	25,8 kp/m²

Flugleistungen (Daten geschätzt):

Geringstes Sinken:	0,90 m/s bei 70 km/h
Bestes Gleiten:	etwa 20 bei 80 km/h

Ein Einzelstück ist die Kunstflugmaschine SP-1 V1 mit zehn Metern Spannweite

Spalinger S-18 III

Die einzige in Deutschland zugelassene S-18 des berühmten Schweizer Konstrukteurs Jakob Spalinger

Jakob Spalinger, Jahrgang 1898, ist der bekannteste Segelflugzeug-Konstrukteur aus der Schweiz. Heute in Hergiswil in der Gegend von Luzern lebend, sollte Spalinger schon am Wasserkuppe-Wettbewerb des Jahres 1920 teilnehmen, wodurch er aber wegen eines Beinbruches verhindert wurde. Eine ganze Reihe erfolgreicher Konstruktionen trägt seinen Namen. S-15, S-18, S-19 und der Doppelsitzer S-21 sind Flugzeuge, die teilweise heute noch in der Schweiz zugelassen sind. Eine S-19 mit dem Schweizer Kennzeichen HB-225 ist gar Baujahr 1937 und immer noch flugtüchtig. Dazu muß man wissen, daß in der Schweiz alle je zugelassenen Segelflugzeuge der Reihe nach durchnumeriert wurden, und einmal zugeteilte Kennzeichen nicht mehr vergeben werden. Das älteste Flugzeug ist heute ein Grunau Baby II, Baujahr 1933, mit dem Kennzeichen HB-087, und Anfang 1978 ist man etwa bei HB-1350 angekommen. Im Jahre 1966 flog der Verfasser selbst noch eine Baby-ähnliche S-15 mit dem Kennzeichen HB-413 bei einer befreundeten Fliegergruppe in der Schweiz, die immerhin einige Jahre älter als ihr Pilot war. Die Geschichte der S-18, von der noch einige Exemplare in der Schweiz zugelassen sind, begann im Jahre 1936. Ein Jahr später entstand dann die S-18 III mit vergrößerter Spannweite und schlankerem Rumpf. Die in Deutschland zugelassene S-18 III mit dem Kennzeichen D-9329 ist Baujahr 1942, hat die Werk-Nr. 352 und führte ihren Erstflug am 23. 8. 1942 durch. Die S-18 hat einen sehr eleganten Knickflügel von 14,30 m Spannweite. Der Rumpf ist eine schöne Holzschalen-Konstruktion mit einer dünnen Kufe und einem Abwurffahrwerk. Die Leitwerke sind als normales Kreuzleitwerk ausgebildet mit der Höhenflosse fest auf dem Rumpf aufliegend. Von 1935 bis 1943 sind insgesamt 55 S-18 in der Schweiz gebaut worden und Jakob Spalinger selbst hat mit einer S-18 die erste Schweizer Segelflugmeisterschaft des Jahres 1937 gewonnen. Noch 1959 flog Rudolf Seiler mit einer S-18 einen Streckenflug mit 396 km von Altenrhein nach Grenoble.

Muster:	S-18 III
Konstrukteur:	Jakob Spalinger, Schweiz
Hersteller:	Bau AG Wynau/Schweiz + Amateurbau
Erstflug:	1937
Serienbau:	1935 bis 1943
Hergestellt insgesamt:	55
Zugelassen in Deutschland:	1 (D-9329)
Anzahl der Sitze:	1
Spannweite:	14,30 m
Flügelfläche:	14,16 m²
Streckung:	14,44
Flügelprofil:	Gö 535/Gö 595
Rumpflänge:	6,47 m
Leitwerk:	normales Kreuzleitwerk
Bauweise:	Holz
Rüstgewicht:	158 kp
Maximales Fluggewicht:	243 kp
Flächenbelastung:	16,8 kp/m²
Flugleistungen:	
Geringstes Sinken:	0,68 m/s bei 57 km/h
Bestes Gleiten:	24 bei 71 km/h

Start + Flug: Salto, Hippie, Globetrotter

Die Firma Start + Flug entstand im Jahre 1970 aus den Bemühungen von Frau Ursula Hänle, die Hütter H-30-GFK, eines der ersten Kunststoff-Segelflugzeuge, nach Überarbeitung des damals bereits zehn Jahre alten Entwurfes in Serie zu bauen. Es erfolgte die Trennung von Glasflügel (Eugen Hänle), und die Fabrikationsräume der neuen Firma wurden auf dem Fluggelände in Saulgau errichtet. Nach Saulgau verlegte später auch Glasflügel in einer ebenfalls neu errichteten Halle die Fertigmontage. Bei Start+Flug wurden in den Jahren von 1970 bis 1978 folgende Flugzeuge gebaut:

Salto	H-101	1970 bis 1978	57
Hippie	H-111	1974 bis 1978	35
Globetrotter	H-121	1977 bis 1978	1

Seit mehreren Jahren war die Firma Start + Flug finanziell nicht besonders gut gestellt. Die Vorbereitungen für die Serienfertigung des Doppelsitzers brachen dann dem Betrieb, der zuletzt noch sieben Mitarbeiter beschäftigte, ganz das Genick. Am 21. 4. 1978 mußte der Konkurs eröffnet werden. Zum Zeitpunkt des Berichtes war es unklar, ob eine Nachfolgefirma gefunden werden kann und wer die Musterbetreuung übernehmen wird.

Salto H-101

Der Salto geht mit den wichtigsten Konstruktionsmerkmalen auf die H-30-GFK zurück, die heute noch in Saulgau existiert. Allerdings wurde das Flugzeug mit dem Kennzeichen D-8415 schon seit Jahren nicht mehr geflogen. Übernommen wurde für den Salto die Rumpfform und das V-Leitwerk, während der Flügel in einer Originalform der Standard-Libelle gebaut wurde. An der Wurzel wurde jede Tragflügelhälfte um 0,70 m gekürzt, so daß sich eine Spannweite von 13,60 m ergibt. Dies geschah hauptsächlich im Hinblick auf die Zulassung im Kunstflug, die zudem verstärkte Holmgurte und einen zusätzlichen Hilfsholm erforderte. Die Schempp-Hirth-Klappen der Libelle wurden durch vierteilige Drehbremsklappen ersetzt, die weniger Probleme beim Ausfahren in hohen Geschwindigkeiten hatten. Später wurde dann der maximale Ausschlag für die Landung auf 90 Grad vergrößert. Der Prototyp des Salto mit dem Kennzeichen D-2040 wurde noch in Schlattstall gebaut und am 6. März 1970 von Huldreich Müller in Karlsruhe eingeflogen. Das Flugzeug gehörte ursprünglich Ursula Hänle selbst, ist seit einigen Jahren im Ravensburger Verein und seit 1978 in Mengen stationiert. Die Blütezeit der Salto-Herstellung lag um 1973, wo von 10 Beschäftigten zwei bis drei Flugzeuge im Monat gebaut wurden. Von den insgesamt 57 hergestellten Saltos sind etwa 10 Flugzeuge in den USA und Australien und ein Exemplar in der Schweiz. Gegenüber dem Prototyp, wie er heute noch auf Zeichnungen zu sehen ist, gab es zur Verbesserung der Trudeleigenschaften Änderungen im Leitwerk. Zugunsten einer Vergrößerung der Flosse wurde das Höhenruder verkleinert. Alwin Güntert, in den letzten Jahren der füh-

D-0924

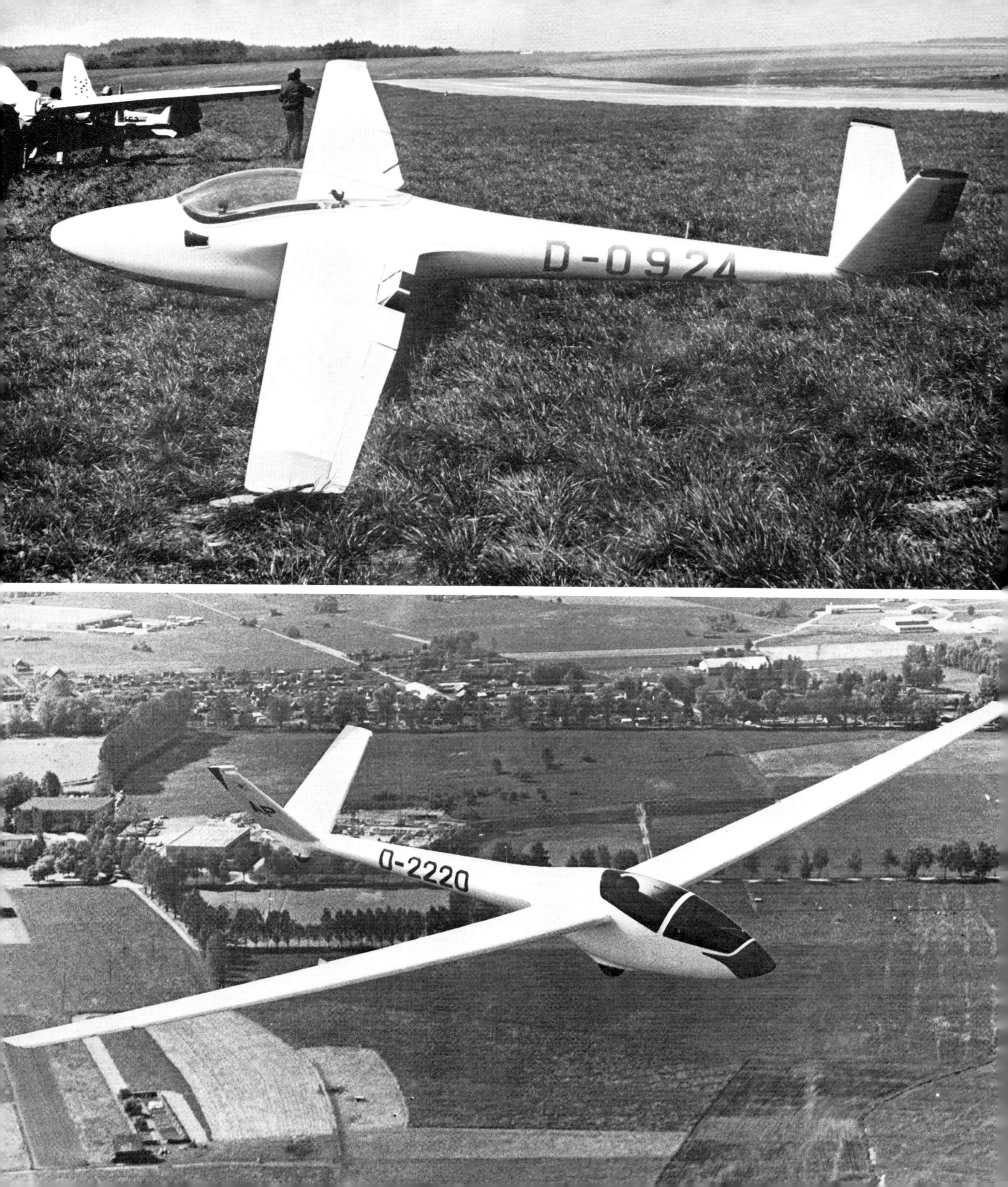

D-2220

rende Mann in der Fertigung, baute sich einen Bruch-Salto um, indem er durch Aufsteckflügel die Spannweite auf 15,53 m vergrößerte. Die etwas ungrade Abmessung ergab sich durch die maximale Unterbringungsmöglichkeit im vorhandenen Hänger. Außerdem Flügel wurde das Rumpfvorderteil geändert, die Haube zweiteilig ausgeführt und der Rumpf-Flügel-Übergang mit einem kleineren Radius ausgestattet. Dieser 15-m-Salto hat trotz des festen Rades eine vermessene Gleitzahl von 37, steigt gut, und hat auch wegen des steifen Flügels gute Leistungen im Schnellflug. Acht Flugzeuge sind bisher mit diesen Aufsteckflügeln umgerüstet worden, davon zwei in den USA und der eine Salto in der Schweiz. Selbstverständlich läßt sich diese Version ohne Spannweitenvergrößerung nach wie vor im Kunstflug einsetzen. Gleichzeitig sind auch viele Saltos auf Spornrad und Bremsschirm umgerüstet worden.

Muster:	Salto H-101
Konstrukteur:	Wolfgang Hütter/Ursula Hänle
Hersteller:	Start + Flug, Saulgau
Erstflug:	6. März 1970
Serienbau:	1970 bis 1978
Hergestellt insgesamt:	57
Zugelassen in Deutschland:	35
Anzahl der Sitze:	1
Spannweite:	13,60 m (Spannweitenvergrößerung durch Aufsteckflügel auf 15,53 m möglich)
Flügelfläche:	8,58 m^2
Streckung:	21,56
Flügelprofil:	FX 66-17-All-182
Rumpflänge:	5,95 m
Leitwerk:	gedämpftes V-Leitwerk
Bauweise:	GFK
Rüstgewicht:	182 kp
Maximales Fluggewicht:	310 kp
Flächenbelastung:	31,7 kp/m^2 bis 36,1 kp/m^2

Flugleistungen (DFVLR-Messung 1971):

Geringstes Sinken:	0,72 m/s bei 81 km/h
Bestes Gleiten:	33,5 bei 93 km/h

Linke Seite:

Oben: Kennzeichnend für den Salto sind V-Leitwerk und Drehbremsklappen
Unten: Der Prototyp des vergrößerten Salto über Saulgau

Hippie H-111

Mit der Drachenflugbewegung wurden in Deutschland auch die Einfachst-Segelflugzeuge wieder interessant. Wie zu Beginn der Segelflugbewegung hatten diese Geräte relativ kleine Abmessungen und geringes Gewicht. Nur standen diesmal gesicherte aerodynamische Erkenntnisse und die neuen Werkstoffe zur Verfügung. Ursula Hänle konstruierte mit dem Hippie den ersten Ultraleichten in Deutschland. Für dieses Gleitflugzeug war nur eine einfache Zulassung erforderlich, und der Hippie kann ohne Luftfahrerschein geflogen werden. Der in einzelnen Segmenten aufgebaute Tragflügel von durchgehend 0,90 m Tiefe hatte zuerst 8 Meter, dann 9 Meter und zuletzt 10 Meter Spannweite. Der Steuerknüppel ist hängend angeordnet. Der abgestrebte Schulterdecker hat aerodynamische Ruder um alle Achsen. Der Rumpf ist eine Stahlrohrkonstruktion und hat in der Serie einen GFK-Rahmen für den Pilotensitz. Das gedämpfte T-Leitwerk ist ebenfalls aus Stahlrohr aufgebaut und mit einer Kunststoff-Folie bespannt. Von 1974 bis 1978 sind etwa 35 Hippies gebaut worden, davon etwa 15 aus Baukästen. Zwei bis drei Geräte sind in Spanien und ebenso viele in Kalifornien. Den Erstflug hatte Alwin Güntert am 18. August 1974 in Saulgau durchgeführt.

Muster:	Hippie H-111
Konstrukteur:	Ursula Hänle
Hersteller:	Start + Flug, Saulgau
Erstflug:	18. August 1974
Serienbau:	1974 bis 1978
Hergestellt insgesamt:	etwa 35
Zugelassen in Deutschland:	etwa 30
Anzahl der Sitze:	1
Spannweite:	10,00 m
Flügelfläche:	9,00 m^2
Streckung:	11,11
Flügelprofil:	FX S 02
Rumpflänge:	4,80 m
Leitwerk:	gedämpftes T-Leitwerk
Bauweise:	GFK, KFK, Stahlrohr
Rüstgewicht:	48 kp
Maximales Fluggewicht:	133 kp
Flächenbelastung:	14,8 kp/m^2

Flugleistungen (Werksangaben):

Geringstes Sinken:	etwa 1,3 m/s bei 40 km/h
Bestes Gleiten:	etwa 12 bei 45 km/h

D-7111

Globetrotter H-121

Zuerst sollte der neue Doppelsitzer von Ursula Hänle Schulmeister heißen, bis man sich dann doch für Globetrotter entschied. Der Prototyp mit dem Kennzeichen D-7111 war zwei Jahre im Bau, bis am 28. Juli 1977 Josef Späth den Erstflug in Saulgau durchführte. Am Entwurf war maßgeblich Walter Stender beteiligt. Im Gegensatz zu den Konkurrenzmustern sind die Sitze beim Globetrotter nebeneinander angeordnet, wobei der rechte Sitz um etwa 30 cm hinter dem linken Sitz liegt. Die Sitzposition ist auf beiden Sitzen recht angenehm, wenn natürlich nicht die Schulterbreite wie bei Doppelsitzern in Tandemanordnung gegeben ist. Zur Gewichtsersparnis ist die Rumpfröhre recht groß im Querschnitt gehalten. Als Hauptrad dient ein nicht einziehbares Piper-Rad, wie es auch bei den Scheibe-Motorfalken verwendet wird. Am Rumpfheck ist ein übliches Spornrad eingebaut. Die Leitwerke sind recht groß bemessen, das Höhenleitwerk ist gedämpft. Der Flügel hat dasselbe Eppler-Profil wie der Twin-Astir und Schempp-Hirth-Klappen auf der Oberseite. Das Mittelstück des dreiteiligen Flügels wiegt etwa 150 kp, während die Außenflügel je etwa 40 kp wiegen. Die Flügelnase hat keine Pfeilung. Der Prototyp hatte ein Rüstgewicht von 440 kp. Der zweite Flügel in Negativbauweise wurde wesentlich leichter, so daß der Prototyp mit diesem zweiten Flügel nur noch etwa 400 kp wog, was auch dem Twin-Astir entspricht. Die Flugeigenschaften dieses Prototyps zeigten keine Probleme und sind durchaus mit anderen Flugzeugen vergleichbar. Bei Auflösung der Firma Start + Flug war gerade der zweite Globetrotter im Bau, der aber wohl nicht mehr fertiggestellt werden wird. Immerhin waren bereits 30 Flugzeuge fest bestellt und auch angezahlt. Derzeit fliegt der erste Globetrotter bei der Akaflieg in Freiburg.

Muster:	Globetrotter H-121
Konstrukteur:	Walter Stender/ Ursula Hänle
Hersteller:	Start + Flug, Saulgau
Erstflug:	28. Juli 1977
Serienbau:	vorerst eingestellt
Hergestellt insgesamt:	1
Zugelassen in Deutschland:	1 (D-7111)
Anzahl der Sitze:	2
Spannweite:	17,00 m
Flügelfläche:	15,80 m^2
Streckung:	18,29
Flügelprofil:	Eppler 603
Rumpflänge:	7,66 m
Leitwerk:	gedämpftes T-Leitwerk
Bauweise:	GFK
Rüstgewicht:	400 kp
Maximales Fluggewicht:	600 kp
Flächenbelastung:	31,0 kp/m^2 bis 38,0 kp/m^2

Flugleistungen (Werksangaben):

Geringstes Sinken:	0,65 m/s bei 80 km/h
Bestes Gleiten:	36 bei 100 km/h

Linke Seite:

Oben: **In mehr als 30 Exemplaren wurde der Hippie gebaut**
Unten: **Das erste und vorläufig einzige Exemplar des Doppelsitzers Globetrotter mit nebeneinanderliegenden Sitzen**

Segelflugzeuge aus Polen (SZD-9 bis SZD-48)

Der Segelflugzeugbau und auch das Segelfliegen selbst hat in Polen einen hohen Leistungsstand. Heute kommen immer noch die meisten Inhaber von drei Diamanten aus Polen, und erst langsam werden sie von den Segelfliegern aus Deutschland eingeholt werden. Gerade auch im Flugzeugbau haben sich die Polen mit ihrer leistungsfähigen Industrie einen Namen gemacht. Nach dem Zweiten Weltkrieg sind in Polen insgesamt mehr als 3500 Segelflugzeuge hergestellt worden. Wohlklingende Namen sind darunter: Außer den nachfolgend näher beschriebenen Bocian, Foka, Pirat, Cobra und Jantar sind es Mucha, Jaskolka, Lis, Zefir, Orion und der Doppelsitzer Halny, zu denen sich erst in kürzester Zeit die SZD-48 Jantar-Standard 2 und der neue Kunststoff-Doppelsitzer Puchacz gesellen. Dabei haben es die Polen verstanden, immer gerade zu Weltmeisterschaften neue Konstruktionen vorzustellen, die zudem dann immer wieder auf den vorderen Rängen zu finden waren. Das Kunststoff-Zeitalter begann für die Polen im Jahre 1972 mit der SZD-39 Jantar-19.

SZD-9 Bocian

Der Doppelsitzer Bocian ist in Deutschland mit zwei Exemplaren vertreten, und auch in der Schweiz und in Österreich sind ein paar Flugzeuge dieses Musters mit dem charakteristischen Rumpf zugelassen. Das Rumpfvorderteil ist ähnlich wie bei der Mucha stark nach unten gezogen, was auch dem zweiten Sitz eine gute Sicht bietet. Die nicht aus einem Stück geblasene Haube ist zweiteilig, das Vorderteil öffnet nach der Seite und der hintere Teil läßt sich auf den Rumpf schieben. Der Bocian hat ein festes Rad mit einer kleinen Bugkufe. Die Leitwerke sind konventionell mit einem etwas hochgesetzten Höhenleitwerk mit Flettnertrimmung. Der Einfachtrapezflügel mit beachtlichen 20 m² Flächeninhalt hat Schempp-Hirth-Bremsklappen und eine negative Pfeilung von 5,5 Grad (Holm). Der Entwurf des Bocian stammt bereits aus dem Jahre 1952 und das Flugzeug wird heute immer noch gebaut. Der Bocian ist in üblicher Holzbauweise

Muster:	SZD-9 Bocian
Hersteller:	PZL, Bielsko-Biala, Polen
Erstflug:	1952 (Prototyp)
Hergestellt insgesamt:	nicht bekannt
Zugelassen in Deutschland:	2 (D-1587 + D-3047)
Anzahl der Sitze:	2
Spannweite:	18,10 m
Flügelfläche:	20,00 m²
Streckung:	16,38
Flügelprofil:	NACA 43018A/NACA 43012A
Rumpflänge:	8,21 m
Leitwerk:	übliches Kreuzleitwerk
Bauweise:	Holz
Rüstgewicht:	342 kp
Maximales Fluggewicht:	540 kp
Flächenbelastung:	23,9 kp/m² bis 27,0 kp/m²

Flugleistungen (Werksangaben):

Geringstes Sinken:	0,82 m/s bei 71 km/h
Bestes Gleiten:	26 bei 80 km/h

hergestellt. Die Akaflieg München erhielt ihren Bocian im Jahre 1959 und hat das Flugzeug mit dem Kennzeichen D-1587 auch heute noch in Königsdorf in Betrieb. Wie bereits an anderer Stelle beschrieben, erhielt die Akaflieg den Bocian von einem Anlieger des Fluggeländes in Prien geschenkt, als die Mü-22 a durch einen Absturz verloren ging. Der zweite Bocian ist in Ingolstadt zugelassen, ist Baujahr 1963 und trägt das Kennzeichen D-3047.

SZD-24-4A Foka-4

Mit der hauptsächlich in Holz gebauten Foka-4 erschienen die Polen zur Weltmeisterschaft 1960 in Köln in der Standard-Klasse. Auffallend an der Foka war der recht schlanke Rumpf mit dem gepfeilten Seitenleitwerk. Beide Konstruktionsmerkmale entsprangen dem damaligen Stand der Optimierungsbemühungen und wurden dann aber recht bald von der neueren Entwicklung überholt. Zunehmend fand schon mit der Foka der Kunststoff Eingang in den polnischen Segelflugzeugbau. Beim Rumpfvorderteil, im Cockpit selbst und bei den Übergängen wurde GFK verwendet. Auch die Sperrholzschale des Tragflügels bestand schon aus einem Sandwich unter Verwendung von Kunststoffen. Der Rumpf der Foka hat ein festes Rad mit einer langen schlanken Kufe. Das Höhenleitwerk ist wieder etwas hochgesetzt. Der Trapezflügel mit einem NACA-Profil hat sehr wirksame Schempp-Hirth-Bremsklappen. Die Foka ist für den Kunstflug und den Wolkenflug zugelassen. Neu an der Foka war auch die lange Haube, die sich zum Öffnen waagrecht nach vorne schieben läßt. Wie die meisten polnischen Segelflugzeuge ist auch die Foka in mehreren Baureihen hergestellt worden. Der Erstflug des Prototyps fand am 24. Mai 1960 statt. Die Foka-4, von der am meisten Flugzeuge gebaut wurden flog zum ersten Mal im Februar 1962. Eine weitere Baureihe ist die Foka-5 (SZD-32), die dann wie der Pirat ein T-Leitwerk hatte. Insgesamt sind mehr als 200 Flugzeuge des Musters Foka entstanden, die allerdings wohl schon alle mehr als 10 Jahre alt sind.

SZD-30 Pirat

Während die etwa 17 Fokas von Rolf Hatlapa aus Uetersen in die Bundesrepublik eingeführt wurden, wo sie sich nach und nach etwas dezimierten, da die Flugeigenschaften wirklich nicht ganz problemlos sind, brachte Ernst Michalk aus dem benachbarten Pinneberg die Piraten nach Deutschland und beantragte auch die Musterzulassung beim LBA. Der Pirat ist ein Übungs- und Leistungsflugzeug mit 15 Metern Spannweite und ist ebenfalls vorwiegend aus Holz gebaut. Gut zu erkennen ist er an dem rechteckigen T-Höhenleitwerk und an der charakteristischen Form des dreiteiligen Tragflügels. Das Mittelstück mit einer Spannweite von etwa 7,50 m hat nämlich keine V-Form, während die Flügelohren wie auch bei einigen Elfe-Flugzeugen leicht nach oben zeigen. Im Tragflügelmittelstück sind auch die Schempp-Hirth-Klappen untergebracht. Der Rumpf hat wieder ein festes Rad

Muster:	SZD-24 Foka
Hersteller:	PZL, Bielsko-Biala, Polen
Erstflug:	1960
Hergestellt insgesamt:	mehr als 200
Zugelassen in Deutschland:	10
Anzahl der Sitze:	1
Spannweite:	14,98 m (Standard-Klasse)
Flügelfläche:	12,16 m^2
Streckung:	18,45
Flügelprofil:	NACA 633-618
Rumpflänge:	7,00 m
Leitwerk:	übliches Kreuzleitwerk, Seitenleitwerk stark gepfeilt
Bauweise:	Holz, teilweise Kunststoff
Rüstgewicht:	245 kp
Maximales Fluggewicht:	385 kp
Flächenbelastung:	27,6 kp/m^2 bis 31,7 kp/m^2

Flugleistungen (Herstellerangaben):

Geringstes Sinken:	0,66 m/s bei 75 km/h
Bestes Gleiten:	34 bei 86 km/h

Folgende Doppelseite:

Oben links: Der polnische Doppelsitzer Bocian ist in Deutschland nur in zwei Exemplaren vertreten
Unten links: Die Foka-4 in der polnischen Original-Lackierung mit den doppelstöckig ausfahrenden Bremsklappen
Oben rechts: Eine Foka-4 auf dem Flugplatz Schramberg-Winzeln
Unten rechts: Die SZD-30 Pirat auf dem Alpenflugplatz Samedan/Schweiz

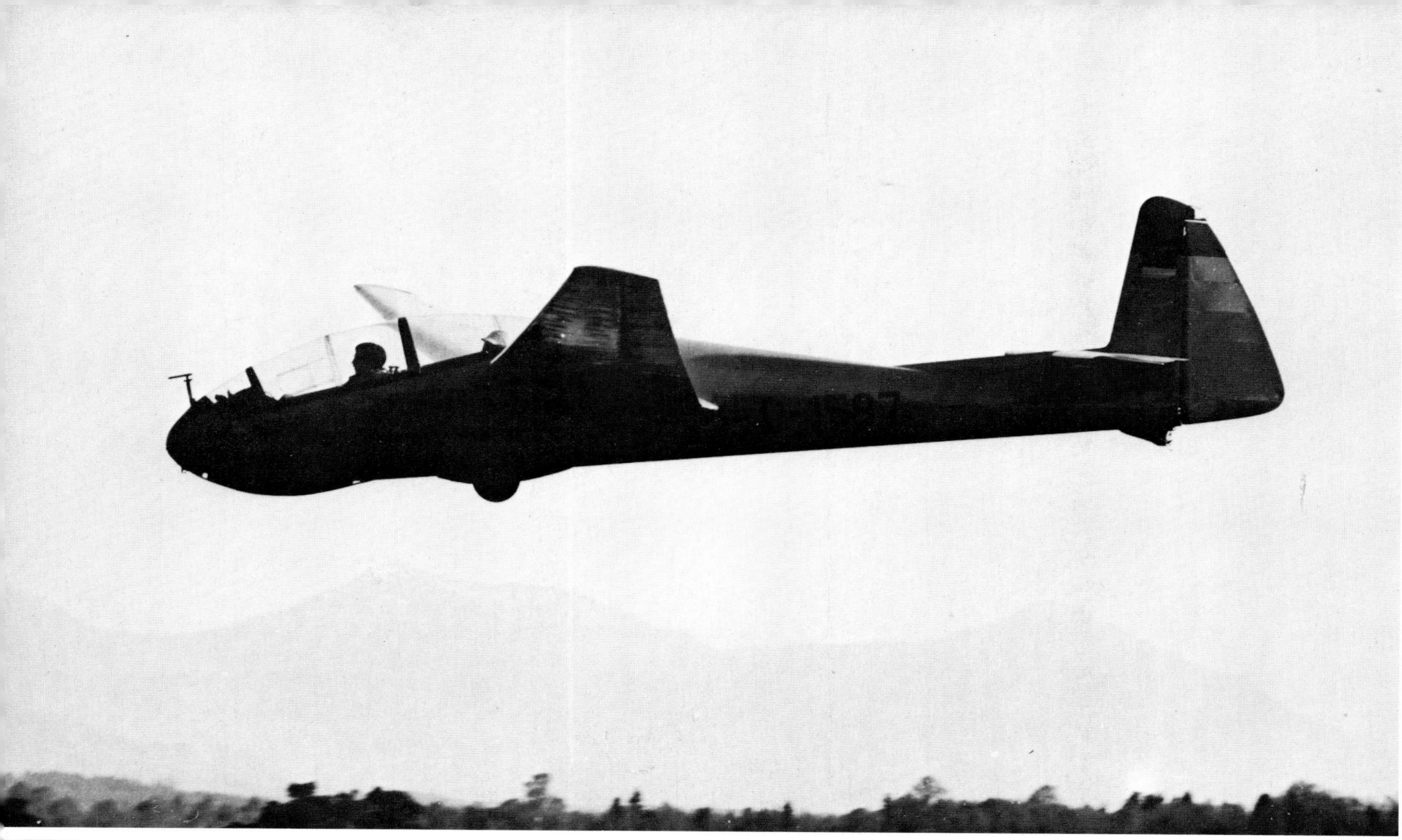

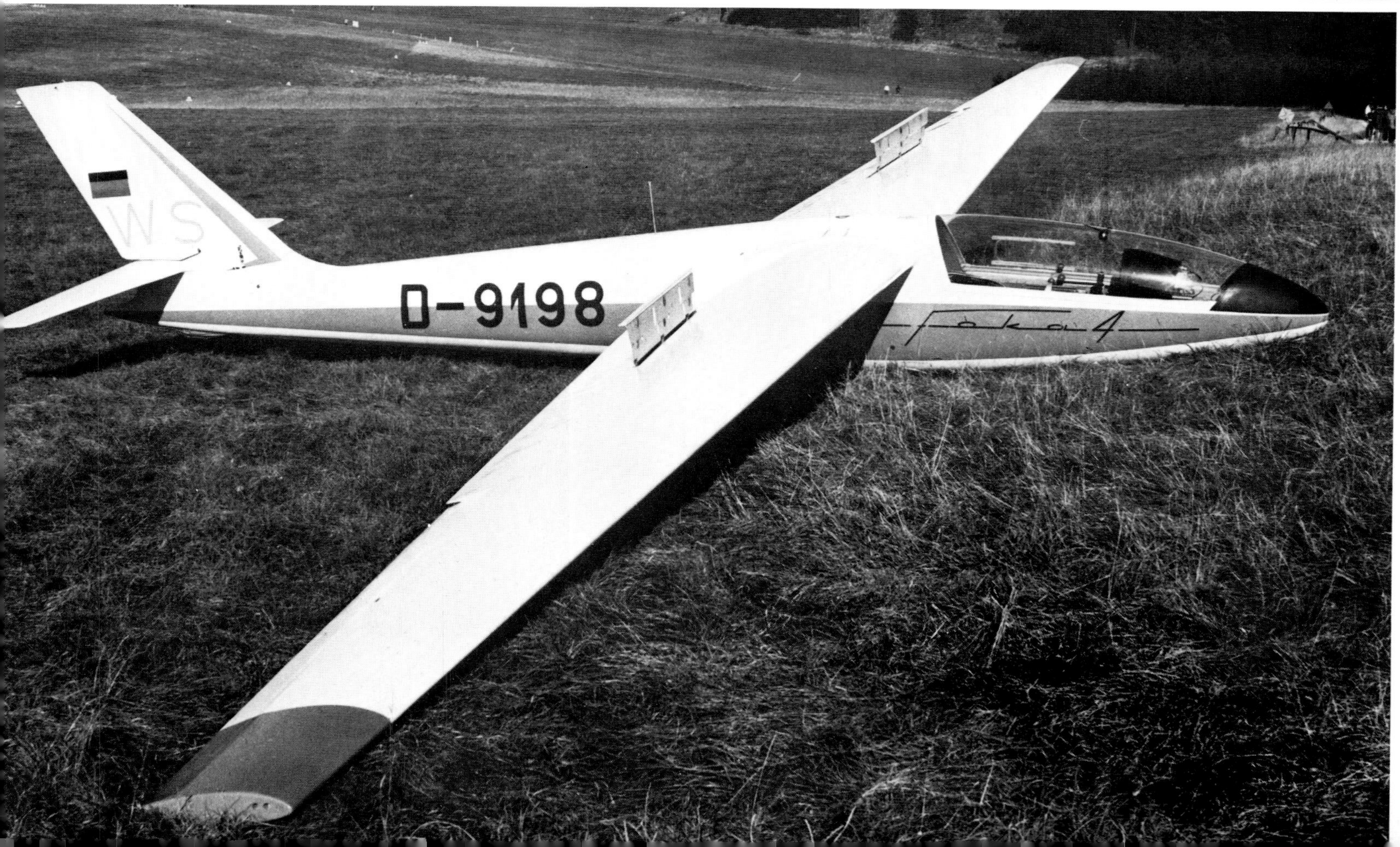
WS
D-9198
Foka 4

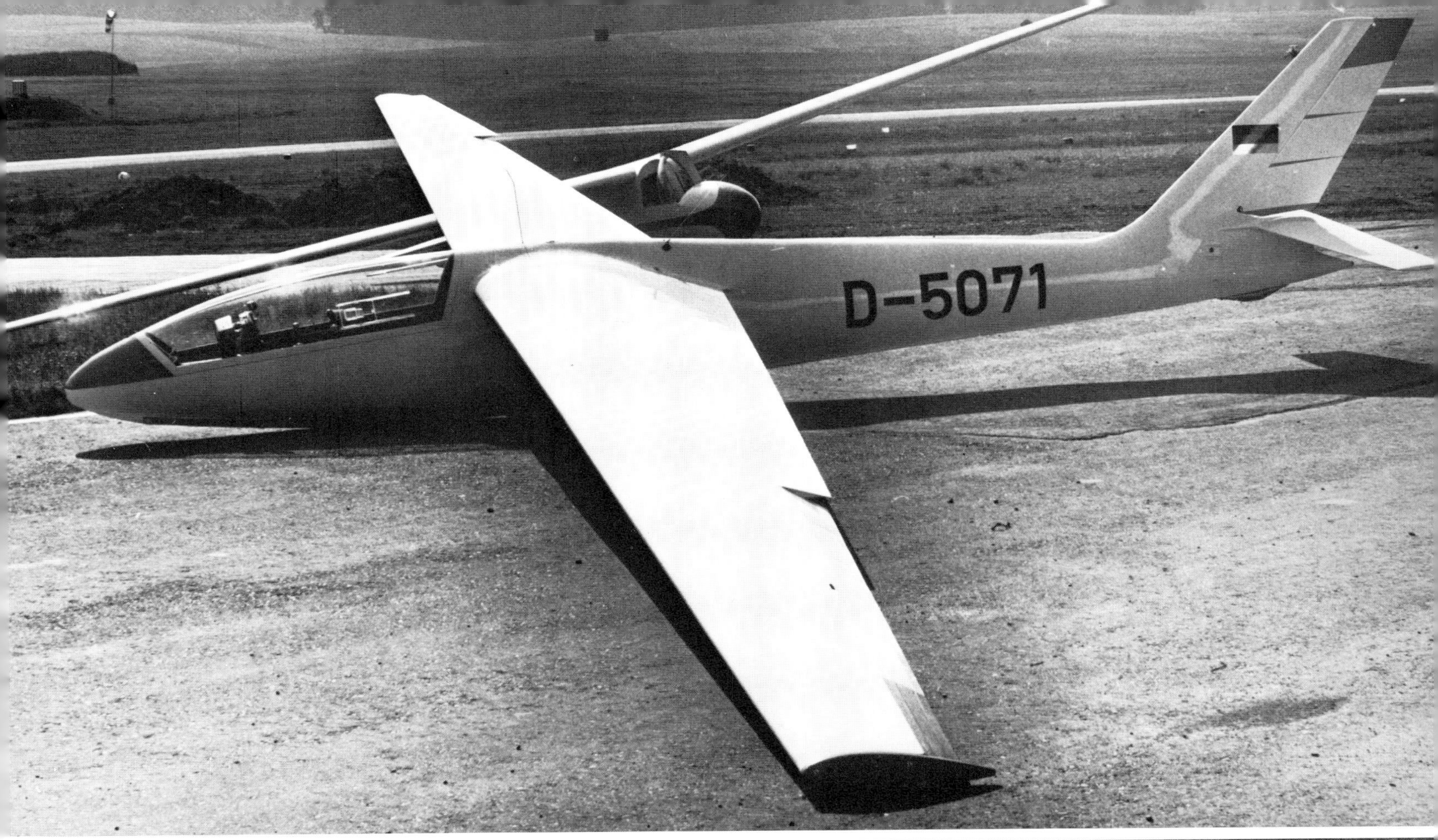
D-5071

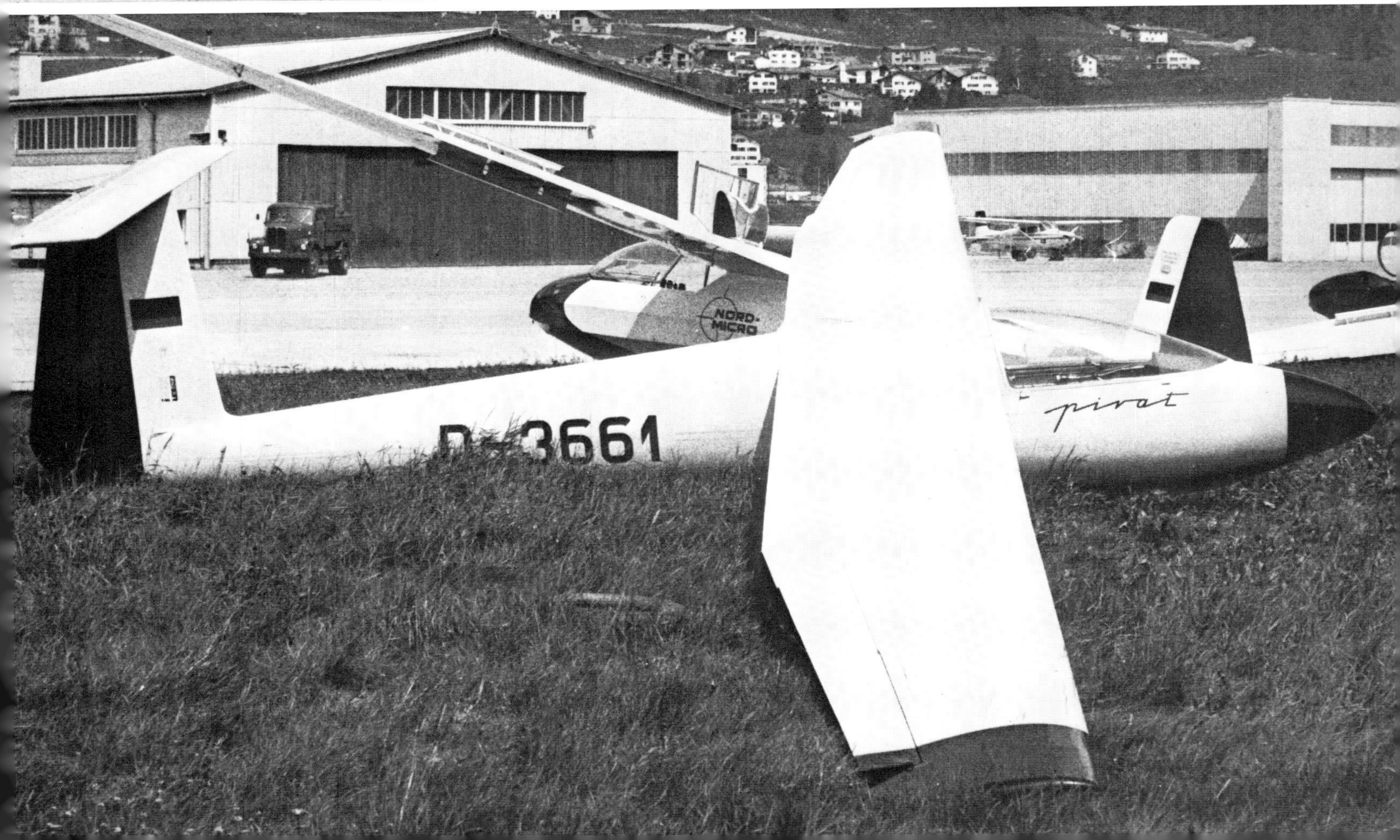
D-3661
pirat
NORD-MICRO

mit einer kleinen Bugkufe. Die nicht eingestrakte Haube klappt nach der Seite und die Sitzposition im Cockpit ist ziemlich aufrecht. In Polen wurde der Pirat in einigen Monotyp-Wettbewerben eingesetzt, insbesondere auch bei Frauen-Meisterschaften. Nach Deutschland wurden drei Piraten eingeführt. Ein Flugzeug hatte einen schweren Unfall auf dem Flugplatz in Uetersen im Juni 1977 unmittelbar nach dem Windenstart (D-3660), ein zweites Flugzeug ebenfalls Baujahr 1967 fliegt mit dem Kennzeichen D-3661 ebenfalls in Uetersen, während ein drittes Flugzeug (Baujahr 1974) unter dem Kennzeichen D-6730 zugelassen ist.

Muster:	SZD-30 Pirat
Hersteller:	PZL, Bielsko-Biala, Polen
Erstflug:	1967
Hergestellt insgesamt:	nicht bekannt
Zugelassen in Deutschland:	3
Anzahl der Sitze:	1
Spannweite:	15,00 m (Standard-Klasse)
Fügelfläche:	13,80 m²
Streckung:	16,30
Flügelprofil:	FX 61-168, FX 60-126
Rumpflänge:	6,86 m
Leitwerk:	gedämpftes T-Leitwerk
Bauweise:	Holz, teilweise Kunststoff
Rüstgewicht:	260 kp
Maximales Fluggewicht:	370 kp
Flächenbelastung:	25,4 kp/m² bis 28,8 kp/m²

Flugleistungen (Herstellerangaben):

Geringstes Sinken:	0,70 m/s bei 75 km/h
Bestes Gleiten:	33 bei 82 km/h

SZD-36 Cobra

Die Cobra ist ein immer noch vorwiegend in Holz hergestellter Einsitzer mit 15 Metern Spannweite, den die Polen zur Weltmeisterschaft 1970 in Marfa/USA vorstellten und damit den zweiten Platz gewinnen konnten. Eine Variante ist die Cobra-17 (SZD-39) mit 17 m Spannweite. Der Rumpf hat in Anlehnung an die Foka wieder eine recht schlanke Form mit einem stark gepfeilten Seitenleitwerk und einem ungedämpften T-Höhenleitwerk mit außenliegendem Massenausgleich und Flettnerruder. Das Fahrwerk ist nunmehr einziehbar und die Haube öffnet nach vorne. Wieder hat der Flügel einfache Trapezform mit einer nun allerdings geringeren Flügelfläche und übliche Schempp-Hirth-Bremsklappen. Wie beim Pirat ist das Profil FX 61-184 verwendet, wie es auch seit 1963 bei vielen deutschen Segelflugzeugen zu finden ist (fs-25, D-38, DG-100, ASW-19 usw.). Fertigungstechnisch werden insbesondere beim Rumpfvorderteil und in der Flügelschale glasfaserverstärkte Kunststoffe verwendet, so daß die Cobra eigentlich das letzte polnische Holz-Segelflugzeug ist. In Deutschland sind wohl zwei Cobras zugelassen. Die D-2243 ist seit 1976 in Coburg beheimatet, nachdem sie vorher in Aachen einen Brandschaden hatte und teilweise beim Herstellerwerk in Polen repariert werden mußte. Die zweite Cobra in Deutschland hat das Kennzeichen D-0929 und ist beim Aero-Club Gladbeck-Kirchhellen beheimatet.

Muster:	SZD-36 Cobra-15
Hersteller:	PZL, Bielsko-Biala, Polen
Erstflug:	1960
Hergestellt insgesamt:	etwa 200
Zugelassen in Deutschland:	2 (D-2243 + D-0929)
Anzahl der Sitze:	1
Spannweite:	15,00 m (Standard-Klasse)
Flügelfläche:	11,60 m²
Streckung:	19,40
Flügelprofil:	FX 61-168, FX 60-126
Rumpflänge:	7,05 m
Leitwerk:	Pendel-T-Leitwerk
Bauweise:	Holz, teilweise GFK
Rüstgewicht:	262 kp
Maximales Fluggewicht:	405 kp
Flächenbelastung:	30,4 kp/m² bis 34,9 kp/m²

Flugleistungen (Herstellerangaben):

Geringstes Sinken:	0,68 m/s bei 73 km/h
Bestes Gleiten:	38 bei 97 km/h

Rechte Seite:

Oben: Ein sehr elegantes Flugzeug ist diese in Coburg stationierte SZD-36 Cobra-15
Unten: Ein Jantar-Standard im Flugzeugschlepp auf der Hahnweide

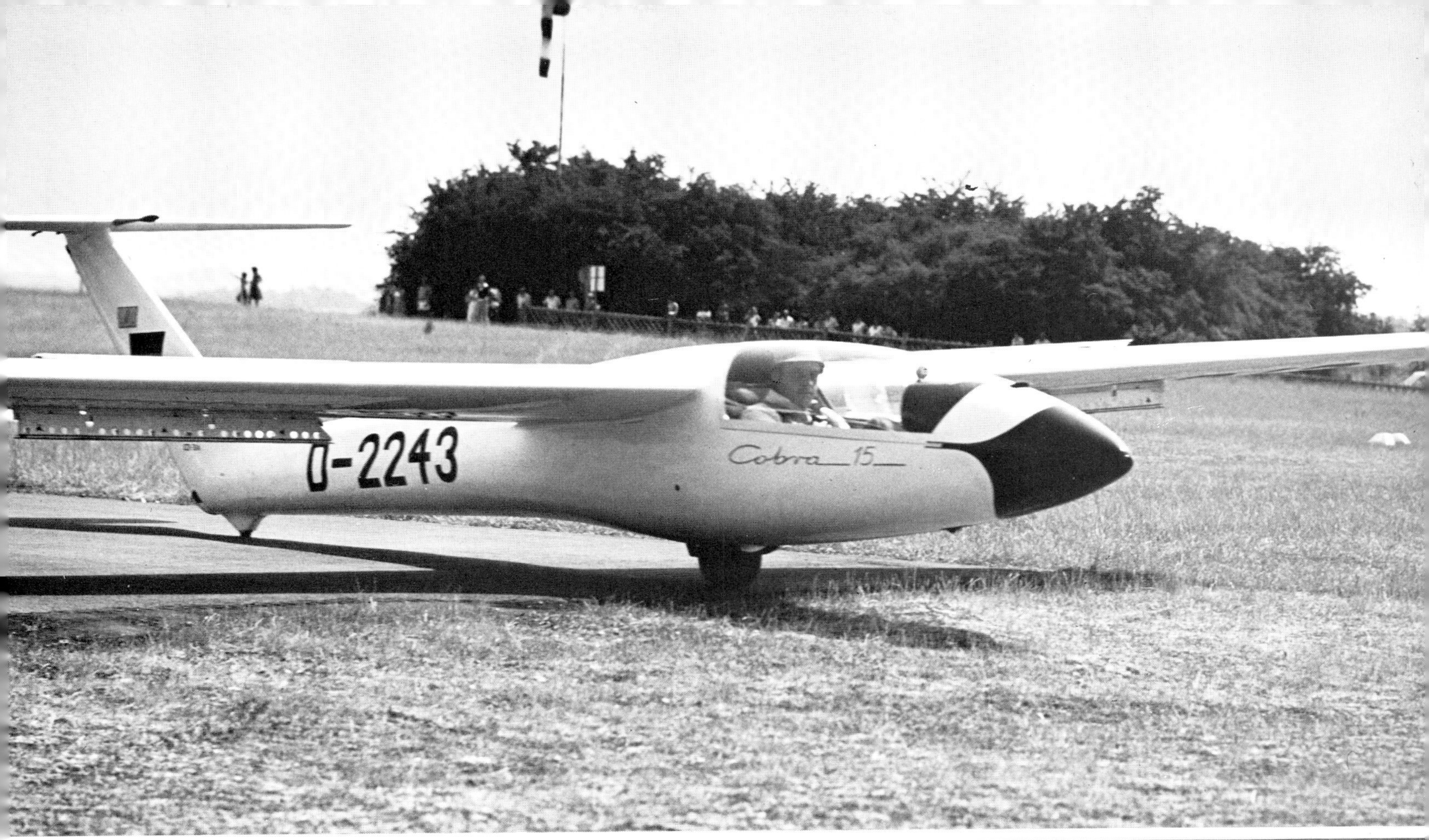
D-2243
Cobra 15
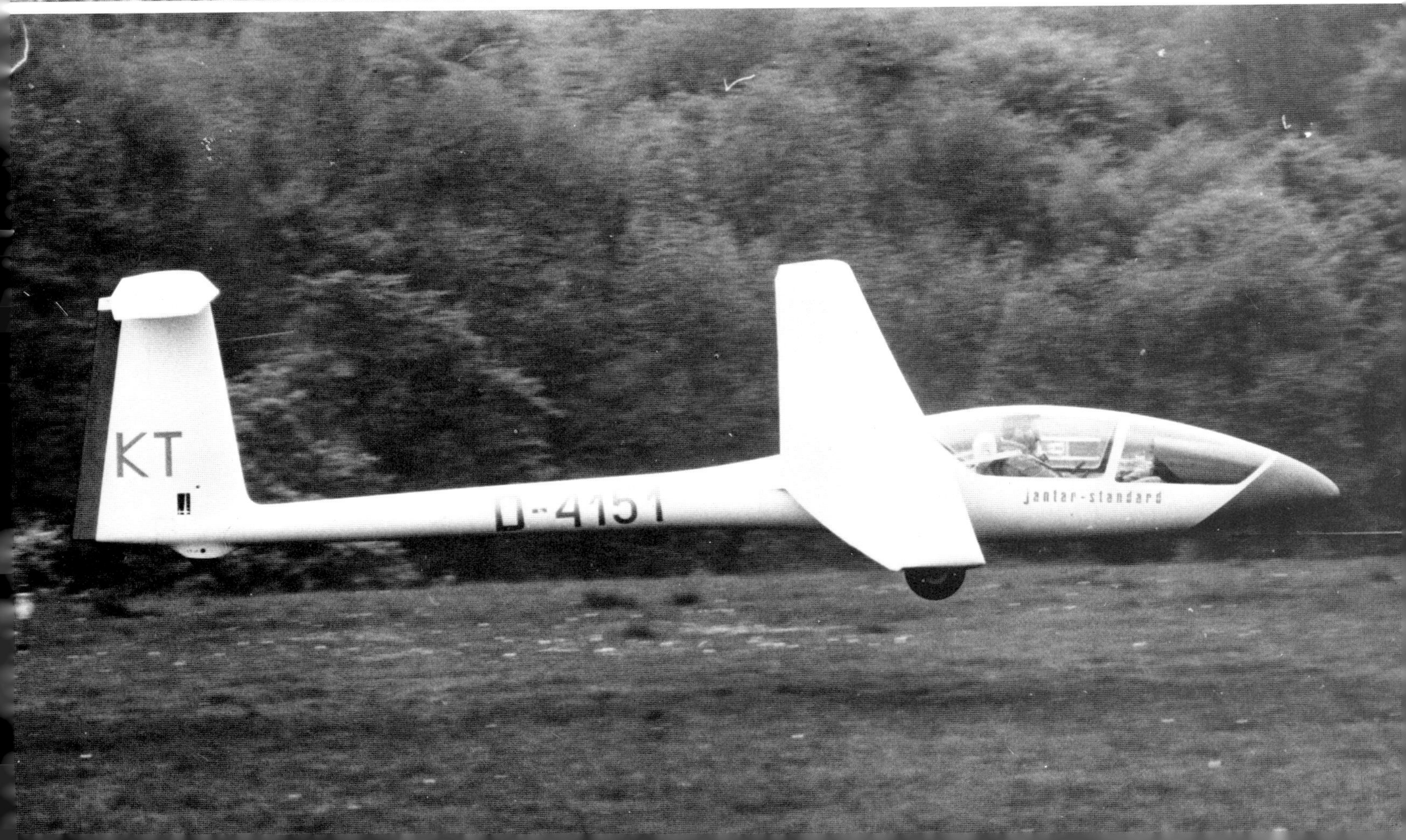
KT
D-4151
jantar-standard

SZD-41 Jantar-Standard

Den Jantar-Standard stellten die Polen zur Weltmeisterschaft 1974 in Waikerie/Australien vor, und Kepka konnte den 3. Platz der Standard-Klasse erringen. Wie die beiden Versionen des 19-m-Jantar ist das Standard-Flugzeug nun vollständig aus GFK hergestellt. Vom 19-m-Jantar wurden für die Serie der Rumpf und die Leitwerke übernommen. Der Rumpf hat eine zweiteilige Haube mit abnehmbarem Hinterteil. Das Einziehfahrwerk hat ein großes 5-Zoll-Rad, und auch am Sporn ist nunmehr ein kleines Rädchen. Der konventionelle Trapezflügel hat große Schempp-Hirth-Bremsklappen und nunmehr ein polnisches Profil mit der Bezeichnung NN-8. Das gedämpfte T-Leitwerk sitzt auf einem ziemlich geraden Seitenleitwerk nach Art der Kestrel. Durch das hohe Instrumentenbrett ist die Sicht unmittelbar nach vorne nicht besonders gut. Der Erstflug des Jantar-Standard fand am 3. Oktober 1973 in Bielsko-Biala statt. In Deutschland wird der Jantar von Gatermann in Hamburg vertreten. Neuerdings gibt es eine Baureihe Jantar-Standard 2 (SZD-48), bei der eine Mitnahme von 150 l Wasserballast möglich ist. Das bedeutet eine Erhöhung des Maximalfluggewichts von 460 kp auf 520 kp und eine Erhöhung der Flächenbelastung bis auf 48,8 kp/m², der bisher höchsten Flächenbelastung überhaupt.

Muster:	SZD-41 Jantar-Standard
Hersteller:	PZL, Bielsko-Biala, Polen
Erstflug:	1973
Hergestellt insgesamt:	nicht bekannt
Zugelassen in Deutschland:	etwa 10
Anzahl der Sitze:	1
Spannweite:	15,00 m (Standard-Klasse)
Flügelfläche:	10,66 m²
Streckung:	21,11
Flügelprofil:	NN-8
Rumpflänge:	7,11 m
Leitwerk:	gedämpftes T-Leitwerk
Bauweise:	GFK
Rüstgewicht:	245 kp
Maximales Fluggewicht:	460 kp
Flächenbelastung:	31,4 kp/m² bis 43,2 kp/m²

Flugleistungen (Herstellerangaben):

Geringstes Sinken:	0,62 m/s bei 78 km/h
Bestes Gleiten:	40 bei 105 km/h

Dieser Jantar-Standard ist auf dem Klippeneck beheimatet

ULF-1

Die ULF-1, Abkürzung für Ultra-Leicht-Flugzeug, fällt zwar jetzt unter die neugeschaffene Kategorie der Gleitflugzeuge, für die bei einem Gewicht unter 50 kp keine vollständige Zulassung erforderlich ist und die auch keine D-Nummer erhalten, hat aber so viele Merkmale eines einfachen Segelflugzeuges, daß sie doch im Rahmen dieser Arbeit einen Platz zu beanspruchen hat. Die ULF-1 hat eine Spannweite von 10,40 m bei einer Flügelfläche von 13,40 m² und kann schon wegen dieser Daten unter die »richtigen« Segelflugzeuge eingereiht werden. Darüber hinaus hat sie volle aerodynamische Steuer um alle Achsen mit den üblichen Betätigungselementen, ist mit einem Fahrtmesser von 0 bis 70 km/h und einem akustischen E-Vario von Westerboer ausgerüstet und hat mit einem geringsten Sinken von etwa 0,80 m/s einen besseren Wert als so manches Segelflugzeug. Die ULF-1 ist vorwiegend in Holz gebaut. Der Rumpf ist eine Gitterkonstruktion aus Kiefer- und Balsaleisten und wiegt einschließlich des Seitenleitwerkes nur 19 kp. Er hat eine Kufe mit einem verkleideten Cockpit, aber Öffnungen unmittelbar nach unten, so daß man auch am Hang bei leichtem Gegenwind im Laufen starten kann. Gelandet wird auf alle Fälle auf der gefederten Kufe. Außerdem hat die ULF-1 eine Bugkupplung Tost-Piccolo, so daß auch im Autoschlepp gestartet werden kann. Der zweiteilige Flügel hat einen Kieferholm mit einer Torsionsnase aus 0,8 mm starkem Sperrholz. Eine bespannte Flügelhälfte wiegt 10,7 kp und das Höhenleitwerk 3,5 kp, so daß sich ein Rüstgewicht von 45 kp ergibt. Die Zuladung beträgt 75 kp. Die Randbogen bestehen aus GFK und als Sporn dient ein Teil einer GFK-Angelrute. Der Erstflug fand am 7. Oktober 1977 auf dem Flugplatz in Manching statt. Geschleppt wurde mit einem 80 m langen Perlonseil von 7 mm Durchmesser hinter einem VW-Bus. Zuerst stieg Heiner Neumann, einer der beiden Konstrukteure der ULF-1, nur bis auf zwei bis drei Meter Höhe. In weiteren Starts wurde mit dem 80 m langen Seil eine Ausklinghöhe von etwa 45 m erreicht. Dabei lag die Fluggeschwindigkeit etwa zwi-

Muster:	ULF-1
Konstrukteur + Hersteller:	Heiner Neumann/ Dieter Reich
Erstflug:	7. 10. 1977
Hergestellt insgesamt:	1
Zugelassen in Deutschland:	1
Anzahl der Sitze:	1
Spannweite:	10,40 m
Flügelfläche:	13,40 m²
Streckung:	8,07
Flügelprofil:	FX 63-137 (18 % Dicke innen, 15 % Dicke außen)
Rumpflänge:	5,55 m
Leitwerk:	übliches Kreuzleitwerk
Bauweise:	Holz
Rüstgewicht:	45 kp
Maximales Fluggewicht:	120 kp
Flächenbelastung:	8,96 kp/m²

Flugleistungen (Herstellerangaben):

Geringstes Sinken:	0,80 m/s bei 40 km/h
Bestes Gleiten:	15 bei 50 km/h

Nach dem Fußstart mit der ULF-1 stellt der Pilot Heiner Neumann die Beine auf die Seitenruderpedale

schen 40 und 50 km/h und die Landung erfolgte jeweils mit etwa 30 km/h. Später wurden im Altmühltal bei einem Gegenwind von 10–15 km/h die ersten Fußstarts durchgeführt, wobei längeres Hangsegeln und eine Startüberhöhung von etwa 20 Metern möglich war.

VJ-23

Die von Nikolaus Dorn gebaute und geflogene VJ-23

Wie der Hippie von Start + Flug und die zuletzt behandelte ULF-1 gehört der aus den USA stammende VJ-23 zu den um alle Achsen voll aerodynamisch steuerbaren Gleitflugzeugen. Alle drei Einfachflugzeuge sind sich auch im Entwurf ähnlich. Die Spannweite liegt jeweils bei 10 Metern, während die Flügelfläche zwischen 9 und 17 Quadratmetern schwankt. Dafür beträgt das Rüstgewicht bei allen drei Flugzeugen ziemlich einheitlich knapp unter 50 kp. Der Entwurf der VJ-23 stammt aus dem Jahre 1971. Volmer Jensen aus Glendale/California hat eine ganze Reihe von »ultralights«, wie sie in den USA genannt werden, konstruiert. Von der VJ-23 sind in der ganzen Welt bisher mehr als 100 Exemplare gebaut worden. Die VJ-23 hat einen einfachen Trapezflügel von 10 m Spannweite mit Querrudern von je knapp zwei Metern Länge. Das Profil ist in Flügelmitte recht dick mit nach unten gezogener Hinterkante. Der Rumpf besteht in erster Linie aus einem kräftigen Rohr, an dem vorne in einem Stahlrohrverband ein Gurtsitz, die Steuerung und eine feste Kufe angebracht sind. Die Leitwerke sind mit ihren Dämpfungsflächen unmittelbar am hinteren Ende des Rumpfrohres befestigt. Die VJ-23 ist zugelassen für Autoschlepp, Gummiseilstart und Laufstart. Die Mindestgeschwindigkeit liegt bei 24 km/h und die zulässige Höchstgeschwindigkeit bei 52 km/h. Das einzige in Deutschland zugelassene Muster mit dem Kennzeichen D-7623 wurde 1974 von Nikolaus Dorn aus Raunheim bei Rüsselsheim gebaut.

Muster:	VJ-23
Konstrukteur:	Volmer Jensen, USA
Hersteller:	Nikolaus Dorn, Raunheim
Erstflug in Deutschland:	September 1975
Hergestellt insgesamt:	ca. 100
Zugelassen in Deutschland:	1 (D-7623)
Anzahl der Sitze:	1
Spannweite:	10,00 m
Flügelfläche:	17,00 m²
Streckung:	5,88
Flügelprofil:	Irv Culver
Rumpflänge:	5,50 m
Leitwerk:	normales Kreuzleitwerk
Bauweise:	Holz, Metall
Rüstgewicht:	49 kp
Maximales Fluggewicht:	135 kp
Flächenbelastung:	7,9 kp/m²

Flugleistungen (Herstellerangaben):

Geringstes Sinken:	0,96 m/s bei 30 km/h
Bestes Gleiten:	12 bei 32 km/h

Weihe-50

Weihe-50 mit festem Rad auf dem Fluggelände Friesener Warte

An dieser Weihe wurden Rumpfvorderteil und Haube modifiziert

Vom Fafnir I und II von Alexander Lippisch aus dem Jahre 1930/33 führt eine Entwicklungsreihe von Hans Jacobs über die Segelflugzeuge Rhönadler und Reiher, einem der schönsten Segelflugzeuge überhaupt, zum Leistungssegelflugzeug Weihe, das seit dem Jahre 1938 in mehr als 300 Exemplaren gebaut wurde. Die Weihe war also vor 1945 das Serien-Leistungsflugzeug schlechthin, und nur der unglückselige Krieg verhinderte, daß diesem Flugzeug der gebührende Platz in der Segelfluggeschichte unmittelbar zuteil wurde. Immerhin war bei den ersten zaghaften Anfängen des Internationalen Segelfluges der neueren Zeitrechnung in Samedan 1948 und in Schweden 1950 sowie in Spanien und Frankreich 1952/54 die Weihe noch das führende Wettbewerbsflugzeug. Nach der Wiederzulassung des Segelfluges in Deutschland begann die Firma Focke-Wulf mit der Überarbeitung der Weihe-Unterlagen und brachte die Weihe-50 heraus, wobei die Bezeichnung für den Beginn der Arbeiten im Jahre 1950 steht. Focke-

Muster:	Weihe-50
Konstrukteur:	Hans Jacobs
Hersteller:	Focke-Wulf + weitere
Erstflug:	1938 (Prototyp)
Serienbau:	1938 bis 1943, 1952/53
Hergestellt insgesamt:	mehr als 300
Zugelassen in Deutschland:	13
Anzahl der Sitze:	1
Spannweite:	18,00 m
Flügelfläche:	18,34 m^2
Streckung:	17,70
Flügelprofil:	Gö 549/Gö 676 (wie Meise und Kranich-III)
Rumpflänge:	8,30 m
Leitwerk:	normales Kreuzleitwerk
Bauweise:	Holz
Rüstgewicht:	230 kp
Maximales Fluggewicht:	335 kp
Flächenbelastung:	18,3 kp/m^2
Flugleistungen:	
Geringstes Sinken:	0,58 m/s bei 50 km/h
Bestes Gleiten:	29 bei 70 km/h

Wulf stellte selbst 8 Exemplare der Weihe-50 in den Jahren 1952/53 her und Hanna Reitsch konnte den Nachkriegs-Erstflug am 9. März 1952 in Bremen durchführen. Auffälligstes Unterscheidungsmerkmal der neuen Weihe ist die geblasene Haube, während die weiteren Arbeiten in erster Linie der Produktionsvereinfachung und der Umstellung auf andere Materialien dienten. Die Weihe-50 hat einen langen schlanken Holzrumpf mit einer Kufe ohne festes Rad. In späteren Jahren sind die meisten Flugzeuge dann auf ein bremsbares Tost-Rad unter Wegfall der Kufe umgebaut worden. Auch die DFS-Seitenwandkupplung wurde durch die nunmehr übliche Tost-Schwerpunktkupplung ersetzt. Der Einfachtrapez-Flügel mit abgerundeten Enden hat eine mit 2,5 Grad gepfeilte Nase und einen gerade durchgehenden Holm. Die V-Form beträgt nur zwei Grad. Die DFS-Bremsklappen sind etwas klein geraten, so daß das mächtige Flugzeug bei der Landung lange ausschwebt. Die Leitwerke sind in üblicher Manier aufgebaut. Beachtlich ist die Flügeltiefe von 1,60 Metern an der Wurzel, so daß die Weihe auch auf dem Hänger sehr respektabel aussieht. Von den heute noch zugelassenen 13 Flugzeugen in Deutschland stammen vier aus der Focke-Wulf-Produktion, während die anderen Weihe noch aus der Vorkriegsfertigung von Schweyer in Mannheim, aus der Schweiz, aus Jugoslawien und aus Amateurwerkstätten kommen.

Zlin 25/4

Die Zlin 25/4 ist ein tschechischer Nachbau der Olympia-Meise

Die Zlin 25/4 kann als eine der vielen Nachbauten der Olympia-Meise angesehen werden. Das einzige heute noch in der Bundesrepublik zugelassene Flugzeug mit dem Kennzeichen D-8857 kam als Geschenk an den Aero-Club Wiesbaden und wurde erstmals als D-4000 im Juli 1951 zugelassen. Am 22. 8. 1951 erfolgte dann eine größere Beschädigung, deren Reparatur sich sehr schwierig gestaltete, weil keine Zeichnungsunterlagen vorhanden waren. Ende 1954 wurden gar Festigkeitsversuche mit Resten des Holmes bei der Akaflieg Darmstadt durchgeführt. Im Mai 1955 erfolgte die erneute Zulassung als D-4029.

Das Flugzeug ist Baujahr 1949 und als Hersteller wird Max Prip, Otrokowice in der CSSR, angegeben. Der jetzige Eigentümer, Wilfrid Eberhardt aus Lauterbach, kaufte das Flugzeug im Jahre 1972 mit 1500 Starts und 330 Stunden. Seither hat er 242 Starts mit 241 Stunden vorwiegend auf dem Klippeneck geflogen. Er lobt besonders die guten Flugeigenschaften, die sich wie die Flugleistungen etwa mit der Ka 8 vergleichen lassen. Die Bezeichnung des Flügelprofils ist nicht bekannt, es ist jedoch nicht das Gö-Profil der Meise, sondern ziemlich symmetrisch. Der Rumpf ist in Holzschalenbauweise hergestellt und hat ein festes Rad mit einer Kufe sowie Tost-Schwerpunkt- und Bugkupplung. Der Trapezflügel hat große Querruder und DFS-Bremsklappen auf Flügelunter- und -oberseite.

Muster:	Zlin 25/4
Kennzeichen:	D-8857
Baujahr:	1949
Werk-Nr.:	42
Hersteller:	Max Prip, Otrokowice, CSSR
Zugelassen in Deutschland:	1
Anzahl der Sitze:	1
Spannweite:	15,00 m
Flügelfläche:	14,00 m^2
Streckung:	16,1
Flügelprofil:	unbekannt
Rumpflänge:	7,27 m
Leitwerk:	konventionelles Kreuzleitwerk
Bauweise:	Holz/Gemischt
Rüstgewicht:	185 kp
Maximales Fluggewicht:	265 kp
Flächenbelastung:	18,9 kp/m^2
Geringstes Sinken:	0,65 m/s bei 60 km/h
Bestes Gleiten:	27 bei 75 km/h

Anschriften
von Fliegergruppen und Herstellerfirmen

Akademische Fliegergruppe
Stuttgart e.V.
Pfaffenwaldring 35
7000 Stuttgart 80 (Vaihingen)
Telefon 07 11/7 84 24 43

Akademische Fliegergruppe
Darmstadt e.V.
Technische Hochschule
6100 Darmstadt
Telefon 0 61 51/16 27 90

Akademische Fliegergruppe
Braunschweig
Akaflieg-Heim
3300 Braunschweig-Flughafen
Telefon 05 31/3 95 21 49

Wolf Hirth GmbH
Flugzeugbau
7312 Kirchheim/Teck-Nabern
Telefon 0 70 21/5 53 77

Mistral:
Dipl.-Ing. Manfred Strauber
Wilhelm-Leuschner-Str. 11
6140 Bensheim-Auerbach
Telefon 0 62 51/7 38 67

Flugwissenschaftliche
Vereinigung Aachen e.V.
Templergraben 55
5100 Aachen
Telefon 02 41/4 22 23 54

Akademische Fliegergruppe
Berlin e.V.
Straße des 17. Juni 135
1000 Berlin 12
Telefon 0 30/3 14 49 95

Glasflügel Segelflugzeugbau
Holighaus & Hillenbrand GmbH & Co. KG
7318 Lenningen 1
Telefon 0 70 26/8 55

Phoebus-Musterbetreuung:
Fiberglas-Technik
Rudolf Lindner
Ortsstr. 70
7959 Walpertshofen
Telefon 0 73 53/22 43

Alexander Schleicher
Segelflugzeugbau
6416 Poppenhausen
Telefon 0 66 58/2 25

Schempp-Hirth KG
Segelflugzeugbau
Krebenstr. 25
Postfach 143
7312 Kirchheim/Teck
Telefon 0 70 21/24 41 und 60 97
Telex: 7 267 817 hate

Rolladen-Schneider oHG
Abteilung Segelflugzeugbau
Mühlstr. 10
6073 Egelsbach/Hessen
Telefon 0 61 03/41 26
Start + Flug GmbH

Akademische Fliegergruppe
München e.V.
Flugtechnische Forschungsgruppe
Arcisstr. 21
8000 München 2

SZD
Szybowcowy Zaklad
Doswiadczalny
ul Cieszynska 325
43-300 Bielsko-Biala
Polen

Burkhart Grob
Flugzeugbau
Postfach
8948 Mindelheim
Telefon 0 82 68/4 11
Telex 539614

Albert Neukom
Segelflugzeugbau
Flugplatz Schmerlat
CH-8200 Schaffhausen
Telefon 00 41 53/6 15 53
B-4:
Pilatus Flugzeugwerke AG
CH-6370 Stans

Calif:
Midas Aviation GmbH
Postfach 200421
5300 Bonn 2

Glaser-Dirks
Flugzeugbau GmbH
Im Schollengarten 19–20
Postfach 47
7520 Bruchsal 4 (Untergrombach)
Telefon 0 72 57/10 71

FFA
Flug- und Fahrzeugwerke Altenrhein
CH-9422 Staad
Telefon 00 41 71/41 41 41
Telex 7 7 230

Eiriavion Tiriavion Kisällink. 8
SF-15170 Lahti 17
Telefon 09 18/33 92 11 (33 42 80)
Telex 1 6 165 eiri sf

Blanik:
IFL-Industrie Flugdienst GmbH & Co.
Flughafen Riem
8000 München 87
Telefon 0 89/90 75 22 oder 90 73 45
Telex 0529310

Scheibe-Flugzeugbau GmbH
August-Pfaltz-Str. 23
Postfach 1829
8060 Dachau
Telefon 0 81 31/40 47
Telex 0526650

Literaturhinweise

(aus der Fülle der zur Verfügung stehenden Veröffentlichungen wird hauptsächlich auf folgende Arbeiten hingewiesen):

Bücher:

Arbeitsblätter für den Prüfdienst (Loseblattsammlung), Prüfstellen für Luftfahrtgerät DVL-PfL, 433 Mülheim/Ruhr

Georg Brütting: »Die berühmtesten Segelflugzeuge«, Stuttgart, 1970

Jane's all the World's Aircraft, London, 1976–77

Wolf Hirth: »Handbuch des Segelfliegens«, Stuttgart, 1941

Dietmar Geistmann: »Die Entwicklung der Kunststoff-Segelflugzeuge«, Stuttgart, 1976

Flugzeuge 1978, Vereinigte Motor-Verlage Stuttgart

Peter F. Selinger: „Segelflugzeuge" Stuttgart, 1978

Zeitschriften:

aerokurier, Gelsenkrichen

Flug-Revue, Stuttgart

Der Adler, BWLV, Stuttgart

Aero-Revue, Aero-Club der Schweiz, Luzern

Soaring, Soaring Society of America, USA

Aufwind, Postfach 1144, 7770 Überlingen

Broschüren:

Jahresberichte der Akademischen Fliegergruppen Stuttgart, Darmstadt, Braunschweig, Aachen, München, Berlin, Karlsruhe

Veröffentlichungen der Idaflieg

Faszination Segelfliegen

Dietmar Geistmann
Die Entwicklung der Kunststoff-Segelflugzeuge
198 Seiten, 213 Abbildungen, geb. DM 38,–

Peter Riedel
Start in den Wind
Erlebte Rhöngeschichte 1911–1926
284 Seiten, 450 Abbildungen, geb. DM 44,–

Peter F. Selinger
Segelflugzeuge
Vom Wolf zum Mini-Nimbus
256 Seiten, 280 Abbildungen, geb. DM 48,–

Selbstverständlich aus dem Motorbuch Verlag

Motorbuch Verlag, Postfach 1370, 7000 Stuttgart 1

Über den Wolken...

Fliegen ist die Faszination der Freiheit.
Ein Stück dieser Faszination vermittelt Ihnen FLUG-REVUE-flugwelt.
Die Redaktions-Crew informiert über Technik und Typologie,
historische Entwicklung, analysiert Tests,
signalisiert Prognosen und bringt packende Reportagen
aus allen Bereichen der Luft- und Raumfahrt.
Unterhaltend und informativ.
Steigen Sie ein ins Cockpit.
Erleben Sie ein Stück dieser Faszination. Monat für Monat.

FLUG REVUE flugwelt

Europas größte Zeitschrift für Luft- und Raumfahrt.

erscheint monatlich, DM 4,–
Vereinigte Motor-Verlage GmbH & Co KG
Postfach 1042 · 7000 Stuttgart 1

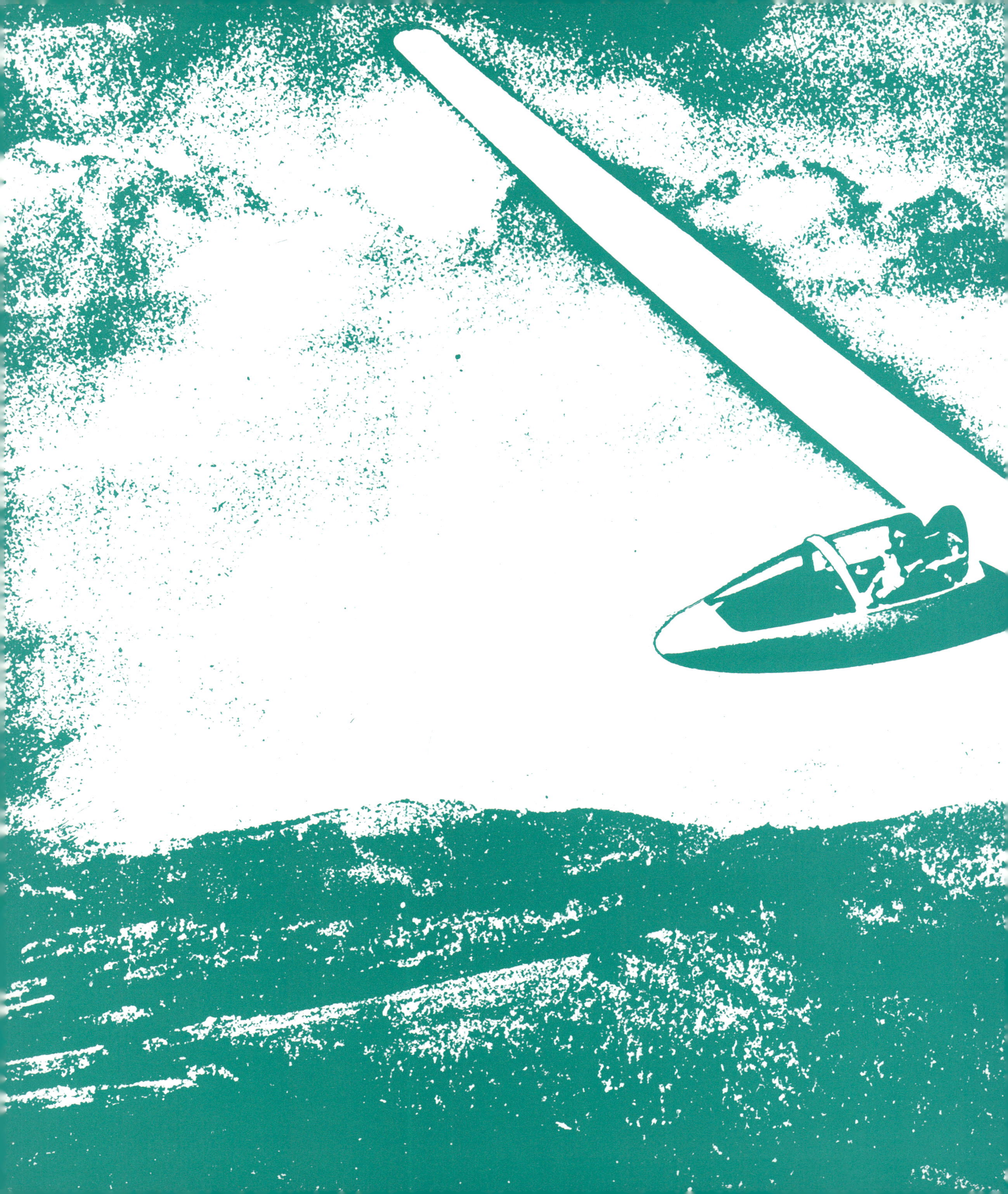